在瞬息萬變的競爭中
唯有先出手才能主宰市場與未來

主動者法則
搶占先機的成功關鍵

李元秀，張偉航 主編

快速反應×精準出擊×搶占先機

THE LAW OF THE INITIATIVE

創業×個人成長×時間管理×職場競爭力

成功不是等待時機，而是主動出擊
先下手為強，才能在競爭中脫穎而出

目錄

前言 …………………………………………………………005

第一章　強者為先，改變命運 …………………………007

第二章　目標與思路，成功的起點 ……………………081

第三章　自信，走在前端的關鍵 ………………………115

第四章　自我管理與性格改造 …………………………155

第五章　帶著企圖心啟程 ………………………………209

第六章　先下手為強是謀略 ……………………………253

目錄

前言

以前，我們是那麼的貧窮，那麼的一無所有。我們沒有舞臺，更沒有成功勝利的而獲得的掌聲……

但今天，我們這一代又是如此幸運，儘管我們還在發展的道路上行走或奔跑，我們必竟有了人生創業和為之奮鬥的事業舞臺。人們常說，心有多大，天地就多大；對一個創業者來說，更重要的是有一個天地大舞臺。

如今，一個充滿機遇和挑戰的時代就在我們身邊，社會為我們提供了一條光明坦蕩的大道，那就在人生的天地大舞臺上創業：

創業成功，你可以實現你夢寐以求的生存價值；

創業成功，可以讓你按照自己的自由意志生活；

創業是人一生中在天地大舞臺上最亮麗的時刻。在創業面前，身世卑微或高貴已沒什麼不平等，學問高低也無多大差別，只要你有這顆改變自己命運的心，只要你有眼光，有謀略，勇於冒險，精明能幹，總之，只要你以正向的心態，立刻去行動就可行！

當然，要創業賺錢並非一件很容易的事情，創立一家公司或一個實體也有許多東西需要我們去學習，即使你只是開一家規模很小的企業，也必須要熟悉精通其中的許許多多技巧和門道，這也是我們編撰本書的真實意圖所在。

前言

　　天地舞臺的大幕已經徐徐地拉開，每個人對於成功都有著一種渴望，沒有人會願意一輩子甘於平庸、碌碌無為。快速變革的社會為每個人提供了無數的機遇去改變自己的人生角色，而內心對成功的渴望也會隨時提醒那些關注自我發展的人士：要努力讓自己更優秀！

　　無庸諱言，這就要求每一個創業者或老闆，即使對於看似渺小的工作也要盡最大的努力，每一次的征服都會使你變得強大。如果你用心將渺小的工作做好，偉大的工作往往會水到渠成。如果不能成就偉大的事業，那麼就以偉大的方式去做渺小的事情。抓住身邊每一個機會去提升自我，讓自己每天都能夠有所進步。

　　對於一個人來說，成功就是從平凡到優秀，從優秀到卓越的蛻變過程，並不僅僅是一個從被管理者蛻變成管理者那麼簡單，即使是那些已經成功的管理者，也要隨著社會環境、時代使命的變化而及時轉變。

　　每個人都有屬於自己的舞臺，然而，一個人要想獲得似錦的前程，全部有賴於自身不斷地學習與自我提升。無論是古訓或是實戰經驗，只要你有計畫地進行總結工作和學習，相信每個有志之人都可以在這個天地大舞臺上實現自己的人生目標和人生價值！

第一章

強者為先，改變命運

創新是人類思維的高級形式，是人們在強烈的創新意識的支配下，將大腦中已有的感性和理性的知識與資訊，透過想像和直覺，以突發性飛躍的形式進行重建、組合、脫穎、昇華所完成的思想活動過程。創新思維可以以新的認知模式來幫助我們掌握事物發展的規律。

第一章　強者為先，改變命運

以知識翻轉人生

知識有兩種，其一為一般性的知識，其二為專業知識。不論一般性的知識為數有多龐大，種類如何繁多，在累積財富時，只有一點點用處。在學校裡的教授集各種的一般知識於一身，但大多數教授卻沒有太多錢，他們專精於傳授知識，但是並不擅長使用知識，或者整合知識。

知識不會引來財富，除非加以組織。並以實際的行動計畫精心引導，才能達成聚斂財富的確切目標。數以百萬計的人不了解這個事實。以致誤信了「知識就是力量」，他們的誤解正是混淆的根源所在。根本不是這回事！知識只不過是「潛在的」力量而已。只有在經過妥善組織之後，變成了實際的行動計畫，才能導向確切的目標。

在學生得到知識以後，教育機構仍未能傳授運用和組織知識的方法，由此可見教育體制的這種「脫節」之一斑。

很多人都犯了一個錯誤，就是有「亨利‧福特（Henry Ford）學歷不高，所以不是受過教育的人」的想法。犯這種錯誤的人不理解「教育」一詞的真正含義。這個字的拉丁字源，意思是從內心出發去開拓延展、推理演繹。

財富並非靠無知累積

第一次世界大戰期間，芝加哥某報登了一篇社論，諸多論點當中，亨利‧福特被稱為是「無知的反戰者」。福特先生針對該言論提出抗議，訴諸法律，控告該報誹謗他。法庭審理該案時，報方律師為證明報社無罪，要求法庭請福特先生本人到證人席，以便向陪審團證明其無知。報社委任的

辯護律師問了福特先生各種問題，無非是為了要用福特自己來證明，他雖擁有不少製造汽車的相關專業知識，但大體上仍是所知不多。

福特先生遭到了如下這類問題的炮轟：「班奈迪克‧阿諾德是誰？」、「英國派了多少士兵到美國鎮壓 1776 年的叛亂？」回答後面這一問題時，福特先生答道：「我不知道英國派來士兵的確切人數，但是我曾聽說，派來的人數比學生還的多得多。」

最後，福特厭煩了一長串的問答，在又碰到一道特別不懷好意的題目時，福特先生就靠過去，伸出手對著發問的律師說：「如果我真的要回答你剛才提出的傻問題，以及你們從剛才到現在一直在問的那些問題，我可以提醒你一點，我的書桌上有排按鈕，只要按一按按鈕，就可以召來幫忙的人。只要是與創業相關的問題，他們都會為我解答。那麼，請你好心一點告訴我，有這些人在我身邊隨時提供我想要的知識，我為什麼還要為了能回答問題，讓自己的頭腦擠滿了一般性的知識呢？」

這個回答還真有點道理。

這個答覆擊敗了那位律師。法庭上每個人都心知肚明，這個答覆不是無知者的答案，而是受過教育者的答案。受過教育的任何一個人都知道，有需要知識時，該上哪去取知識，並且知道，要如何把知識組織為確切的行動方案。

前往專業領域的成長之路

美國擁有據稱是世界最大的公立學校系統。人類奇怪的地方之一，就是只珍惜有價的事物。美國人並沒有因為上學讀書和圖書館不花錢，而對

第一章　強者為先，改變命運

這兩者有什麼特別的印象。正因為如此，很多人輟學去工作，又發現有必要受點訓練。這也是很多從業者會優先考慮錄用在家研修過相關課程員工的原因之一。這些從業者自經驗中得知，胸懷大志、願意割捨閒暇、花時間在家讀書的任何一個人，內心正有著構成領導力的那些特質。

人性有一種無可救藥的弱點，這個人性共通的弱點是得過且過苟且偷安。然而，規劃閒暇供自己在家研讀進修的受薪人士，很少在基層職位久留。他們的行動打開了步步高升的坦途，一路上消除了許多障礙，並引起有辦法提攜他們的人拉拔他們一把的興趣。

在家研讀的訓練方式，尤其適合撥不出時間上學，或離校後又發現自己有必要多吸收一些專業知識的人。

斯托維爾原想做個營造工程師，並一直朝這方向前進，但後來美國經濟大恐慌，使他的就業市場付不出他要求的收入，他盤算了自己的能力，決定改行學法律，便回到學校，修習將來可以當法人律師的特別課程。完成訓練之後，他通過法律考試，很快就順利執業了。

很多人會找藉口說：「我還要養家餬口，我不能去上學。」或者說：「我太老了。」在此。我要補充一點資料，斯托維爾回學校上課的時候已年逾不惑，並且已婚。更甚的是，斯托維爾仔細挑選了法律最強的多所院校去修高度專業化的課程，大半法學系學生需要花上四年的課程，他只花費兩年就讀完了。

教育是改變人生的最佳武器

有社會學家說過。美國的理想是建立在每個人都能「成功」這個信念上——而一個人想要出人頭地的主要方法，就是教育。他又說，經營事業的人，必須利用人事考核、訓練計畫以及升級規定。來提供各種進步的機會。

許多公司都已編列預算。為他們的員工提供特別的訓練計畫。其他許多的公司，對那些具有進取心和創造力，利用自己的時間和自己的金錢去接受特殊訓練的職員，常常會給予他們升級的獎勵。

許多功成名就人，都是因為曾經利用時間研究學習才得到成功的。喬治·史蒂文生（George Stephenson）在擔任夜間值班的時候努力研究，結果發明了火車頭。詹姆士·瓦特（James Watt）一面靠製造工具為生，一面研究化學和數學，結果發明了蒸汽機。

如果這些人都對現狀感到滿足，這對於社會將是個多麼大的損失。如果安於現狀，只是為領取薪水而不再學習，那麼，在這個競爭激烈的社會之中，這種人是不可能成功的。

以夜間部學校上課的情形來做例子。每個星期花兩個晚上到五個晚上的時間到夜間部上課的人，無疑是個有抱負的人，想要在自己目前的工作上。或者是正在準備從事其他的產業方面，表現得更有成就。

那些成功的人並不是天生就有那種能力的。他們必須學習技術。獲取能夠加強他們的才能的知識。即使有些人運氣很好，以前就有了這些才能，但是為了跟上時代的潮流，適應政府的新法規，以及熟悉他的對手所採取的政策，這些通常仍需要繼續研究與學習的。我所認識的一位工程師

第一章　強者為先，改變命運

告訴過我，如果他要花費足夠的時間把他所應該研究的有關新發明，以及把治療的新技術的文章都看完，那麼他就沒有時間去照顧他的病人了。

事實上並不是每個人都能夠得到理想中的高職位，有些人必須在這個世界上做那些他不太想做的工作。但是令人振奮的是，如果他願意訓練自己，培養更好的能力，他就不會永遠停留在低階的工作上了。

這裡有一個例子──一位年輕律師的故事。他曾經因為沒有受過訓練，只能靠挖壕溝過活。他的名字叫海威爾。他剛踏上社會的時候，在堪薩斯城一家貿易信託公司裡當小職員。後來他移居到奧克拉荷馬州的馬歇爾市，進入謝爾石油公司做事。他愛上了市長的女兒艾芙琳英格，並且和她結了婚。

不久，經濟發生了大恐慌──海威爾和許多職員馬上就要被解僱了。他受過的訓練和經驗都不夠，沒有辦法擔任一般書記以外的工作，而這種書記工作，在當時是找不到職缺的。他只好接受了他所能擔當的唯一一件工作──以每小時四毛錢的代價，在石油管理工程裡挖壕溝。

他把他的故事說給我聽，其後半段是這樣的：「我想辦法改善生活，經營了一家小型高爾夫球場，再加上我太太在一家店裡工作的收入。我們那幾年的生活總算還過得去。後來我又被一家石油公司僱用了，轉到奧克拉荷馬州的杜爾沙市工作。我的工作是在會計部門辦理有關投資的文書工作──但是我對於會計工作是一竅不通的。

「只有一個辦法，那就是學習。所以我到奧克拉荷馬法律會計學校的夜間部會計科上課。這是我所做過的最聰明的一件事，因為這些課程使我了解到，我可以利用晚上的用功，來彌補我學問上的不足。」

「經過三年的學習以後，我的薪水也加倍了。於是我馬上進入土爾沙

大學夜間的法律系上課，四年內修完全部學分，得到了學位，並且聽過律師檢定考試而成為合格的開業律師。但是我仍然不滿足，所以我又回到夜間上課，準備參加會計師檢定考試。研究高等會計三年以後，又學了一項公開講演的課程。最重要的是，這麼多年以來的夜間教育，已經使我的薪水比十二年前挖壕溝的時候多了十二倍。」

海威爾先生除了在自己的律師事務所執業以外，並且在奧克拉荷馬法律和會計學校授課——自己曾經是該校的學生。海威爾先生的故事，是教育自己以獲得成功的典型故事——任何一個願意付出時間和努力的人都可以做到。

整天工作，而且要連續幾年每個晚上上學，這不是一個輕鬆的計畫。每個人都需要從家裡得到所有他能夠得到的鼓勵，以支持他不致半途而廢。他常常會感到厭倦、失望，並且因為懷疑這些努力的價值而感到痛苦——這些努力也許看起來像是在浪費時間。

在學校裡學了四年。或是獲得了學位。並不表示你已經完成了所有的教育；教育是一條必須繼續不斷進步的路。你如果想趕得上每件事，就必須在一生之中使用各種方法不停地學習。

條理清晰才能高效辦事

「辦事條理化」在美國哈佛大學經典教材中被列為管理人必須做到的一項基本工作。難怪美國通用公司總裁威爾許（Jack Welch）將「做事沒有條理」列為許多公司缺乏效益的一大重要原因。

工作沒有條理，同時又想把蛋糕做大的人，總會感到手下的人手不

第一章　強者為先，改變命運

夠。他們認為，只要人多，事情就可以辦好了。其實，你所缺少的不是更多的人，而是使工作更有條理、更有效率的規劃。由於你辦事不得當、工作沒有計畫、缺乏條理，因而浪費了大量員工的精力和體力，最後還是無所成就。

沒有條理、做事沒有秩序的人，無論做哪一項事業都沒有功效可言。而有條理、有秩序的人即使才能平庸，他的事業也往往有相當的成就。

大自然中，未成熟的柿子都具有澀味。除去柿子澀味的方式有許多種。但是，無論你採用哪一種方式，都需要花一段時間來熬熟。

任何一件事，從規劃到實現的階段，總有一段所謂時機的存在，也就是需要一些時間讓它自然成熟的意思。無論計畫是如何的正確無誤，總要不慌不忙、沉著地等待更合適的機會到來。

假如過於急躁而不甘等待的話，經常會遭到破壞性的阻礙。因此，無論如何，我們都要有耐心，壓抑那股焦急不安的情緒，才不愧是真正的智者。假若連最起碼的等待都做不到的話。那麼是不會成功的。一位企業家曾和我談起了他遇到的兩種人。

有個性急的人，不管你在什麼時候遇見他，他都表現得風風火火的樣子。如果要與他談話，他只能拿出數秒鐘的時間，時間長一點，他會伸手把錶看了再看，暗示著他的時間很緊張。他公司的業務做得雖然很大。但是開銷更大。究其原因，主要是他在工作安排上亂七八糟，毫無秩序。他做起事來，也常為雜亂的東西所阻礙。結果，他的事務是一團糟，他的辦公桌簡直就是一個垃圾堆。他經常很忙碌。從來沒有時間來整理自己的東西，即便有時間，他也不知道怎樣去整理、安放。

另外有一個人，與上述那個人恰恰相反。他從來不顯現出忙碌的樣子，

條理清晰才能高效辦事

做事非常鎮靜，總是很平靜詳和。別人不論有什麼難事和他商談，他總是彬彬有禮。在他的公司裡，所有員工都寂靜無聲地埋頭苦幹，各樣東西也放置得有條不紊，各種事務也安排得恰到好處。他每晚都要整理自己的辦公桌。對於重要的信件立即就回覆，並且把信件整理得井然有序。所以，儘管他經營的規模更大過前述商人，但別人從外表上總看不出他有一絲一毫的慌亂。他做起事來樣樣整理得清清楚楚，他那富有條理、講求秩序的作風。影響到他的全公司。於是，他的每一個員工，做起事來也都極有秩序，一片生機盎然之象。

你工作有秩序，處理事務有條有理，在辦公室裡絕不會浪費時間，就不會擾亂自己的神志，辦事效率也極高。從這個角度來看，你的時間也一定很充足。你的事業也必能依照預定的計畫去進行。

廚師用鍋煎魚，如時常翻動魚身，會使魚變得爛碎，看起來就不覺得好吃。相反地，如果盡煎一面，不加翻動，將會黏住鍋底或者燒焦。最好的辦法是在適當的時候，搖動鍋子，或用鏟子輕輕翻動，待魚全部煎熟，再起鍋。

不僅是烹調需要祕訣，做一切事都得如此。當準備工作完成，進行實際工作時，只需做適度的更正，其餘的應該讓它有條不紊、順其自然地發展下去。

人的能力有限。無法超越某些限度。如果能對準備工作盡量做到慎重研究的地步，至少可以將能力做更大的發揮。

015

提升效率，避免浪費時間

工作絕大部分是在辦公室內度過的，如果能把辦公室布置成一個高效率的場所，使它極大地滿足工作效率化的需求，那麼時間將會大大地被節省下來。但是，辦公室常常變成了堆放各種文件和不常用參考資料及廢舊報紙的地方，而不是老闆希望能提升工作效率的場所。

鑒於此，越來越多的老闆已經開始注意整理自己的辦公室，這也反映了他們井然有序，隨時不忘爭取時間的觀念。

作為辦公室主要部分的辦公桌，如果有選擇餘地的話，最好選擇一張適合個人工作需求的辦公桌。考慮抽屜的數量是否足夠，以盡量減少桌面的凌亂；是否備有特殊索引的個人文件夾。

能為辦公室帶來更佳便利的工作條件的幾種方法：

1. 保持辦公室有條不紊

在家居安排上，不管你是否意識到，事實上你把自己的家居安排得井然有序：床放在臥室內，爐子在廚房內，電視機則一定會放在你最喜歡舒展身體、放鬆自己的地方。

而對於辦公室來說，許多人常常不知不覺地將其布置成實際上會妨礙工作效率的布局。如文件找不到或者是放錯了地方；各種文件或資料堆積如山；桌上一片凌亂。這主要是不懂得如何像布置自己的家居一樣布置辦公室。

作為一個最有效率的辦公室。應當劃分三個不同領域的空間，分別是：

①工作區，即每天執行工作的區域。

②儲藏區，即存放所需資料或文件的區域。

③接待訪客區，即接見來訪客人並交談的區域。

一個最有效率的辦公室，應當是三個區域劃分最明確的辦公室。保持辦公室有條不紊，應注意以下三個方面：

(1) 安排好工作場所的結構

假如工作場所的結構不符合每日工作的要求。

那麼就改變空間設定，這樣每天都可以省下幾百步路。多走路就等於是浪費時間和精力，因此需要重新安排重要的設備、儲藏室、辦公桌和電話的位置，以節省大量的時間。

當然，你可以找專做辦公室和工作場所設計的顧問提供專業建議，藉助專家，幫你研究工作動線，重新安排空間與設備，改善工作效率。

(2) 買辦公用具不要怕花錢

買下任何提升工作效率的用具，別心疼所花的一點錢。試算一下，如果每天能省下一兩分鐘，每年就可節省好幾個小時。而高效率的時間又是無法用金錢衡量的。

紐約市一間規劃設計公司的總裁發現公司的會客室、會議室及主管的辦公室都過於鋪張浪費，而產品的生產和服務人員工作的場所卻很簡陋。他說：「重點搞錯了！許多年薪 40,000 美元的人總以為買一輛價值 20,000 美元，可以保用 4 年的車子不算是奢侈。車裡配備依人體工學設計的椅子，不但可以調整椅子的高度和椅子背的角度，還可以調整椅子與煞車踏板、方向盤之間的距離。但是他們一天在車子裡的時間只有 2～3 個小時。然而坐上 8 個小時的辦公室椅子卻很少超過 300 美元。而且完全不能

第一章　強者為先，改變命運

依個人體型進行調整，但只要多付 300 美元，就可以擁有可調節的椅子了。這樣做就都不是會花錢的人。因為把錢沒有花在提升工作效率上，而是花在了排場上。」

(3) 不要把辦公桌當成儲藏室

一些非常成功的人士總是注意保持桌面的乾淨。因為保持乾淨，準備隨時工作的感覺很好，桌面是主要的工作區域，應該只放置那些每天要用的東西，雜亂的桌子並不代表有創造力，只會顯示其主人沒有組織能力。

一位美國時間管理專家曾說：「桌子的每一張紙就代表還沒有做的決定。」追求工作效率的人應當盡量保持桌子上只放一樣東西。除非所有的資料是為了協助做決定的，否則不要把紙張堆積在桌子上。

桌子上雜亂的東西會對你造成或多或少的壓力。讓你分心的東西越少，你全心全意處理手邊工作的效率也就越高。

2. 辦公桌的布置

一些公司的經理，喜歡把他們自己的辦公桌擺在面向外的地方，這樣一來，他們可以縱觀全場。

這種擺放的好處還有就是他們可以在接待訪客時，仍能輕鬆地掌握全場；但是，也同樣有缺點存在，那就是當每位公司的其他成員在辦公室走動時，都會被分散注意力。

假如你是一位經理級人物。從時間管理的角度看最好是將自己辦公桌的桌角對準其他公司成員的桌沿。這樣。同事們就不會常常走過你的前面，以致擋住你的視線。

另外，這種擺放辦公桌的角度和方式，還可以留下更大的空間，供你和同事們擺放其他的辦公用具。

辦公桌的擺放，最好不要面對窗戶、走道，或者人來人往的走廊，這樣可以避免許多不必要的事情。你沒有必要浪費時間去同來來往往的人打招呼。

如果你是一位部門經理，在安排辦公室的個人辦公桌的位置時，還必須要考慮到辦公桌和人員的配置問題。

在每個辦公室內，總會有一些喜歡講廢話的人，這些人如果都湊在一起，那就很可怕，將會帶來巨大的時間浪費。因此在你做好安排之前，必須要先了解各位同事的性格，盡量將愛說閒話的人分開，使他們無法找到「知音」，廢話自然也就無法製造出來了。

另外，現在有一種流行，那就是越來越多的企業經理們，喜歡隨意增加自己辦公桌的面積和數量，追求桌面越大越氣派。然而這些大面積的辦公桌也不過是為提供更多的地方來攤開文件罷了。其實，在辦公桌上堆積文件是極不合適的，需要存放的書籍和文件都可以放在書架上。因而過大的面積的辦公桌是毫無必要的。這樣也能為你清理桌面，整理文件時省下更多的時間。在你需要交接工作的時候，也不必大費工夫，就能將所有的資料和文件整理清楚。

3. 整理辦公桌

一張雜亂無章的辦公桌必然會產生以下後果：

①無法控制工作。

②感到分心、疲勞以及緊張。

③工作效率降低。

④使同事或其他目睹過辦公桌面狀況的人對你留下不好的印象。

⑤不斷地將重要的文件、通訊紀錄,以及計畫等等放錯地方。

⑥浪費時間。

美國著名的時間管理專家柯維(Stephen Covey),被稱為「效率專家」。他提倡保持辦公桌乾淨整齊。他認為只有手頭上現在必須做的工作或計畫才有資格放在桌面上,其他的一些東西都應當被清理掉。其中包括還沒有歸檔的文件、書籍、個人資料、文具,以及其他可以清理掉或放到別處的東西。

一個桌面不整齊的人,也時常被人們視為是沒有組織能力的人。因為對於自己的辦公桌都管理不好,那麼對於一個部門、一個企業又如何能夠管理得井然有序呢?

為了能保持桌面的整齊,提升工作效率,專家們提出以下建議:

(1) 便利原則

首先問自己兩個問題:每天、每週、每月、每年都用到些什麼東西?什麼東西從來不用?這些問題的答案能幫助你知道各種需要的東西如何擺放。

一般來說,每天要用的文件應該放在最近的地方,伸手可及,例如抽屜裡。每月或每年要用的文件則不應該放在辦公桌上。而放在文件櫃或儲藏箱中。

辦公桌的文件夾中不能放些從來不看、沒有保存價值的信件。如果實在用不著,就把它處理掉。

(2) 準備一個「建檔中」的文件夾

當你把文件歸檔時，會碰到一些無法決定放在哪一個分類中的文件。那麼建立一個「建檔中」文件，保存這些文件，以便於你能迅速地將文件找出來。

(3) 準備一個「待辦」文件夾

如果你手頭所需的文件較多，看完之後又放回文件夾中，不利於工作的話，也不要將所有的文件堆積在桌面上，而是可以把它們放在最靠近你的地方。例如抽屜裡，並將這些文件歸入「待辦」文件夾中，以表明現在正要用的文件，用完後，就可以放入文件夾中。

(4) 定期整理文件

一段時間過後，你的文件夾裡可能會塞滿了東西。那麼就花一兩個小時整理一下，這樣會大大地提升你下一段時間的工作效率。

在整理中將原來認為重要而現在已無用處的東西丟掉。你會有一種解脫的感覺。而且看到整理過後的文件、冊目異常清楚，也一定會讓你對辦公室產生一種新的感覺。

清理辦公桌可以由以下幾個步驟進行：

①專門挪出時間，處理眼前的問題。

②清理桌面。

③如果雜物的確很少的話，可以分階段清理。比如先清理桌面，再清理每個抽屜。

④清理掉不要的東西。

⑤把不是很重要的東西集中到辦公室的角落裡。

⑥把零散的文件分類收集在文件夾裡。

在整理文件和辦公室物品時，注意對它們加以仔細分析，看是否有保留的必要。如果不必要的話，應立即清除。如果無法確定是不是應該丟棄的話，可以集中收集到不常動用的地方，然後做一個紀錄，每隔一段時間加以處理。

4. 垃圾桶的妙用

垃圾桶在辦公室中，主要是裝廢紙。及時清除辦公室中的廢紙，會使辦公室顯得清潔整齊。在選擇垃圾桶時，可以選擇一些足夠大的、使用方便的垃圾桶。使你在丟廢紙時會有毫不猶豫的感受。

垃圾桶擺放的位置也應當是在你辦公時，比較隨手就能扔棄廢紙的地方，例如桌子旁邊。有些人喜歡把垃圾桶放在門的背後，認為這樣比較雅觀。可是這樣做的話。就會為你丟廢紙帶來麻煩，在你想扔掉某些拿不定主意是丟還是不丟的東西的時候，你可能會因為怕麻煩，把這些東西暫時擱置下來，造成大量的文件堆積，從而影響辦公室的整體形象。

5. 辦公室的省時技巧

辦公室的主要部位──辦公桌應當是清潔有序的。但是在絕大多數的企業經理人士中，都犯有在辦公桌上堆積文件的毛病。

通用電話公司前總裁曾經舉出桌面上不宜擺放大量文件的理由，他說：「當我在接待一位已經約好的訪客時。我希望對方專心注意我的談話內容。不要分心。這是我要求必須隨時保持桌面清爽的另一個理由。」

提升效率，避免浪費時間

美國的一位時間管理專家一直強調辦公桌的整理。他把那些在辦公桌上堆積文件的企業經理們稱為是「辦公桌堆積症候群」。他們以為只有這樣做才會使自己不會忘記要做的工作。而事實上，麥肯錫提出了解決這一問題的三項工作法則：

①將桌面及桌子內部一切現在不需要用的東西都清除出辦公桌。

②將有用的文件、資料、信函等按不同的類別，放入文件夾中，存入書架或書櫃中，沒有用的部分就要堅決扔掉。

③對於刊物的整理，可分為必讀和可讀兩種，分別存放，把那些有一定可讀性但參考價值不大的刊物，盡量丟棄。

對於整個辦公室的設計，除了辦公桌以外都要講究時效性。文件、辦公用具擺放有序，可以隨時找到所需要的東西。

一本關於時間管理的暢銷書的作者提出了三項技巧來整理辦公室：

①專門挪出一點時間用來清理辦公桌、辦公用具，以及其他的隨屬物。為了能夠使整個辦公室的東西擺放有序，必須隔一段時間進行一次辦公室的整理，使各種物品歸入原有的位置。例如將夾子、釘書機、剪刀放入常用的地方。

②整理文件時，可以將文件分為三個等級，A級、B級和C級。A級文件必須立刻進行處理；B級文件可以稍微緩和一些，慢慢處理；C級文件留待有空的時候再拿出來看。

③整理辦公室時，不要將辦公室整理成一個嚴謹而空洞的房間，毫無情趣，枯燥無味，除了文件和辦公用具之外，別無其他。在這樣的環境中，你的工作效率也不會太高。擺上一盆熱帶盆景或者掛上一幅油畫，會使整個房間有一絲生機和活力，讓人更容易感受到自己與人文精神的結合。

當然，除此之外，你還可以擁有一張可以令人感到舒適的沙發，以及一只足夠大的垃圾桶等，沙發可以供來訪的客人或前來與你交談的同事們使用。而一個大的垃圾桶可以省去打掃廢紙的時間。

6. 沒有辦公桌的辦公室

辦公桌是辦公室的核心，這是一般人的既定想法。然而辦公室中也可以不要辦公桌。擺脫辦公桌的束縛。一些企業主管曾抱怨說：「走進辦公室，便只能伏在辦公桌旁邊，一整天的工作促使我不能離開辦公桌，我真的有些討厭辦公桌了。」

在新時代的辦公室中，辦公桌不是非要不可的。在美國有越來越多的企業主管們就放棄了他們的個人辦公桌。他們的理由是：「如果沒有地方可供收藏文件，你就會更快速地完成工作。」

近幾年有人提出了「無辦公桌辦公室」的概念。提倡者說：「我自己不保留任何文件或檔案，我的助理負責把必須注意的工作事項轉交給我。如果是接到新的工作，我會立即處理；如果是實在無法立刻處理的事，我會記下工作重點，並將這些工作重點交待給其他工作人員。讓他們就這些工作重點進行討論或收集資料。在他們得出結論或收集到足夠資料後，我再進行評估，並做出結論。無論如何，我是不願受到辦公桌上各種文件的糾纏的。」

人們只是停留在辦公必須得在辦公桌前才能進行的觀念。事實上，當沒有辦公桌時，會帶來很多意想不到的好處：

(1) 提升工作效率

沒有辦公桌，沒有堆積文件的地方，也就沒有了將工作往後拖的餘地。一有工作。就必須馬上去處理。

哥倫比亞廣播公司的高層主管說道：「如果公司加蓋新的辦公室，我總是會自問：『我需要辦公桌的理由是什麼』？答案是沒有理由。」

對於一些工作來說，並不是只有在辦公桌上才能完成的，例如郵件的簽名、開討論會、打電話等。如果僅是這樣性質的工作，就沒有必要用辦公桌。可以改為一張咖啡桌或茶几，在咖啡桌或茶几前就可以將這些工作處理完，而這樣一來，可以留下更多的時間去觀察、思考和下達指令。

(2) 活躍辦公室氣氛

許多企業主管使用辦公桌的一個潛在因素在於，可以藉此突顯個人的地位。坐在辦公桌前的人總認為自己要比辦公桌那一邊的地位要高。更有權威，這種地位的差異就是透過這張辦公桌來區分。

在傳統的辦公室中，這種局面只能使交談的雙方無法放鬆。然而在沒有辦公桌的情況下。一切都不一樣了。辦公室的氣氛就立刻活躍起來，交談時會很在辦公室的設計中，也可以採取比較個性化的裝飾，比如淺色調的牆面、一張舒適的沙發、一個別具特色的白板等等，將瀰漫在辦公室中的那種濃濃的商業氣息舒緩、沖淡。在這種場合中，會減輕辦公的壓力。前來交談的訪客也會受到情緒的感染，使整個談話輕鬆自然。

(3) 轉移工作重心

沒有辦公桌的辦公室，使企業主管人員擺脫了埋頭於文件堆的辦公模式，從而有了更多的時間了解實際的工作情況。如透過四處走動、對人觀

察，可以及時了解各種實際情況；還可以加強與同事之間的互動。與同事交談討論的效率增加，也加快了會談的速度。

各種文件的處理，如信件、備忘錄、各種報表都可以讓祕書進行保存。每天將需要用的信件、備忘錄和報表由祕書送過來，做完決定，處理完事務之後，再送還給祕書保存。

如此一來，將企業主管的辦公重心由傳統的處理文件型變成了實作型。改變了辦公只能在辦公桌前進行的辦公模式，這也不僅是形式上的變化，事實上是辦公高效率化的需求。每位企業主管的決定和任務的下達，都必須要與實際工作緊密結合，與同事們反覆討論。而不是坐在辦公室內，憑藉一堆文件，便做出空洞的決定，或下達無法實施的任務。

7. TIME 法處理信件

處理信件，是辦公室中的主要工作之一。聯絡業務、溝通資訊、顧客回饋等，都需要透過信件。在處理信件時，最好是一次性讀完當天所有信件，並且回覆所有必要回覆的信件。

從時間管理的角度來看，在處理每封信件時，根據不同的信件，應當做如下處理：

① T（Throwaway）：對於沒有任何保留意義、不重要的信，可以當機立斷地扔棄。

② I（Important）：一些意義重大的信件，以及需要回覆的信件，可以在備忘錄中列出來，並將要回覆的內容大致理出來，以免再重複看信件的內容。

③ M（Make）：在看信件的同時，產生了一些想法，可以在信件旁邊

做一些注釋，以便以後再看信件時，能迅速抓住重點，切中主題。

④ E（Effective）：在處理信件時，講求高效率，盡量採用省時的方法回信，比如用電話或傳真機來回覆。

遠離拖延與低效習慣

1. 工作中的有形「時間殺手」

在工作中，暗藏了許多的「時間殺手」吞掉寶貴時間，猶如剝奪了生命的一部分。「時間殺手」又可分為有形的和無形的。有形的「時間殺手」是指明明知道是浪費時間的事情，卻又不得不做，或者是迫於無奈地去做。

有形的「時間殺手」可以大致包括以下幾種情況：

(1) 接聽電話

電話響了，是要去接的。即使是一位無關的人打來的無聊電話，也要給予應付。

(2) 打出電話

雖然打出電話的主動權在自己，也不能保證每一位接聽者是一位省時的同仁，有可能碰上一位「長舌」的人。

(3) 外人打擾

沒有預約的不速之客來訪，不得不應酬；同事之間的聊天，被有些人認為是增進感情，但也浪費了不少時間。

(4) 過多會議

一些上級總愛在會議上長篇大論，凡事都要用會議的形式來傳達，而忽略了通知的作用。討論會也並非每位員工都能按時到場，發言時也未必都會積極踴躍，結論也未必能迅速地做出，無形當中將會議的時間延長了。

(5) 人際關係溝通不順

辦公室內的諸位同事如果人際關係處理不好，相互誤會猜疑，必定會在工作中出現延誤、不協調、不合作等問題。

(6) 官僚作風

官僚作風起源於國營機關內，但是也散布到了一些私人企業中。事情不分大小，層層請求彙報，等候上級的批示。一些企業主要高層也自認為官，樂得助長官僚作風，顯示出自己的權威，導致辦事不利，拖延嚴重，使時間大大地浪費了。

(7) 與人共事

老闆如果能找一個辦事俐落、高效率的人一起共事，將會大有益處。可如果遇上另一種人，就會令人頭痛。

比如，沒有時間觀念，做事拖拖拉拉、懶散、依賴性強等，在與這些

人共事時,只會拖延老闆的時間,不是事半功倍的效率,而是事倍功半的結果。

(8) 資源不足

資源包括人力、物力和財力等方面。只有在人力資源、物力資源、財力資源都充足的情況下,才能創造出佳績,缺少一方都不行,如果出現資源的缺乏,那麼只能將工作停下,等資源充足時才能完成。這就造成時間的空當,浪費了時間的資源。

(9) 資源過多

資源不足會導致時間的浪費,那麼資源過多的時候,也同樣會使時間浪費。人員過多、物力過剩、財力過足,就會使人的惰性滋長,缺乏幹勁,就如「一個和尚挑水喝,兩個和尚抬水喝,三個和尚沒水喝」的道理一樣。資源過多同樣會使時間失效。

(10) 處理過多的文件和信件

辦公桌上永遠看不完的文件,各類報刊、雜誌以及來往的信件,要逐一看完並回回信件,是一件很難的事情。

2. 無形的「時間殺手」

無形的「時間殺手」是指在我們沒有意識到的情況下耗費掉時間的因素。無形的「時間殺手」也在辦公室中是常見到的,主要有以下幾種情形:

(1) 沒有工作計劃

沒有確定好目標,沒有制定出策略和程序,即使是有了行動,也只能是沒有意義的行動,到頭來只是空忙一趟,白白浪費時間。

(2) 不分輕重緩急

事情不分輕重緩急,拿起來就做,只能成為一個工作機器。

要主動地去安排各項工作,合理的將時間分配於多項工作中。

不考慮事情的輕重緩急,將導致本末倒置,將時間白白耗費在一些無關緊要的事情上。就成就不了偉大的事業。

(3) 過分注重細枝末節

注意細節、追求完美,當然很好,但是如果過於注重細枝末節而放棄大的、重要的事情,必然成不了大事。

(4) 優柔寡斷

有些老闆性格懦弱、優柔寡斷、猶豫不決。在面臨選擇時,總是思前想後,考慮出若干後果,生怕會考慮不周,造成惡果。

周全的考慮是必要的,但是對一件事情過於多慮,只能是浪費時間,耽誤時機。

(5) 不會說「不」

有些老闆天生一副菩薩心腸,好人緣,從不得罪別人,或令別人不快。對於別人的請求或要求,從來不拒絕,為了別人的事情而終日忙碌,

結果只是把自己的時間奉獻給了別人。對自己的事情卻只能一拖再拖。對老闆來說，這是不可取的。

(6) 習慣性拖延

對一些不感興趣、不懂如何去做，以及擔心做不好的工作，一些老闆會選擇盡量往後拖。這樣只能使簡單的工作變複雜了，事情到了非做不可的時候，再去做它，就更花時間，豈不是白費光陰。

(7) 不懂授權

老闆在工作中，要懂得權力下放的策略。這樣做，一方面可以培訓好下級，使他們盡快成為成熟的業務，分擔老闆的一部分擔子；另一方面，又可以為老闆節省時間，騰出時間去做更加重要的事情。

(8) 缺乏組織

企業作為一個整體，內部應當是有組織的。組織好員工團隊，建立一個協調、統一、樂觀、向上的員工團隊，將會使企業在前進的道路上加速行駛。

(9) 健康問題

老闆的身體是一個很重要的因素，有一個強健的體魄，才能擔負起創業的艱辛，才會有更充足的精力投入到事業中，創造出高效率，向創業成功的方向揚帆前進。

忙碌中也要懂得休息與調整

緊張與壓力，導致許多人產生倦怠、潰瘍、心悸、頭昏、高血壓等病症。然而，心理專家指出，如果懂得時間管理，這些壓力就可以減輕甚至消失。時間管理做得好，可以更有效地幫助你完成工作與生活規劃。

你一定好奇地想問：「時間不是一分一秒地走掉了，怎麼管理？」的確，時間是不等人的，沒有人能「控制」時間，真正能控制的，其實是自己。而所謂的時間管理，依照專家的說法，正確的定義應該是「自我管理」。

天下沒有什麼祕訣可以教會人控制時間，真正需要控制的只有自己。那些口裡經常喊「忙」的人，就是失落「心」的人，因為，「忙」字拆開來，就是「心亡」。有心的人，永遠不會喊忙，他的生活方向清楚，知道自己在做什麼。

要管理時間，就需要先管理自我，注意到自己浪費時間的毛病，才能對症下藥。根據調查研究，一般人最容易犯的毛病，包括拖延、能力低下、缺乏規劃、溝通不良、授權不當、猶豫不決、缺乏遠見與目標無法貫徹始終等等。換句話說，大多數浪費時間的毛病都是自找的。

很多人希望面面俱到，於是拚命把過多的責任扛在自己身上。結果發現，自己能力不足而有挫折感。專家建議，確立態度，再排定先後順序，制定出遠期和近期目標，是時間管理的必要步驟。這個原則，大至擬定人生方向，小至每天、每月、每年的行事日程，都要謹守。譬如，你發覺自己一天精力最旺盛的時候是在上午，就把最重要的事排在這段時間內處理。一天中精力最差的時段，如果是在下午五六點，那就去做些無關緊要的事。

忙碌中也要懂得休息與調整

有句話說得好:「有效的時間管理,就是一種追求改變和學習的過程。」上帝是公平的,不管是誰,一個人一天永遠只有 24 小時,你可以過得很從容,你也可以把自己弄得凌亂不堪,「沒有時間」絕對不是藉口,那是你自己的選擇。

忙裡可以偷閒。一個人要知進能退,要懂得拒絕,有些事情是不是值得為它去拚命?如果不值得,乾脆就放棄。如果遇到一些一個人處理不了的事。自己沒辦法解決,應該去尋求外援,集思廣益,找別人一起分擔。

我們常常聽到很多人抱怨「很忙」、「沒有時間娛樂」,或者是「已經好幾年沒有看電影」,這樣抱怨的人犯了一個最大的毛病:太強調自己的重要性,認為自己是不可取代的。尤其是,位置坐得愈高的人,這個毛病愈來重。有很多時候,不是他真的沒時間,而是自己放不開。這種人總是口口聲聲說「等我有時間」、「等我有空」結果他一輩子都沒等到時間,一輩子都沒享受到生活。

如果你的時間安排得好,你就可以去聽音樂會、看表演、做自己想做的事。時間管理的第一個原則是:對每一件事都尊重,包括對休閒時間的尊重。心情是可以創造的,時間是可以掌握的,善於安排的人。永遠不會喊「忙」,因為他知道自己要什麼,不要什麼。

有個叫尼伯遜的人,透過對百年來活躍於全世界實業界的人士調查發現。這些人成功的關鍵在於,他們善於利用閒暇時間去學習。

什麼是閒暇時間呢?通常來說,閒暇時間就是可以供人們自由支配的時間。也就是我們平常所說的業餘時間,也有人稱之為「8 小時之外」。但是,嚴格地說,真正的閒暇時間應該排除用於家務、飲食等方面的時間,即完全可供個人自由支配的時間。自由,是閒暇時間的一個特點。一般來

說工作時間不能自由支配，工作時間的流向基本是固定的，具有一定的穩定性和限制性，例如，在工作時間裡，務工的不能從醫，從醫的也不能務工。然而。閒暇時間卻截然不同，它沒有強行規定人們的去向，自由度很大，基本上可以憑自己的興趣加以選擇。在閒暇時間中，人們為了滿足自己的需求，可以去從事能夠反映自我個性的有價值、有意義的活動。

希臘偉大的思想家亞里斯多德（Aristotle）。喜歡在閒暇時間捕捉蝴蝶和甲蟲，他利用閒暇時間累積了人類歷史上第一批昆蟲標本。成為第一個昆蟲分類學者。達爾文（Charles Darwin）從小就對打獵、旅行、蒐集生物標本有著特殊的興趣，上大學時又利用閒暇時間廣泛採集植物、昆蟲和動物標本，後來將業餘愛好發展成為專長，成了舉世聞名的生物學家，也是在近、現代自然科學領域做出了奠基性貢獻的第一批科學家。

有許多都不是以研究自然科學為職業的人。如達文西（Leonardo da Vinci）是法蘭索瓦一世的臣僕；天體力學和現代實驗光學的奠基人克卜勒（Johannes Kepler）的正式職業是編輯；現代生理學的奠基人哈維（William Harvey）的職業是醫生；現代實驗磁學的奠基人吉爾伯特（William Gilbert）是女王御醫；創立解析幾何的笛卡兒（René Descartes）是軍官；與牛頓（Isaac Newton）同時發明了微積分的萊布尼茲（Gottfried Leibniz）是外交官……

17世紀以後。在自然科學突飛猛進並日趨專業化和精密化的情況下，業餘研究仍然是科學研究的一支重要的生力軍，有不少第一流科學家是從業餘研究走上科學研究道路的，如達爾文、愛因斯坦（Albert Einstein）等等。

善於利用閒暇時間，就要確立閒暇時間是一筆寶貴財富的觀念。一位法國未來學家提出，在未來的社會人感到最重要的不是能用於買到一切的

錢，也不是商品，而是業餘時間——這種時間可給予人知識文化。有人算了一筆帳，雖然對於正在工作和學習的人來說，在一天裡閒暇時間幾乎等同於工作時間，但從人的一生來看，閒暇時間幾乎4倍於工作時間。閒暇時間是有志者實現志向的大好時光，是創業者艱苦創業的良時美辰。另外，在閒暇時間裡，人們的體力和腦力得到了補償，家庭關係更加和睦，社會交往不斷擴大，人與人、人與社會的關係進一步融洽；在閒暇時間裡透過開闢「副業」使自己的才能得到充分發展；透過業餘學習和高尚的娛樂，使自己的知識結構得到改善和提升，人格得到充分的修養和完善。對腦力勞動者來說，閒暇時間有時比冥思苦想更能促進思想上的突破。它能激發人的心理潛力，使大腦皮質在幾十年裡收藏的各種素材、經驗一一溝通，產生新的思想。如果只把「8小時以內」視為是真正意義上的一天，而把閒暇時間只當做這三分之一時間的附屬品，怎麼能指望享受一天快樂的生活呢？又怎麼能指望取得人生的更大成功呢？

　　科學化地安排閒暇時間的方式是多種多樣的，也要因人、因地、因時而異的。主要有以下幾種方式：一是開發式，就是把閒暇時間作為開發自己潛能，實現自我價值的時間；二是結合式，閒暇時間與工作時間是相互回饋、相互影響的。結合式實際上就是把閒暇活動作為本職工作的延伸與擴展，專業知識的儲備和補充；三是陶冶式，即在閒暇時間裡從事多種有益活動，以陶冶性情，增加學識；四是調劑式，即閒暇活動與工作互相調劑。比如腦力勞動者在閒暇時間最好是做些體力勞動的工作，室內工作者在閒暇時間最好到室外去，邏輯思維工作者的閒暇時間應以形象思維為主。調劑的另一層意思是做到緊鬆、忙閒、勞逸、張弛相結合。既不是只張不弛、張而忘弛，也不要弛而不張，弛而忘張，要張弛結合。勞逸適度。

改變思維模式，突破自我極限

專家們認為，人的腦神經就像人的肌肉一樣，越訓練反應越靈敏。因此應該經常練習集中注意力，促使某一部分腦神經能及時運作，這樣還會使相關的神經變得活躍，進而使你進入最佳狀態。

進入狀態的關鍵是你能否把注意力集中到主要目標上，如果能，那麼一切內外干擾就都被排除在外了。例如，一位爵士音樂愛好者可以完全把注意力放在中音薩克斯風上。這樣，其他樂器都可以聽不見了。這種情景就叫做「進入狀態」。相反，有些人就難以進入狀態。例如有些運動員每次比賽之前，想這想那，心情高度緊張，結果比賽發揮水準失常，丟掉了本該拿到手的獎牌。可見，「進入狀態」對成功來說是非常必要的。

那麼，怎樣才能進入狀態呢？

你可以為自己所做的事創造一套程序。

你可以為自己制定規則、樹立目標、加快頻率。

你可以說出你的想法，使你把注意力集中到所做的工作上，還可以提醒你別忘了某些事情。

為了使你永保「狀態」，你可以把自己放在「零」的位置上，放在拚命追趕的位置上。在你完成一項工作後，不要馬上就投入到下一項工作中。

集中意志是高難度的心靈控制技巧，愈常練，就愈能掌握，效果也會愈好。下邊是幾項祕訣：

1. 營造環境

座椅要舒適，桌面要整潔。需要用到的工具準備好，氣氛要能配合工作的性質——例如，閱讀性工作應有明亮的檯燈，思考性工作則需要柔和的光線。

2. 避開紛擾

集中的注意力很容易再分散，一定要小心維持。如果是在家裡工作，就應該關掉電視，讓孩子們離開。如果是在辦公室，則請祕書代接電話，防止他人干擾，或緊閉房門。

3. 遠離人群

如果閉上房門仍然不足，那只好逃得遠遠的了。有位企業主管的逃避方法是到旅館租一間房間來工作。

4. 暖身運動

先放鬆心情，批閱一些簡短的文件，覺得自己頭腦的機器已經運轉靈活了，再著手比較艱鉅的工程。

5. 分段進行

花一分鐘先作點規劃，把大計畫分成幾個小計畫。預估今天可以完成哪一部分。這樣，你清楚知道今天的目標，容易掌握，比較有成就感。

6. 乘勝直追

頭腦的機器正全速運轉時，別停下來。這時候你會覺得自己靈光乍現，難題迎刃而解，欣喜之餘，很想為自己這不時出現的才華慶祝一番，但是且慢！靈感不是隨時都有的，趕快工作。

7. 在家工作

辦公室裡常有事讓你分心，本來這不見得是壞事，但是在需要專注思考時。卻不合適。也許可以安排一部分時間在家工作。此外，成就非凡的人。除上班時間外，每週至少會多花幾個小時在家工作。

8. 利用零碎時間

你可曾因飛機誤點。在機場苦等三小時？這類事總在意想不到的時候發生，這正是你專心思考的最佳時機，因為這時你無事可做。另外，上廁所的時間也可利用。

9. 順勢而行

有時候也不要太墨守成規。在週六晚間的宴會中，或是半夜三點躺在床上，忽然感到靈思泉湧，別猶豫，馬上趕到工作室去，別讓靈感溜走。

10. 急流勇退

如果不喜歡這份工作，儘早另謀高就，沉浸在自己討厭的工作裡是艱難的。相反，熱愛自己工作的人根本不需要費力去集中精神。

擺脫完美主義的束縛

不要等到所有的情況都完美以後，才動手去做，那樣的話你可能一事無成。在我們的周圍，你會發現一些人，他們才智過人，工作能力也很不錯，而且又非常勤奮，一工作起來常常什麼都有可能忘了。但是，他們就是出不了什麼成果，眼看著比他們在各方面都差一些的人成果都十分顯著了，而他們卻依然默默無聞。

尋找這類人之所以遲遲不能成功的原因，可能不是一件容易的事情，因為他們的才華雖然說不上蓋世，但比起我們常人卻超出了一截，他們的腦筋也很靈光，工作也夠勤奮。如果真是這樣的話，他有可能是個「完美主義者」。

你可能要說：「完美主義」不好嗎？回答是：不好。如前所說，這些人之所以不能取得成績，不能取得人生的成功，不是他們缺少能力，而是他們在做任何事情之前，都不能克服自己追求完美的意念與衝動。他們想把事情做到盡善盡美，這當然是可取的，但他們在做一件事情之前，總是想使客觀條件和自己的能力也達到盡善盡美的完美程度然後才會去做。因而，這些人的人生始終處於一種等待的狀態之中。他們沒有做成一件事情不是他們不想去做，而是他們一直等待所有的條件成熟，因而沒有做，他們就在等待完美中度過了自己不夠完美的人生。

比如。他想寫一篇關於某一領域的論文，他首先會在嘗試幾種、十幾種，乃至幾十種方案之後才去動手去寫論文。這麼做當然是好的，因為他可能在比較之中找到一種最佳的方案。但是，在他開始寫的時候，他又會發現他選擇的那種方案依然有些地方不夠完美，多多少少還有著一些錯誤

和缺點。於是，他就將這種方案又重新擱置起來，繼續去尋找他認為的「絕對完美」的新方案，或者，將這一論文的選題又放下，又去想別的事情。實際上，天下沒有什麼東西是「絕對完美」的，他要尋找這種東西是不可能的。這種人總是不願出現任何一種失誤。擔心因此而損害自己的名譽。所以，他的一生都在尋找的煩惱中度過，結果什麼事情也沒能做成。

如果你不相信這一點，你可以從你的人生檔案中找出你拖延著沒有做的事情，沒有完成的項目或者課題，這樣的事情你可能也會找出一大堆：搬了新家窗簾還沒有裝，所以沒有請朋友來家裡玩；一篇文章的構思還不是非常成熟，所以還沒有寫；這支現價30元的股票原想等掉到20塊錢再買，但它一直掉不到20塊錢，所以就一直未買等等。歸納之後你會發現，你一直在等待所謂的條件完全具備，你好將它做得盡善盡美。可是，你可能會發現社會上同樣的事情有些人的方案或者條件還不如你的成熟。但他們的成果已經問世，或者已經賺了一大筆錢，你又會因此而煩惱。造成這種狀況的原因就是你也患上了「完美主義」的毛病。

這就可以解釋為什麼會有那麼多表面看起來相當精明能幹的人，到頭來卻一事無成，在人生的道路上坎坷頗多，進退維谷。

你還可以做這樣的試驗，把手頭的某項工作交給你的兩位部下，一位是完美主義者，一位是現實主義者，看看他們面對同一工作會有哪些不同。等他們的方案提交上來，你會發現，完美主義者可以一下子給你提供十多種可能的方案，分別說明了其可行性與利弊得失。但是它無法確定哪種方案最好。而現實主義者則不然，他可能只有一種方案，也就是他要實施的那套方案。在聰明才智方面，他比不上前者，但他能夠制定一套很實在，並且馬上就可實施的方案。

所以，在人生中，無論是對待工作、事業，還是對待自己、他人，我們不妨做一個適度的妥協主義者，而不要做一個完美主義者。因為完美主義者有可能什麼事情也沒有做成，而妥協者卻會多多少少有些進展。

勇敢為自己而活

毫無疑問地，你在工作上是一個全心投入的人，而且幾乎是到了鞠躬盡瘁的地步。主管交給你的任務，你從來不打馬虎眼，要求你額外超時加班，你也毫無怨言，同事拜託你的事，不管是不是你分內的職責，你總是不忍拒絕。其實，你早已忙得分身乏術，焦頭爛額，但你還是強打精神說：「沒事！沒事！」沒有人知道你累得半死，但是，你就是不願開口對人說：「不！」

大多數的時候，我們是礙於情面而不敢說「不」，或者因為不好意思說「不」，結果很多原本明明不該是自己的事，通通落在自己頭上。要不就是所做的事大大超過自己的能力負荷。讓自己面臨崩潰的邊緣。

做老闆的都喜歡拚命的員工，但你可知道。如果你一心講究犧牲奉獻，處處想討好別人，做一般人心目中的模範員工，最後你可能會喪失自我。

最明顯的現象莫過於，你總是強迫自己做一些你並不想做的事，即使有不滿的情緒，你也強忍去做。你認為別人把這些事情交給你做，是因為看得起你，信任你的能力。你一旦拒絕，別人就會怪罪你，責備你不善於與人合作，使你產生一種罪惡感。總而言之，你不希望你的印象被別人大打折扣。

第一章　強者為先，改變命運

　　在一個團體中，這種「討好」的心態是可以理解的。行為心理學家稱這種舉動為「依賴型人格」──企圖憑藉外在的人和事來提升自我的價值。然而，行為心理專家發現，絕大多數寄生依賴者都不快樂，他們內心很容易焦慮。這種人往往過度依賴別人的期望，活在別人的價值觀裡，渴求別人的讚美來給自己定位。如果不能得到好的評價。他們就會自責，懷疑自己是不是出了什麼差錯。

　　根據分析，很多「工作狂」都是依賴型人格。他們每天工作動輒超過十幾個小時，就連節假日也不放過，他們兢兢業業，犧牲了個人的休閒以及與家人相處的時間。在他們全心全力投入工作之際，卻日漸疏離了與家人的關係。這種過度依存於工作的工作狂，就像是沉迷於賭博或宗教信仰一樣，行為完全被控制。對工作狂而言，一旦不需工作，擁有了自由，就好像是遭人遺棄一樣。所以，任何事他都想一手包辦，那樣可以讓他覺得被人愛戴。如果你勸他：「何必那麼累？有些事可以交給別人做嘛！」他會用更堅定的語氣回答你：「我不做不行！除了我，還有誰能做？」表面看來，工作雖然是束縛，捆綁得他動彈不得，其實反而讓他覺得安慰，令他產生被人關心、被人需要的滿足。因為他相信，只有當他工作賣力的時候，別人才會注意到他的一言一行。

　　還有的人，則是缺乏自信，擔心拒絕別人，就好像表示自己太懶惰，太不通情理，會遭受責罵。他們害怕別人的權威，為了博取好感，維持與別人的關係，即使是無理的要求，也點頭說「好」。

　　心理專家同時指出，比較起來，女性似乎比男性更容易產生依賴型人格。因為女性從小就被教導要「服從」、「聽話」、「溫順」，當別人有所要求時，「拒絕」是一種不禮貌的行為。因此，很多女性成長以後，周旋在丈夫、兒女、公婆、老闆之中，她們極力扮演好各種角色，處處討好別人，

一旦她們發現自己力不從心，就會陷入極度沮喪的情緒中。

事實上，我們常常過度在乎自己對別人的重要性。就好像我們常常聽到調侃別人的一句話：「沒有你，地球照樣在轉動。」這句話的意思是說，沒有什麼人是不能被取代的。如果你把每一件事都看成是你的責任，妄想著去完成，這根本是在自找苦吃。你真正該盡的責任是，對你自己負責，而不是對別人負責。你首先應該認清自己的需求，重新排列自己價值觀的優先順序。把自己擺在第一位，這絕不是自私，而是表明你對自己道德意識的認同。

你雖然造成這種說法，可是你覺得還是有些為難，你不知道該如何開口說「不」。真有那麼困難嗎？其實那是我們天生的本能。心理學家說，人類所學的第一個抽象概念就是用「搖頭」來說「不」，譬如，一歲多的幼兒就會用搖頭來拒絕大人的要求或者命令，這個象徵性的動作，就是「自我」概念的起步。

「不」固然代表「拒絕」，但也代表「選擇」。一個人透過不斷的選擇來形成自我，界定自己。因此，當你說「不」的時候，就等於說「是」，你「是」一個不想成為什麼樣子的人。

勇敢說「不」，這並不一定會替你帶來麻煩，反而是替你減輕壓力。如果你現在不願說「不」，繼續積壓你的不快，有一天忍耐到了極限，你失控地大吼：「不！」此時，別人可能會反過頭來不諒解地問你：「你為什麼不早說？」

第一章　強者為先，改變命運

創新才是先發制人的關鍵

　　美國著名管理大師傑弗瑞說：「創新是做大公司的唯一之路。」沒有創新，公司管理者肯定會毫無作戰能力，也根本不可能有繼續做大的可能。創新即突破常規，創造機遇，找到新方法。

　　創新意識，猶如一層窗戶紙，不戳破不明白，而戳破這層窗戶紙是十分容易的，一經戳破，一切都清晰可見了。

　　其一，我們將要面對的未來世界，不是一個故步自封的世界，而是一個充滿競爭的世界，而這種競爭。主要是創造力和創造性的競爭。其二，真正創造性活動的指向，基本出發點不應當是要妨礙別人做什麼，而應當促進人類社會活動（也包括自己所創事業）的進展。「布里丹之驢」的故事很能說明這個問題。

　　有一頭驢子，牠肚子很餓，而在牠面前等距離的兩個不同方向上有兩堆同樣大小、同樣種類的草料。驢子感到煩惱，由於兩堆料草和牠的距離相等，草料又是同樣的數量和品質，所以牠無所適從，不知應該到哪堆草料去才最省力氣。於是在猶豫愁苦中餓死在原地了。

　　這個故事無所謂真實，但它的寓意是深刻的，除了故事創造者們批駁布里丹環境決定意識的觀點外。它還啟示人們：許多時候，只要有創造意識，就會煥發創造行動，就會有活力；而呆板凝滯足以扼殺人的任何創造性。

　　前幾年，有個人賣一塊銅，喊價28萬美元，好奇的記者一打聽，方知此人是個藝術家。不過，對於一塊只值9美元的銅來說，他的價格是個天價。他被請進電視臺，講述了他的理論：一塊銅價值9美元；如果製成

門把，價值就增值為 21 美元；如果製成工藝品，價值就變成 300 美元；如果製成紀念碑，價值就應該值 28 萬美元。他的創意打動了華爾街的一位金融家。結果那塊銅最終製成了一尊優美的胸像——也就是一位成功人士的紀念碑，最終價值為 30 萬美元。從 9 美元到 30 萬美元之間的差距就是創造力，或者說創造力的價格。

有人曾說：「人的智慧如果滋生為一個新點子時，它就永遠超越了它原來的樣子，不會恢復本來面目。」

創造力本身不是奇蹟，人人都具備它，但它產生的成果卻應該被冠以奇蹟的美稱。至於創造力的含義。我們可以這樣來理解它：

1. 創造力

就是創新的能力。這一點需要強調的是，只要對你來講是新點子就行了，因為別人在你之前完全可能已經有過你的想法了。

2. 有創造力的想法

這是與生俱來的天賦。只不過有很多人需要透過學習、訓練、指導、開發和應用而已。整體而言這是解決日常生活問題的一項優秀技能。

有創造力的人們的特點是能夠克服各種對創造力的妨礙，特別是自己無意中對自己的束縛，並充分地應用創造能力改造生活和各種層面。

須牢記一條真理：我們每個人都可以培養創造力，同時在應用中增強這種可愛的能力。

也許有人認為，高智商就意味著高超的創造力。但這是一種錯覺。至少不完全對。

第一章　強者為先，改變命運

一位已故的世界經濟理論界的泰斗，在他獲得經濟學界某個最高級別的大獎後，回到故鄉，並拜訪了當年就讀的中學。他很驚訝自己當時的成績如此普通，再看智商時，智商分數不過90，也平凡得無奇可言。他愉快地解釋：「創造了不起的經濟理論其實不算奇蹟，只有戰勝自己的智商才真正了不起。」

這表明智商不等於創造力的道理，並為眾多苦於智商不高的人們提升創造力，指出了增強信心的依據。

令人驚奇的是，幾乎所有時代的心理學家們都發現成人欠缺創造力，這個現象令很多成人擔心和焦慮，認定創造力可能是某種天賦，並非人普遍具有的能力。這一點，根據研究資料顯示，心理學家們針對45歲的年齡層進行創造力測驗，結果只有5%的人被認定為有創造力。接著又對20至45歲之間的成人進行創造力測驗結果竟然也只有5%的人合格。這個結果令心理學家們萬分沮喪，幾乎要判定創造力是特殊人物才具有的能力。

但是，接下來的測驗卻令人鼓舞，因為在17歲年齡層的結果達到了10%以上，更驚訝的結果是，5歲兒童中，具有創造力的人竟然高達90%。這表明，人們的創造力是生來就有的，只是隨著年歲的成長遭到了抑制而已。有理由認為，人的創造力並沒有因為處在抑制狀態下徹底喪失，只是處於隱蔽狀態，未曾發揮而已。

人的創造力是沒有極限的。唯一的限制來自你所接受的知識系統、道德系統和價值系統。這些系統常常妨礙人們的創造力。由於這些系統的紛繁複雜。很多人在其中受到空前的束縛，甚至認為自己沒有創意。殊不知，任何一種系統都是人創造的，所以，你有權利持懷疑態度。

通常情況下，人的障礙在於，沒有真實面對自己的問題，而根據各種系統的成見來判斷自己能做或不能做。他們被先人之見害得很苦。其實，

有很多你深信不疑的事情,可能是垃圾,是它阻擋你的創造力。每當你察覺被某種信念所限制時,不妨刪除它。用一個能夠保留和有助益的信念來取代。

搶得先機,就要勇於想像

我們盛讚偉大的科學家、企業家、政治家、藝術家甚或一個普通群眾,無不是因為他們為人類歷史、對人類的精神物質財富做出了或多或少的創造性貢獻。

成功,必然是從創新入手,在創新中成功,靠創新持續成功。

唯創新才能脫穎而出,才能戰勝自己、超越競爭。微軟的成功就是最好的例子,緊緊抓住最具潛力的新興產業,緊緊抓住新興產業中最具「控制力」的項目,然後透過創新不斷淘汰自己的產品。

20世紀最著名的經濟學家之一熊彼得先生認為,企業家成功的原動力就是創新,他同時列舉了企業家應當具備的能力。

①發現投資機會。

②獲得所需的資源。

③展示新事業美麗的遠景,說服有資本的人參與投資。

④組織這個企業。

⑤擔當風險的膽識。

所有成功的企業家,無不經歷這個過程,無不具備這些能力。在這些能力裡,可以看出,創新能力(創造力)可體現為洞察力、預見力、想像

第一章　強者為先，改變命運

力、判斷力、決斷力甚至行動力等等。

一位航運大王的成功經歷對熊彼得先生的理論是一個很好的說明。這位航運大王於 1950 年代進入船運業。當時他用百萬元買了一條風吹浪打 28 年的舊船金安號。這一「驚人」之舉遭到了幾乎所有親友的強烈反對。因為船運業不僅需要龐大的資金，而且風險極大。但是他力排眾議，毅然投身船運業。因為，他看到了在當地經營船運的巨大潛力。

「船運是最廉價的一種運輸方式，必將大有作為。」他堅定地這樣認為。

到 1970 年代，經過 20 多年的苦心經營，已擁有上百條船、破千萬噸運輸能力的龐大船隊，榮登世界航運大王寶座。

但就在他的事業登峰造極之時，他又做出了令大家驚訝的決定：減船登陸！因為他又以極其敏銳的眼光，預見到世界性的船運衰退即將到來。於是，他當機立斷，及時賣掉了相當部分的船隻，這使他順利地逃過了船運大蕭條時期的災難。

實行「減船登陸」策略大轉移的第一仗，就堪稱世界商戰史上的經典之作。他以超人的膽魄和風行雷利般的手段，斥資二十幾億元之巨，進行了一場精采絕倫的收購戰，在商業界掀起一番風雨。

他只花了不到一百天，就收購了當地最大碼頭倉庫的 30%股權，當時與之競爭的是一間英國企業。某日當航運大王在國外出差時，英商企業收購了該倉庫的股份至 49%，若航運大王想要反收購，必須在兩日內籌到上百億的資金，在當時的情形下，幾乎是不可能的。

但在兩日後，股市一開盤這場收購戰便宣告結束，航運大王一舉開出上百億的支票，收購了該倉倉庫 49%的股權，穩獲控股地位。

那麼，他又是如何創造奇蹟，在兩日內籌到上百億元現金的呢？他首

先找到一間銀行老闆，兩人的對話十分簡短：

「需要我怎麼幫你？」

「借我二十億元現金。」

「OK，沒問題。」

他又聯絡了九家金融機構，他們不約而同都表示全力支持，有一家銀行甚至允諾可為他提供一億美金的貸款，同時無需擔保。

稍有金融常識的人都懂，銀行為保證貸款的安全。幾乎無一例外地要求被貸方提供等值抵押物或擔保。為何不止一家銀行肯為他打破銀行慣例而提供鉅額貸款呢？有專家在研究後認為，他主要運用了他的「個人無形資產」，即在幾十年商海沉浮中建立起來的影響力、經營能力、預見能力和商業信譽，這本身又是一件史無前例的「創新」。

在他的身上，充分體現了一個成功的大企業家勇於創新、敢想敢為的精神氣魄和超然智慧。

有一天，比爾蓋茲（Bill Gates）從其西雅圖總部附近的一家餐廳走出來。一個無家可歸者攔住他要錢。給點錢自然是小事一樁，但接下來的事卻令見多識廣的比爾蓋茲也目瞪口呆——流浪漢主動提供了自己的網址，那是西雅圖一個庇護所在網路上建立的地址，以幫助無家可歸者。

「簡直難以置信，」事後蓋茲感慨道，「網路是很大，但沒想到無家可歸者也能找到那裡。」

今天，比爾蓋茲的微軟為網路帶來了統一的標準，也帶來了前所未有的壟斷。其Windows作業系統幾乎已成為進入網路的必經之路，全世界各地的個人電腦中，92％在運用Windows軟體系統。更值得一提的是，過去兩年來，微軟共投資及收購了37家公司，表面看起來這好像是一種

數量型的資本擴張行為，但只要把這37家公司排在一起分門別類，立刻就會令人大驚失色！因為這37家公司所代表的竟然是網路經濟的三大命脈：網路資訊基礎平臺；網路商業服務；網路資訊終端。微軟不僅統治了現在的個人電腦時代，而且已經開始著手統治未來的風格時代！

難怪美國司法部要引用反壟斷法控告微軟。

但比爾蓋茲從容地說：「微軟只占整個軟體業的4%，怎麼能算壟斷呢？」

蓋茲的話也自有他的道理，因為軟體的形態與工業時代的規模和產品建立的壟斷已有明顯區別。實際上，微軟已不僅僅是單純的壟斷，只有「霸權」才能更確切地描述微軟的真實。因為作業系統是整個電腦業的基礎，微軟以核心產品的壟斷獲得了對整個軟體產業的霸權，使得壟斷操作「稀釋」和掩飾在更大範圍的霸權之中，與單純的數量份額和比例等等有關壟斷的硬性指標已無明顯關係。

軟體業的霸權是一種獨特的霸權，是知識的霸權，創新的霸權。正如松下幸之助所言：「今後的世界，並不是以武力統治，而是以創意支配。」

一位29歲的音樂收藏迷，架設了一個可供二手和稀有唱片商人銷售的網站。他寄了募資信給一些風險資本家，不到六個星期，就籌集風險資金1,600萬美元，於是他購買了一個著名的二手書網站以充實自己的音樂網站。在他創業才七個月的時候，亞馬遜公司宣布收購他的網站，支付了400萬美元的現金和價值1億美元的股票。真是匪夷所思，億萬財富僅僅是舉手之勞！

一個提供網站服務的公司總裁道出了其中的祕密：「在我們開始投資的一年半中，沒有任何收入。你不能用傳統的方法評估它的價值，必須看

其成長動力。如果你獲得了人們的注意力,就能夠把這些注意力變成金錢。」

看來,不僅創新能夠使人成功,同時創新也能使人發財——只要設法使人相信你在創新。

人們對「創新」已經著了魔。

盧那察爾斯基(Anatoly Lunacharsky)說:「人可以老而益壯,也可以未老先衰。關鍵不在歲數,而在於創造力的大小。」

人生是平等的,每個人都握著一對拳頭赤裸裸來到世上,但為什麼一旦呱呱墜地之後。創造力便會有大小之分,人生便會有成功與失敗之分?一方面是客觀環境的原因,另一方面是人本身的原因。然而不論內因外因,關鍵就在於天賦與潛能是否被充分地開發和釋放。潛能是創造力的根基。

迅速出手,才能把握勝算

古人云:「自知者不怨人,知命者不怨天;怨人者窮,怨天者無志。」意思是說,有自知之明的人不抱怨別人,掌握自己命運的人不抱怨天;抱怨別人的人則窮途而不得志,抱怨上天的人就不會立志進取。在市場經濟的浪潮中,任何牢騷滿腹,怨天尤人的舉動都毫無意義,任何成功之道都不是怨出來的,而是創出來的。

當然,並不是每個人都能棄學經商,棄官經商,成為現代商界的成功者和佼佼者。所謂「從學而優則仕到學而優則商」是說明,市場經濟為知識分子提供了一條值得去試、值得去走的路。這是一個新的時代的召喚。

第一章　強者為先，改變命運

去爭論值不值得去試、去走的人是坐而論道，行動上的矮人。每個個體的行為選擇都有其自主性，都應從自身的條件和周圍的環境的判斷中做出抉擇，其關鍵在於人要有自知之明。

走南闖北，行商坐賈的血液裡流動著商人特有的「不安分」的基因。尋找機遇，探求商機，知難而進，四處出擊，這與華人的文化傳統是格格不入的。「隨遇而安」，「安身立命」，「知足常樂」往往是傳統的知識分子所信奉的行為準則，這些準則常常使知識分子故步自封，作繭自縛，成為超越自戮的一種障礙。知識分子一方面希望能體現自身的價值。體現知識的價值；另一方面又不能破釜沉舟，獨闖天下，立命商界。因此，在市場經濟浪潮下，一些知識分子表現出一種不平的心態，他們既渴望成功，又害怕失敗，缺乏果斷行動，抱怨商人文化素養低、道德素養差，但又不願用自己的行動去改變。

聖賢老子曾經說過：「勝人者力，勝己者強。」（《老子》第33章）說明能戰勝別人的人只是有力量；能戰勝自我、超越自我的人才是真正的強者。知識分子，尤其是新一代知識分子，要做時代的強者，做市場經濟條件下的成功者，首先要戰勝自我，更新觀念，轉變思路。其實，路就在你的腳下，下一步你選擇什麼，往往決定了你的人生的軌跡和事業的軌跡。如果下一步你選擇的是一如既往，隨遇而安，這也是一種活法。因為，生活中的大多數人都是如此，一個穩定的職業，一份穩定的收入，一種穩定的生活，如果能保持一種穩定的心態，淡薄名利，淡化得失，淡視成敗也是一種生活的境界。

當然，生活的境界與人生的境界是不同的。成功後對成敗的淡視、成名後對名利的淡薄、獲得後對得失的淡化。與這之前的淡視、淡薄、淡化顯然是兩個層次，兩種境界。前者更多的是一種無奈，後者更多的是對成

敗、名利和得失的真正超越。

如果成功的欲望和夢想促使你下一步準備換一種活法的話，你應該當機立斷，跨出決定人生軌跡的這一步。優柔寡斷不是商人的性格，四平八穩不是商人的脾氣，在經商界唯有拚才會贏，唯有搏才會成功。渴望成功者先要作好失敗的準備，因為成功之道是用失敗的經驗鋪陳的。潮起潮落是商海的自然規律，優勝劣汰是商海的競爭規則。山窮水盡。背水一戰，常常是商人的必修「課程」，你做好準備了嗎？尤其是如何面對失敗的心理準備。

眼光決定成功的高度

被譽為清朝「紅頂商人」的胡雪巖曾經有一句至理名言：「做生意最要緊的是眼光，你的眼光看得到一省，就能做一省的生意；看得到天下，就能做天下生意；看得到外國，就能做外國生意。」

被世界各地華裔商人奉為「經營之神」的范蠡便是一位極有眼光的人，在某種程度上可以說，他的成功源自他的眼光。

范蠡，字少伯，楚國人，曾為越國大夫。當年，越國被吳國打敗，范蠡輔助越王勾踐臥薪嘗膽，發憤圖強，最終亡吳興越。恢復越國後，范蠡高瞻遠矚，不為誘人的官位所左右，而是認為「狡兔死，走狗烹，飛鳥盡，良弓藏，敵國破，謀臣亡」。他預見到官場上只可共患難，不可同安樂，便急流勇退，棄官經商。

范蠡來到齊國，改名為鴟夷子皮，帶領家人，一邊在海濱墾荒、種田，養殖五畜，一邊看準機會做買賣賺錢。由於范蠡聰慧敏捷，治生有方

第一章　強者為先，改變命運

（古代的經營之道稱之為治生之學）。時隔不久便累積了鉅額資產。齊國國君聞其賢名，擢之為相。據司馬遷《史記貨殖列傳》記載，范蠡仍棄官而去，並將家中財產盡數贈給親戚朋友。

最後，范蠡到了山東定陶經商。范蠡認為定陶位置優秀，交通便利，是處賈經商的好地方，從而定居於此，自號陶朱公。因此，後人更多的只知陶朱公，而不知范蠡。

范蠡經商的成功之處在於，他能不斷總結、概括「治生之學」，提升商賈理念。

范蠡行商處賈從不只顧眼前利益，就事論事，而是善於用辯證思維方法去指導商業活動。他認為：世間一切事物都在不斷發展變化，時局的興衰，商潮的起落也不例外。在經營過程中，應能審時度勢，待時而動。

例如，范蠡著名的經營原則「水則資車，旱則資舟」，就是他比別人看遠一步，棋高一著的經營辯證法，如同「敵國破，謀臣亡」那樣富有遠見卓識。

儘管時代不同了，但是「商人的眼光將決定著商人的未來」這一理念並沒有變。商人有國籍，但生意無疆界。商品的比較價值和比較優勢是在商品的大範圍的流動中顯現出來的，尤其是在國際貿易中，獨特的地域性資源、平價的勞動力成本、新穎的創造性設計、令人信服的商品品質和獨一無二的售後服務，都能產生比較價值和比較優勢。誰能成為先覺者，高瞻遠矚，先行一步，誰就能在 21 世紀成為商業界的佼佼者。

眼睛僅盯住自己小口袋的是小商人。眼光放在世界大市場的是大商人。同樣是商人，眼光不同，境界不同，結果也不同。

有人說，是實力不同才導致了眼光不同。其實則不然，檢視一下 1960

年代的日本商界反映出來的情況是十分典型的，足以說明這樣的道理：商人的眼光決定商人的未來。

日本在經歷了1950年代的戰後恢復和艱苦創業，整個經濟轉入了高速成長期，國內需求日益高漲，一些日本企業只把眼光放在日本國內市場，滿足於眼前的利益。當時，國際市場上把日本產品與粗製濫造、品質低劣劃上等號，加上戰敗國的名聲，使日本商人常常在世界商務活動中低人一等，因此不少日本商人不願走出國門，他們都希望在國內市場上一比高低。

在戰後才剛剛由早稻大學畢業的井深大與東京工業大學的盛田昭夫創辦的日本索尼（SONY）公司，儘管當時公司發展的歷史並不長，實力並不強，規模並不大，但眼光卻非常遠大，代表著戰後日本新一代商人的氣魄。

1960年代初，近「不惑之年」（40歲）的盛田昭夫就意識到日本商人應該走向世界。他在《MADE IN JAPAN》一書中回憶道：「當時，我越來越強烈地感覺到，隨著事業的日益發展，如果不能將海外市場納入自己的視野，那將無法造就一個井深先生與我曾憧憬過的公司。」

別等著機會自己上門

為什麼有那麼多人在呆等機會、空等機會呢？究其原因，是當事人思想上、心理上的不良習慣，造成創造機會的嚴重障礙。若想好好掌握機會，獲得生意上的成功，就必須了解造成障礙的原因，並對症下藥，改變思想、心理上的陋習。

1. 固守傳統

傳統對人潛移默化，令人墨守成規，不知道改變的重要。直到傳統與現實嚴重脫節，到了不改變不行的地步，人們才警覺被傳統束縛多時，此時謀求改變傳統，須付出極高的代價。

傳統又對人構成強大的壓力，令人不敢改變它。傳統是長久以來為大家接受的信念和做事方式。傳統的壓力，來自「長久以來」，以及「為大眾接受」。個人面對有悠久歷史、受廣大群眾奉行的傳統，是如何渺小！誰敢向傳統挑戰，需要拿出極大的勇氣。

人們自覺或不自覺地受著傳統的束縛，一方面不知道需要做出改變，另一方面不敢去改變現狀，結果只好等待傳統慢慢地自行改變。

2. 習慣與惰性

傳統是一個族群行之已久的信念和做事方式。習慣是個人行之已久的信念和做事方式。習慣影響我們，也分兩方面：

①跟傳統一樣，習慣對我們潛移默化，令我們不知道需要做出改變。所謂習慣成自然，做得多了，便以為理所當然，不會質疑這樣做是否符合實際需求。

②習慣使人產生惰性，懶於去改變。其中一項表現是怕麻煩。改變習慣，需要先意識到舊習慣的不當，然後盡很大努力去改變它，並養成新習慣。這需在思想、意志、行為上花上一番努力，是既困難又麻煩的。一般人心裡常想，還是按照既有的方式去做吧，幹嘛自找麻煩，自討苦吃呢？這麼一想，就容易乖乖地讓習慣牽住鼻子走，不去試圖改變習慣了。

3. 害怕困難、失敗

創造機會，談何容易？需要克服重重困難，才有望成功。可不是嗎？好比赤手空拳去建立自己的王國。你要招攬人才、建立軍隊、尋覓領土、確立制度、開發經濟、治理人民，每一項工作都潛伏著許多困難，需要你去克服。不管你的王國是建立在哪種產業，情形都是一樣。當然，王國的規模愈大，困難就愈多、愈複雜。

困難未必能夠克服。在關鍵的地方無法克服困難。便會招致失敗。即使這項困難克服了，又會有另一個困難出現。總之，在你面前，經常埋伏著失敗的陰影。

膽怯的人，一想到要面對重重困難，想到失敗的可怕，便停下腳步，不敢往前走。結果，未起步的，永遠停在原地；已起步的半途而廢。

4. 害怕冒險

創造機會需要冒險。風險來自困難、失敗的可能，也來自不明朗的前景。這裡只談前景不明朗這一點。

創造機會就要面對不明朗的前景。機會出現時，只是腦海裡一個意念。要把意念變為現實，需要作出投資──付出時間、精力、金錢等。

投資未必一定獲得回報，付出努力，不見得一定得到預期的成果。在構思意念時可能出錯，或者在實踐的各個階段中，都可能判斷錯誤。一番努力最後可能只換得一個教訓，什麼也得不到。

此外，環境的因素不受我們控制，一個突變，可令你飛黃騰達，也可令你傾家蕩產。此外，為了集中精神開發一個機會的潛能，常常要放棄其

他機會，辭掉安定的工作，放棄穩定的收入。

種種不明朗因素的累積，形成一個不可預知的局面。在不可預知的局面裡，再繼續做下去會怎麼樣，大家都不知道。有些人沉不住氣，被不明朗的前景嚇怕了，退了下來。

5. 安於現狀

什麼人最怕冒險？就是那些安於現狀的人。

滿足現狀並非壞事。多少人在一家機構裡工作10年、20年、30年以至退休，按部就班升級，結婚生子，一家生活安定，這本身已是很多人夢寐以求的幸福生活。只要維持現狀。一切都在自己的計算之中，你會感到安全、滿足。

滿足現狀的人並不怎樣歡迎機會。機會代表變動、風險、困難和失敗的可能，這些都與他們的要求背道而馳。創造機會，表示打破現有生活的均衡。忽然間，四方八面出現不明朗的因素，這些都是滿足現狀的人所不願看見的。有時，他們會幻想創造機會可能帶來什麼豐厚成果，這樣已感到滿足。他們不會企圖把構想付諸實踐。

安於現狀並無不妥，可是，如果一邊埋怨收入不夠，生活比不上別人愜意，但卻不肯冒險，不肯投資，這只是徒然自尋煩惱。

6. 故步自封

故步自封是進步的大敵。我是最好的；我現在所做的，再無改善的必要，這是驕傲。驕傲令你看不清形勢，令你不思改進，也抗拒改進。好比已發明了飛機，而你仍覺得你所設計出來的輪船最快捷，結果呢？你同期

的對手已坐飛機環遊世界五次，後來者更因發明了穿梭機而飛上太空，而你仍舊呆在甲板上，望著螺旋槳激打起的浪花，自以為輪船航行快速而沾沾自喜。

7. 戀棧舊巢

許多人不願換工作，其中一個原因是捨不得離開。這種感情因素不難理解，卻實在影響著許多人。他們可能對那份工作，那家機構，那裡的老闆、同事、工作環境產生感情。雖知外邊有更佳的機會等待著，他們就是硬不了心腸離開現有的工作環境。其實這是一種怯懦的心態，應及早克服。才有創造新天地的可能。

先發制人，從精準判斷開始

資訊資源十分豐富多樣，特別是在「資訊爆炸」的現代，正確選擇利用資訊無疑是做好生意的一項基本功。學會選擇利用資訊更是做好生產或從事經營的一個基本，應從包括自然界、社會在內的大量資訊中，選擇與自己相關的經濟資訊，其中，更要集中注意力選取市場資訊，因為它與做生意息息相關，特別有用處。

1. 資訊歸類

是把自己蒐集到的各類資訊，大致上分類，然後分辨真假。對那些明顯虛假的資訊剔除出來，留下認為是真實的或基本上是真實的資訊，然後再分成優劣、好壞。對那些辦起來只有好處、沒有壞處的項目作為首先應

該處理的；對那些辦起來既有利益、又有風險的項目，進行一番分析對比，看是利益大還是風險大；對那些危險太大、收益又沒掌握的項目，歸為最差、無價值一類。把類別分清了，真假、好壞、優劣資訊自然也就分出來了。

2. 分析對比

在了解到各種行情後，往往會出現這種情況，就是大家都認為是只有好處、效益又高的經營項目，反而最為困難或難以成功。因為大家看的都是有利的條件，沒看到不利的資訊，都在往這個經營方向上擠；而一擠，就可能使形勢起變化，有利條件就有可能變成不利因素，進而增加了困難。

真正有潛力能發展的是那些既有前途又有風險、既有效益又較難掌握的項目。為了選擇好的項目，就得對資訊和行情進行全面分析、綜合對比。其辦法是把經營項目中關於好處、壞處、效益、風險的資訊，都一條一條列舉出來，然後逐條對比，看好處居多，還是壞處居多，最後再得出結論。

3. 投入試驗

如果你認為某個項目不錯，但在經濟綜合分析對比後，仍沒有確切掌握，未能把最真實、最有效的項目選出來，還無法下決心投入，還有一個辦法，就是先作小型試驗，先拿出投資，進行小範圍、小規模生產經營，依據結果再下決心。這樣，既摸清了行情，又獲取了經驗，為擴大經營範圍打下基礎。

4. 準確預測

俗話說：「生意要有三隻眼，看天看地看久遠。」任何行情資訊，都不是靜止不動、固定不變的，而是經常隨著客觀情況變化而波動。只有站高一點、看遠一點，預先有所準備和打算，才不至於放馬後砲。現在，不少私營公司生產經營是看別人做什麼、聽說什麼時興就也去做什麼。結果往往是在做以前很熱門、很搶手，但等到花錢、花工、花時成功了，市場行情也開始變化，原來的時興變成了背時，暢銷商品變成了滯銷，成為麻煩事。

怎樣才能解決這個問題呢？最好的辦法是提前評估形勢，把可能發生的變化，預先加以測算，加以準備，也就是預測、預報、預算。預測行情要掌握以下幾點：

①掌握當前行情。這是做好預測預算的基礎。要想預測準確，首先得掌握現狀，不要把現在的行情弄顛倒或不真實，這一點，前邊已經說過，不再詳談。

②掌握變化因素。造成行情變化的原因比較多。但是，從大的方面看。一般離不開兩個方面：

一是市場變化。某些商品原來銷售很暢旺，現在忽然疲軟、賣不動了；或是過去沒人買，突然現在搶手了。這種市場變化，表面看難以解釋，其實都有原因可查。不外乎是商品生產量多了或少了、品質變好或變壞了，或是某些經營者實行了促銷措施，做了廣告宣傳，在消費者之間產生正面影響的結果。預先了解到這種情況，就可以預見到市場行情的變化。

二是政策變化。政府根據某種情況，對某種商品提出了限制或調整政

策，必然引起市場變化，比如政府對糧食、棉花收購價格提升了，必然產生連鎖反應，用棉花生產的棉布、針織品的價格也會隨著上漲，以糧食為原料的食品、飼料也將隨著漲價。

掌握了這幾個方面的變化因素，就能為進一步預測行情做好準備。

③準確判斷未來。在掌握了行情變化的多種因素之後，就可以對未來的變化作出判斷，為今後的行動進行準備。

這種判斷和預測，絕不是各種資訊行情的直接反映，而是經過綜合分析之後，對發展趨勢做科學化的預測。

正確判斷未來行情和預測未來市場要做到：一是預測面要廣泛，多提出幾個可能性。二是要抓出預測重點，主要預測你最感興趣的項目。三是對策要多，對你已確定發展的項目，通常要提出最好、較好、差、最差幾個等級，每個等級都要有對策，對最好的預測要採取什麼措施，最差的要採取什麼措施。不能覺得這件事好了，就全是好處，一點缺點沒有；或只有缺點，一點優點都沒有。要考慮到各種情況，而且要有對應的對策。

下面舉例說明，怎樣利用資料數據。

如果得到加工某種產品在市場熱賣，就要快速實施，做到四快：

①快速設計。對有熱度的新產品，按照其規格、品質、牌子進行設計，且設計的時間不能拖得太久，以免耽誤時間，影響快速投產。

②快速募資。設計完成後，要盡快籌集資金。凡是進行一個經營項目，沒有一定資金的投入，問題就不好解決。而籌集資金，並不是一件容易的事，應該把需要的數量、疏通籌集管道，一定要備齊資金，不誤時機。

③盡快投產。只要生產或經營條件具備了，就要在保證品質的前提下，以最快的速度，把產品生產出來，完成商品上市銷售前的所有程序。

④銷售要快。俗話說：「行情是六月的天，瘋狗的臉，說變就變。」當你把產品生產出來、把商品運輸出去之後，一定要趁著行情好的時機，將商品脫手，把產品變成貨幣。

擁有靈敏的觀察與應變能力

沒有悟性的新管理人，反應不夠靈敏，很難把自己的公司經營得「熱」起來。因此，要把公司經營好，要有一個「靈」字，靈活的策略、靈活的行銷，都是必須的。

世界上許多事物都會隱含著一些決定未來的玄機，經營也是如此。在經營實踐之始，如果能對市場走向保持一種悟性，培養一種靈動的觸角，就可以更好地解析市場。這悟性和觸角事實上也是一種必要的素養準備。

打個比方來說，運行中的市場如同一列不停奔馳的列車，而每一個打算搭乘這列火車的人，要想順利地攀上它，就要提前活動筋骨，不僅要從精神到身體上做一些必要的準備，還要在列車到來之前先行起跑，以確保列車從身邊飛馳時能順勢攀援而上。而事先對市場的調查、了解和預測就是其準備工作。

社會上的任何一種潮流或者趨勢，都是一些由過去很細微的因素累積而成的，例如今日電腦的應用就不是一朝一夕、一夜間才爆發的革命。我們所見到的一些現象往往是未來的一個大趨勢。人們若能確切地預測到未來，就能有方法去按照未來市場的需求，做好心理準備和物資準備，等待時機成熟，就能抓住機遇，成功地闖入商海，揚帆遠航。

由於人們的思想觀念不同，對未來和現在的觀察也有所不同。有些人

第一章　強者為先，改變命運

憑藉著其以往的經驗，對事物仔細入微的洞悉；而有些人則對未來完全是茫然的，他們經常會對商機視而不見，不知不覺錯失了很多機會。所以形成一些公司能持久掌握市場優勢，而大部分公司則被川流不息、變動不止的潮流淘汰。因此，培養自己的市場敏感度，掌握先機，就能在商場中獲勝。

一般來說，市場預測必須配合公司內現有的情況。生意人必須要從未來市場的角度，來觀察公司內的現有資源。才能在其間尋求達成目標的方案。制定未來理想的這項公司經營能力，是不斷創新的力量。公司能因環境而設定目標是生意人本身必須具有的先見之明。若老闆固執守舊，沉湎於過去的成績，那就沒有發展前途，沒有遠大的未來。做生意應以公司環境為導向，因為公司外部環境的改變，一定會使其內部受到影響。變化也表示了機會，若老闆能掌握此變化的機會，就可能是成功的契機；若漠視了變化，公司就會失去靈活性，喪失商機，以致在新時代中逐漸被淘汰。

公司若要仔細捕捉市場變化契機，應先盡可能充分地蒐集市場資訊，並作為市場預測之用，以建立一個公司的銷售預測。一個完整的資料來源，對資料的分析是很重要的，有了這一努力，才算在經商中初步地沾了一些商海的泡沫。假若先前經過商，你就有可能拿著已經過期的資料來預測市場，這是不行的，你必須重新開始。在日新月異的市場浪潮中，你的資料必須是最新的，甚至要走在市場之前。假如你預計開發的產品已在市場上成為趨勢，那就根本無需蒐集資料，因為已經遲了一步。

蒐集回來的資料，只有一些小小的現象和數據。如不加以分析，就是一堆沒有用的東西。不要因為事物細微而掉以輕心，當它轉變成了大趨勢，公司就可能失去機會。所以企業家應客觀冷靜地去感受資訊的影響力，本雖可以教人做事，但做生意必須因時、因地、因事制宜，將理論知

識與市場和現實情況相結合，才能正確做出判斷和分析。

如果你發覺有幾項生意很有潛力，就要在預測未來時，檢視一下自己的現有資源是否足以應付趨勢帶來的機會？現時的人力物力是否足以應付新計畫？現時公司的科技能力是否足以滿足市場新需求？發展計畫所需的資金要多少？若資金不足，有沒有辦法向外舉債而獲取資金？公司做市場預測之時，即使找到不錯的賺錢途徑，但本身的實力如果不足以完成計畫，公司就無法把適應未來的方案加以實施。所以，應從各個方面進行考察並作好準備，使自己的計畫成為可行性方案。

對市場未來趨勢的預測，有賴於自身的經濟和判斷力，或多或少總會帶有風險，而有效的資訊情報可將風險降至最低。自以為是而盲目樂觀，一廂情願地以為某產業大有可為而不加以研究分析，或只顧自己實力去做，就真正會具有風險。也就是說，在預測市場之前，首先要備有完善的、充分的、準確的資料，在此基礎上留心細辨，抓住其中隱含的有潛力的資訊，確定自己的經營項目和經營方向，確定服務形式或產品數量，然後就要量力而行，根據自身的能力──包括技術水準、資金儲備、人力等因素而綜合加以選擇。

培養敏銳直覺，看準時機行動

賺錢是無中生有。所以和用魚群探測器將魚一網打盡的道理完全不同。

想要賺錢，當然需要分析經濟動向，熟悉統計資料，另外還需要一定程度的直覺判斷力。

賺錢不能依理論進行。

第一章　強者為先，改變命運

也許會有人說：「這種想法是錯誤的。生意必須依照經營理論或經營心理學才算科學化，合理的經營方法對生意是絕對有必要的。」以目前的社會來說，沒有計量性的經營根本就無法生存。不過，判斷一種事業能不能賺錢，卻是無法用計算測量出來的。

決定這些問題必須靠個人的直覺。當然，必須參考一些有根據的資料。

就拿經營股票來說，對於一個短期投資者，個人的感覺尤其重要，當然同時要參考介紹資料。在觀察好盤勢，選哪種股票時往往需要直覺來判斷，單靠純粹的理論會跌破眼鏡。

賺錢的道理和以魚群探測器來發現魚群的方法完全不同。如果要尋找存在這個世界上的事物，「科學」自然會比「直覺」正確。用魚群探測器來測魚群，一定比漁夫直覺尋找，更能獲得大量的魚群。用科學測量器探知石油儲藏量，比人的直覺，更能探明大量的石油儲量及位置。

而賺錢可說是無中生有，所以，哪怕採用再先進的機器，也無法找到賺錢的方法。

有時，直覺判斷是決定你能否賺大錢最重要的關鍵的因素。

以直覺判斷，當然也可能失敗。如何對待你的直覺判斷是一門學問。

聞名世界的大發明家愛迪生（Thomas Edison），一生發明各種物品。就連這麼絕頂聰明的人，也不敢保證他的判斷都是對的。他說：「有許多我以為對的事，一經試驗後，往往就會發覺錯誤百出。因此我對於大小事都不敢下肯定不變的決定，當我一旦發現自己的判斷有些不對時，立刻見風轉舵，改變方向。」賺錢也是如此，賺錢並不是件容易的事。

以直覺進行判斷，憑膽量論勝敗。想要賺錢，就一定會變成這種狀況。

當賺錢的機會來臨時，你的態度仍是猶豫不決，那麼你還不具備發財

的資格,這是因為你還沒有培養起敏感的直覺和膽量。所以你最好再休養一段時間再談賺錢吧!

膽量的有無是建立在自信的直覺判斷力的基礎上,而判斷的做出並不是件容易的事情。

先機稍縱即逝,機不可失

時下經濟的運行體制為市場經濟,但許多經營者仍然殘留著早年計劃經濟的經營模式和作風,致使許多企業內部人員缺乏靈敏的市場觸覺,不能掌握變幻無窮的市場動態。做決策時猶豫不決,決策之後做事又拖拖拉拉;有時由於企業的「婆婆」多,要左請示、右彙報,一個決策要經過沒完沒了的討論研究和核准;也有一些企業者眼光短淺,不肯吃眼前小虧,這樣往往坐失良機。

人人都明白,時光不會倒流。「時間就是金錢」,在激烈的市場競爭中,雖已成為老生常談,卻是鐵的原則。每一個商戰機會,都伴隨著一定的時效性,所以精明的經營者一旦發現這樣的機會,就要以最快的速度開發它、利用它。因為,機會對任何人都是均等的,差異只在於快慢。誰快,誰就先得益,反之,就會兩手空空。

機不可失,時不再來。

商戰中,經營者總會感到機遇總是那麼來去匆匆,一閃即逝。商戰機遇不能停留,不能重演,一旦失去,無法補償,無法追回。

《韓非子》一書中,有一則「鄭人賣豕」的故事,就是描寫了鄭國一個商人由於不懂搶時間做生意的道理,把一樁好買賣白白丟掉的經過。它從

反面論證了「商貴神速」的道理，同時也說明緩慢拖沓的嚴重危害。

一次，一位鄭人前去離家較遠的鎮上賣豬，當他走到時，已是日落西山，暮色蒼茫了。恰好有一個收購毛豬的商販見到他趕著一群豬自街頭走到客棧門前，心想買豬的生意來了，如能馬上成交這筆生意，明日就能趕回家中，還能趁著早市去販賣。豬販子急忙找到賣豬人進行洽談，不料賣豬人見有人來買豬，卻十分生氣地叫喊起來：「你這人好不懂事，我從很遠的地方來這裡，天又這麼晚了，哪裡有工夫和你說話呢？」說著，狠狠地瞪了豬販子一眼。豬販子再三央勸賣豬人：「生意人的目的是為了成交買賣，怎麼還能分天色早晚！」但鄭人仍毫不理會這一套，氣呼呼地把豬趕進了客棧。結果，一樁到手的生意硬是讓他推走了。至於豬進了客棧需要花費多少留置費和飼料，他卻完全沒想到。

做生意的目的，是為了盡快把商品推銷出去，加速資金周轉，多賺錢。拖延一天時間就會多占壓一天資金，貨長期壓在手中，資金則會減少生息。鄭人由於時間觀念淡漠，不了解時間在經商中的重要作用，更不會用時間去實施競爭戰術，他甚至抹煞了時間和經營的關係，把賣豬與時間的早晚混為一談。就這樣，找上門來的買賣被他一手破壞了。

有豐富實踐經驗的生意人是絕不會這樣愚蠢的，他們把爭取時間視為在競爭中取勝的一大法寶，故事中那位豬販子似乎很懂得快購暢銷可以儘早生利的道理。他早一點買進，就可以趕早市，等於爭取了一天時間，也等於資金周轉加快了一天。利潤率是與資金周轉速度成正比的，周轉快則利潤率就高。加快一天周轉，就等於多賺了一天的資金利息。快購暢銷具有推動資金增值的神奇力量。

上面提到要快速抓住有利的銷售時機，這種銷售時機，對生意人來說

先機稍縱即逝，機不可失

就是講一種機遇。機遇是變裝的財神，它會迎面而來，也會擦肩而過。要抓住它，卻不那麼容易，必須培養敏銳的洞察力，具備了這種能力，才能準確地抓住機會。

「他的運氣比我好。」看到別人事業發達，人常常為自己的不景氣而這樣喟嘆。事實上，問題不在於機遇不垂青於自己，而在於自己缺乏一種靈敏攫取的意識，貽誤了時機，以致抱憾終生。

在商場上，時機對於任何人，都是一視同仁的，而人對時機的利用則不盡相同。有人視而不見，無動於衷；有人見之不放，機遇獨得；有人優柔寡斷，坐失良機；有人伺機奮起，一鳴驚人。其關鍵還在於如何捕捉時機，能不能利用時機。

不過，時機的顯露常常是朦朧而模糊的，唯有目光敏銳的人，才能透過現象看到本質，抓住拓展事業的絕好機會。反過來說，正是因為時機不易判斷和掌握，也才為精於此道的人帶來大發利市的機會。如果人人都看得出、抓得準，那也就不叫什麼時機了，至少坐失良機的人也少了。看準了，就千萬不要放過。

商場如戰場。經營者在風雲變幻的商海競爭中，一旦時機到來，就必須當機立斷，該改就改，甚至要連續攻擊；該收場就收場，哪怕是匆匆忙忙。當斷不斷，該及時收而不收，不該改時而改，不該收場時而收了場，同樣會遭到損失。商戰的殘酷，客觀上要求經營者對世態商情作清醒判斷，當機立斷，不允許拖拖拉拉而坐失良機，更要求經營者是一位觀察家。第一素養就是眼力。這不僅表現在調查市場風雲變幻的直覺上。而且展現在運籌帷幄決勝千里的韜略中。欲想在商戰獲勝，就要善擇良機，就要隨時掌握客觀形勢及其各種力量的對比變化。透過現象看本質。

不敢冒險，就無法獲得成功

「不入虎穴，焉得虎子」，是創造機會的最佳寫照。想創造機會，卻不想冒風險，那是不可能的。勇於創造機會的人清楚地知道風險是在所難免的，但他們充滿自信，在風險中爭取事業的成功。

什麼是風險？風險是由於形勢不明朗，造成失敗的機會。冒風險是知道有失敗的可能，但堅持掌握一切有利因素，去贏得成功。

風險有程度大小的區別。風險愈小，利益愈大，那是人人渴望的處境。勇於創造機會的人會時刻留意這種有利的機會，但他們寧願相信，風險愈大，機會愈大。勇於創造機會的人不會貿然去冒風險，他會衡量風險與利益的關係，確信利益大於風險，成功機會大於失敗機會時，才進行投資。勇於創造機會的人甘願冒險，但從不魯莽行事。

風險的成因，是形勢不明朗。若成功與失敗清楚擺在面前，你只需選擇其一，那就不算風險。但當前面的路途一片黑暗，你跨過去時，可能會掉進陷阱、深谷裡，但也可能踏上一條康莊大道，很快把他帶領到目標中，這才稱之為風險。

前進或停步，你要作出抉擇。前進嗎？可能跌得粉身碎骨，也可能攀上高峰。停步嗎？也許得保安全，但也許會錯過大好良機，令你懊悔不已。

為什麼形勢會不明朗？原因有三個，首先因為有些事情是我們無法控制的。石油危機、中東戰爭等，你能控制它不發生嗎？其次，我們缺乏足夠的資訊，無法做全面正確的形勢判斷。最後，我們有時需在緊迫的時刻，匆忙作出決定，形勢發展，不容許我們有充裕的時間去詳細考慮。

冒風險，就要預備付出失敗的代價。在哪方面要做好付出代價的心理

準備呢？首先是客觀環境，包括世界經濟、政治形勢的變化，科技的革新、政府政策的改變等，這些因素是我們無法控制的。

在個人方面，勇於創造機會的人要面對財務、職業、家庭、社交、情緒等的風險：

①在財務方面，勇於創造機會的人可能把一生儲蓄拿出來投資，或者向銀行、親友借貸，一旦投資失敗，可能血本無歸，甚至負債累累。

②在職業方面，勇於創造機會的人往往辭去現有職務，全力投入創業工作。他要放棄穩定的收入、升遷的機會。如果創業失敗，被逼做回原來的工作，他就損失年薪。若轉做其他工作，多年累積的工作經驗可能派不上用場。

③在家庭方面，勇於創造機會的人辛勤工作。在創業初期，一天工作十幾個小時，天天如是，沒有休息，難免會影響家庭生活，冷落了妻子或丈夫，疏忽了兒女，未婚的則可能沒有時間談戀愛。

④在社交方面，為了全神貫注工作，勇於創造機會的人都會減少甚至沒有時間和朋友相聚，漸漸和朋友疏遠。不過，在創業的過程中，會認識其他朋友，這點或可彌補社交上的損失。

⑤在情緒方面，創業者需長期面對巨大的工作壓力、可能失敗的壓力，必須長期在高度緊張的狀態下工作。許多業務困難，非要他親自處理不可。種種壓力，造成情緒上、心理上巨大的負擔，容易產生焦慮，造成神經衰弱。

先下手，從精準選擇開始

每個人出生的第一天，就面臨了兩個信封的選擇。其一個信封上寫著「報酬」二字；而另一個信封上則寫著「懲罰」二字。第一個信封裝著你從自己的想法上所能獲得的所有好處，第二個信封則裝著如果你不好好控制你的想法，並引導它為你的目標服務時所得到的回應。

你也許聽過像這樣的諺語：「成功吸引更多成功，而失敗帶來更多失敗。」這句話真是一語中的，為成功而努力會使你更有能力邁向成功。如果你什麼也不做，坐等失敗的話，只會使你遭受更多的失敗而已。

如果你以正向心態發揮你的思想，並且相信成功是你的權利的話，你的信心就會使你成就所有你所制定的明確目標。但是如果你接受了負面心態，並且滿腦子想的都是恐懼和挫折的話，那麼你所得到的也只是恐懼和失敗而已。

這就是心態的力量，為什麼不選擇正向心態呢？

如果你掌握你的思想，只會為你帶來成功環境的成功意識並引導它為你的明確目標服務的話，你就能享受：

生理和心理的健康；

獨立的經濟；

出於愛心而且能表達自我的工作；

內心的平靜；

驅除恐懼的信心；

長久的友誼；

長壽而且各方面都能取得平衡的生活；

免於自我設限；

了解自己和他人的智慧。

如果你所抱持的是負面心態你將會嘗到苦果：

生命中的貧窮和悽慘；

生理和心理疾病；

使你變得平庸的自我設限；

而且引導它為你的目標服務，

恐懼和所有具有破壞性的結果；

痛恨幫助你自己的方法；

敵人多，朋友少的處境；

人類所知的各種煩惱；

成為所有負面影響的犧牲品；

屈服在他人意志之下；

對人類沒有貢獻的頹廢生活。

擁有正向思維，迎向挑戰

　　你必須培養正向心態，以使你的生命按照你的意思提供報酬。沒有了正向心態就無法成就什麼大事。

　　記住，你的心態是你──而且唯有你，唯一能完全掌握的東西，練

習控制你的心態,並且利用正向心態來引導它。

切斷和你過去失敗經驗的所有關係,消除你腦海中和正向心態背道而馳的所有不良因素。

找出你一生中最希望得到的東西,並立即著手去得到它,藉著幫助他人得到同樣好處的方法,去追尋你的目標。如此一來,你便可將多付出一點點的原則,應用到實際行動之中。

確定你需要的資源之後,便制定得到這些資源的計畫,然而所訂的計畫必須不要太過度,也不要太不足,別認為自己要求得太少,記住:貪婪是使野心家失敗的最主要因素。

培養每天說一些使他人舒服的話或事,你可以利用電話、明信片,或一些簡單的善意動作達到一些目的。例如給他人一本勵志的書,就是為他帶來一些可使他的生命充滿奇蹟的東西。日行一善,可永遠保持無憂無慮的心情。

使你自己了解,打倒你的不是挫折,而是你面對挫折時所抱的心態。訓練自己在每一次不如意中,都能發現和挫折等值的光明面。

務必使自己養成精益求精的習慣,並以你的愛心和熱情發揮你的這項習慣。如果能使這種習慣變成一種嗜好那是最好不過的了,如果不能的話,至少你應記住:懶散的心態,很快就會變成負面的心態。

當你找不到解決問題的答案時,不妨幫助他人解決他的問題,並從中找尋你所需要的答案。在你幫助他人解決問題的同時,你也正在發現解放自己的方法。

和你曾經以不合理態度冒犯過的人聯絡,並向他致以最誠摯的歉意,這項任務愈困難,你就愈能在完成道歉時,擺脫掉內心的負面心態。

擁有正向思維，迎向挑戰

　　我們在這個世界上到底能占有多少空間，是和我們為他人利益所提供之服務的品質與數量，以及提供服務所產生出的心態成正比的關係的。

　　改掉你的壞習慣，連續一個月每天禁絕一項惡習，並在一週結束時反省成果。如果你需要諮商或幫助時，切勿讓你的自尊心使你怯步。

　　要知道自憐是獨立精神的毀滅者，請相信你自己才是唯一可以隨時依靠的人。

　　把你一生當中所發生的所有事件，都視為是激勵你上進而發生的事件，即使是最悲傷的經驗，也會為你帶來最多的財產。

　　放棄想要控制別人的念頭，在這個念頭摧毀你之前先推毀它，把你的精力轉而用來控制你自己。

　　把你的全部心力用來做你想做的事，而不要留半點空間給那些胡思亂想的念頭。

　　藉著在每天的祈禱中，加入感謝你已擁有的生活來調整你的內心，使它為你帶來你想要的東西和想處的環境。

　　向每天的生活索取合理的回報，而不要坐等豐盛的回報跑到你的手中，你會因為得到許多你所希望的東西而感到驚訝——雖然你可能一直都沒有察覺到。

　　以適合你生理和心理的方式生活，別浪費時間以免落於他人之後。

　　除非有人願意以足夠的證據，證明他的建議具有一定的可靠性，否則別接受任何人的建議，你將會因謹慎而避免被誤導，或被當成傻瓜。

　　務必了解人的力量並非全然來自物質。甘地帶領他的人民進行爭取自由時，依靠的並非是財富。

　　使自己多活動以保持自己的健康狀態，生理上的疾病很容易造成心理

的失調，身體應和你的思想一樣保持活動，以維持正向的行動。

增加自己的耐性，並以開闊的心胸包容所有事物，同時也應與不同種族和不同信仰的人多接觸，學習接受他人的本性，而不要一味地要求他人照著你的意思行事。

你應承認，「愛」是你生理和心理疾病的最佳藥物，愛會改變並且調適你體內的化學物質，以使它們有助於你表現出正向心態，愛也會擴展你的包容力。接受愛的最好方法就是付出你自己的愛。

以相同或更多的價值回報給你好處的人，「報酬增加率」最後還會為你帶來好處，而且可能會有為你帶來所有你應得到的東西的能力。

記住，當你付出之後，必然會得到等價或更高價的東西。抱著這種念頭，可使你驅除對年老的恐懼。一個最好的例子就是；年輕消逝，但換來的卻是智慧。你要相信你可以為所有的問題找到適當的解決方法，但也要注意你所找到的解決方案，未必都是你想要的解決方法。

隨時隨地都應表現出真實的自己，沒有人會相信騙子的。

讓自己成為率先行動的成功者

絕大多數的人都不了解願望和確信之間的差別，他們從來也沒有採取過可以幫助他們運用思想實現欲望的六個步驟。以下將概略說明這六個步驟，並且加入我以一生的時光對那些採取這六步驟的人所觀察的結果。

1. 大多數的人一生之中對目標只抱著「願望」而已。這些願望就像三分鐘熱度一樣，沒有辦法成就任何事情，抱著這種態度的人占了 70%。

2. 只有很少數的人將他們的願望轉變成欲望，他們一再地想得到自己

想要的東西，但欲望也僅此而已，這樣的人占了10%。

3. 把願望和欲望變成希望的人就更少了，但他們害怕想像有一天他們的美夢可能成真的情形，我猜測這種人占了8%。

4. 極少數的人把希望轉變成確信，他們期待他們真的能得到所想要的東西，這些人占了6%。

5. 為數更少的人將他們的願望、欲望和希望轉變成確信之後，又再進一步將確信轉變成更強烈的欲望，最後轉變成一種信心，這種人占了4%。

6. 最後，只有非常少的人除了採取最後兩個步驟之外，還制定達成目標的計畫。他們以正向的心態展現他們的信心，這種人只占2%。

最傑出的領袖必然是實踐第六步驟的人，這種人了解他們自己的思想的力量；他們掌握此一力量，並導引這股力量，為自己所制定的明確目標服務。當你採取第六個步驟時，「不可能」這個字對你將不再具有任何意義。每件事對你來說都是可能的，而你也將成功地實現它們。

想要加入2%俱樂部是必須具備一些條件的：

調整你自己以期能配合他人的思想和特性，觀察小狗如何快速地調適自己，以配合主人的情緒，並學習牠們的自我控制能力。

不要計較你和他人間微不足道的一些小事，不要讓這種小事變成爭議，大人物從不計較不重要的事情。

每天應做的第一件事，就是運用建立正向心態的技巧控制你的思緒，並且整天都保持正向心態。

學習間接推銷自己的方法，要運用說服和示範的方法，而不要強迫推銷。以誠摯的笑聲緩解憤怒的情緒。

第一章　強者為先，改變命運

　　分析你所失敗的事例，並找出失敗的原因，在不如意時應尋求等值的正面回報。

　　把注意力放在「辦得到」的層面上，除非你真的面臨「辦不到」的事實，否則根本別去擔心這個問題，「辦得到」的心態，在此之前就已經指引你邁向成功的途徑。

　　將所有逆境轉為順境，並使它成為一種自動自發的習慣。果真如此，你就會嘗到更多成功的果實。

　　記住，人是不可能永遠成功的。當你無法完全得到你想要得到的東西時，應先對自己做更多的了解，以期自己收穫更豐。

　　把生命視為不斷學習的過程，即使是不好的經驗也具有正面的學習意義。

　　記住，你表現出來的思想將會加倍回饋到你的身上，故必須控制你的思想，並確定你所表現出來的就是你希望從它那裡得到回饋的思想。

　　要和負面心態斷絕來往，這種心態只會侵蝕你的心靈，並且摧毀你所採取的每一步行動。

　　要了解你個性中的二元性，你具備「充分確信」的正面性格，同時具備「完全不相信」的負面性格，務必實踐第一種個性，而第二種性格將會自動消滅。

迎接挑戰，相信自己的能力

　　如果你問，「當我心情不好的時候，怎麼能表現得樂觀向上呢？」那麼，你應該進行一下醫學檢查。據禮來公司（抗憂鬱藥的生產廠家）報導，

有 1,500 萬到 2,000 萬人患有臨床精神壓抑症,但是他們當中三分之二是不治而癒的。有些憂鬱感是真的,而有些則是想像的。這裡有一個例子,美國有線新聞網報導了一項研究成果,它顯示在被研究者中,有 40% 的人認為自己患了憂鬱症,但事實上他們並沒有。

如果從健康的觀點來看,並沒有什麼不對勁的。你應該改變自己的觀點,駕馭自己的思維,控制自我談心,從消極的情緒中走出來。你是否常為自己的下述行為後悔?脾氣暴躁,焦慮不安。不敢在公開場合講話,離群獨處,穿著古怪,不能順暢地與他人進行簡短的談話,對任何事都不感興趣,對自己的外表不滿意,過度的自我保護,干擾日常生活的重複的動作,在馬路上大吵大鬧,不斷地洗手,不讓桌子沾染一點灰塵,情緒搖擺不定,嫉妒別人,在網路上花掉太多時間等等諸如此類的事情。

好吧,現在你該明白這是怎麼一回事了吧。其實我們都一樣,在某些方面都是瘋狂的。在我所認識的人中我是最正常的,但有時我也有點古怪。是散漫的意志,而非身體的疾病導致了上述問題的發生,與眾不同或身體不適只是一個藉口。

現在,你可以將害羞、間歇性的暴跳如雷、成人注意力不集中、精神分裂症、自閉症、強迫症,還有那些連名字都叫不出的各種大腦異常症狀歸咎於新載入病史的生物學方面的各類精神疾病。非常有趣的是,我們在神經生物學中為自身的負面行為尋根溯源,比如,「因為我酗酒,所以打了我的祕書。」但是我們並不把自身的優點歸功於基因,比如勇敢、善良、工作努力等等。那些我們喜歡的優點成為了自我形象的全部,而不喜歡的毛病則被說成疾病。

生物學不是宿命論。只有在某種極端的情況下,人們才不能夠意志堅定地運用自己健康的想法來克服不健康的想法。十項全能的世界紀錄保

第一章　強者為先，改變命運

持者丹‧奧布萊恩（Dan O'Brien）患有注意力不足過動症（ADHD），但他說，「家長們不應該把過動症當作孩子們不愛學習的藉口。關掉電視，多花些精力在孩子身上。」丹‧奧布萊恩一出生就被自己的芬蘭母親和非洲裔美國籍的父親拋棄了。在孤兒院生活了兩年之後，一對白人夫婦收養了他。他選擇的思考方式是，「勝利者總能找到解決問題的辦法。」

如果人們不能把那些問題歸咎於生物學的原因，他們就抱怨自己的童年。我對那些總是說我變成這樣子是因為自己的教養問題的人毫不同情，這種說法是完全錯誤的。即使是楚門‧柯波帝（以一個成年人而言，他是有些古怪的）也承認「人不能永遠是一個被教壞的孩子。」這就像看到的汽車保險槓上的標籤一樣，「你可以隨時擁有一個美好的童年。」如果你在某些問題上感到勉強，那是因為你懶得改變現狀，甘心如此墮落下去。有些人會問為什麼我如此嚴厲，原因很簡單：我曾經見過成千上萬的童年時沒有受過良好教育的人，但他們都很傑出。說到這裡，我想起了我的一位朋友。

出於對她的尊敬和其他方面的原因，我略去了許多細節問題，因為那些畢竟已經是歷史了。在她5歲的時候，她和她的全家被關進了集中營，她和她的同學目睹了自己的老師被活埋的場面。她的舌頭被割開過很多次，所以她根本沒辦法吃飯。她手腳指甲被連根拔出，在市中心的廣場她看到自己的媽媽被當眾砍頭。你還想說自己的童年有多痛苦嗎？不會超過這些嗎？然而今天，這位婦女是我見過的人當中最令人難忘的、印象深刻的人，可靠的、可信的、受人愛戴的、風趣的人。大多數情況下，除了你自己，沒有任何人能毀掉你。

第二章

目標與思路,成功的起點

著名戲劇家蕭伯納(Bernard Shaw)曾說過:「人生的真正歡樂是致力於一個自己認為是偉大的目標。」的確,我們做任何事情都要有目標,這是思想的昇華,也是成功的動力法則。有目標,才有可能成功!

第二章　目標與思路，成功的起點

創新來自好思維模式

　　在英文中，創新（Innovation）一詞起源於拉丁語。它原意有三層含義，第一是更新，第二是創造新的東西，第三是改變。創新是人類進步的動力和泉源。成功者成功的一大要素，就是他們勇於打破傳統，勇於改變，在改變與創新中尋求發展。

　　人如果具有強烈的創新意識，經常用創新思維思考問題，必定會帶來新的經營和發展的思路。

　　有一個聰明的蘋果供應商，他總是能想出好的辦法來讓自己的產品有好的銷量。有一年，市場預測該年度的蘋果將供大於求，使得眾多的蘋果供應商和行銷商暗暗叫苦，他們似乎都已認定：他們必將蒙受損失！但是，這個供應商卻沒有陷入這種普遍的認知中，他想：如果在蘋果上增加一個「祝福」的功能，即只要能讓蘋果上出現表示喜慶與祝福的字樣，如「喜」字「福」字，就一定能賣個好價錢！

　　於是，當蘋果還長在樹上時，他就讓果農把提前剪好的紙樣貼在了蘋果面向太陽的一面，如「福」、「壽」、「喜」、「吉」等。由於貼了紙的地方陽光照不到，蘋果上也就留下了痕跡──比如貼的是「吉」，蘋果上也就有了清晰的「吉」字！

　　結果，這樣的蘋果一上市就供不應求，這位供應商的生意異常熱絡。其實想想，這樣的蘋果、這樣的創意也的確領先於人，因為這樣的蘋果是別人所沒有的。

　　到了第二年的時候，那位供應商的辦法別人都學會了，這時，他又想出了個好辦法：他的蘋果上不僅有「字」，而且還能鼓勵青睞者「成套購

買」——他將他的蘋果一袋袋裝好，且袋子裡那幾個有字的蘋果能組成一句溫馨的祝詞，如「祝您壽比南山」、「祝你們愛情甜美」、「祝您中秋愉快」等，於是人們再度慕名而至，紛紛買他的蘋果作為禮品送人！所以，他的蘋果仍然賣得最好。

思維需要不斷的轉變，才能產生更多的新奇思路。如果你想要在某一領域保持領先地位，就不要老是跟在別人後面走，而應該積極去探索，尋找新的東西。有探索才會有創新，有創新才會有好的思路，從而更容易成功。

《伊索寓言》（Aesop's Fables）裡有一個很富啟示的小故事：

一位窮人在一個暴風雨的日子到富人家要飯。那富人家的僕人喝斥道：「滾開！」窮人說：「只要讓我進去，在你們的火爐上烤乾衣服就行了。」僕人覺得這不需要額外付出什麼，就讓他進去了。這個可憐的窮人，這時請求廚娘給他一個鍋子，以便讓他「煮點石頭湯喝」。

廚娘聽到後感到很驚訝，同時也很好奇：「石頭湯？我倒想看看你怎樣用石頭做成湯。」窮人於是到路上撿了塊石頭洗淨後放在鍋裡煮。過了一會，窮人說：「這湯總得放點鹽吧！」於是廚娘給他一些鹽，後來又給了些碎菜葉，最後，又把能夠收拾到的碎肉末都放在湯裡。

結果呢？這個窮人當然是開心地喝了一鍋肉湯。試想，如果這個窮人一開始時就對僕人說「行行好吧！請給我一鍋肉湯」，肯定什麼也得不到。因此，伊索在故事結尾處總結道：「堅持下去，方法正確，你就能成功。」

在如今這個新事物層出不窮的變革時代，創新已經變得極其重要了。不僅是生存的必須條件，更是發展和成功的要素。創新失敗已經不是恥辱，

第二章 目標與思路，成功的起點

裹足不前才是恥辱。今天一個人要想立足於社會，將以有無創新意識和創新能力來最終論定成敗。

曾有這樣一個故事：

一群老鼠為了求生存，研製出一種機械鼠來對付出沒無常的大花貓。牠們每次在出洞前總先放出機械老鼠，讓大花貓疲於奔命地去追趕，然後出洞大膽地去覓食。

日子一天天地過去了，老鼠們也慢慢習慣了沒有大花貓威脅的生活，每天只要放出機械鼠之後，便大搖大擺地走出洞口，四處搬運食物。

這一天，牠們還和往常一樣，放出機械老鼠後，又在洞中靜靜等待大花貓離去的腳步聲。

過了一會，只聽得大花貓的腳步聲越來越遠，小老鼠便想走出洞，但大老鼠說：「等等，今天大花貓的腳步聲不太對勁，小心其中有詐！」老鼠們又等了一會，洞外又傳來一陣狗叫聲，牠們想既然有狗在附近，那隻大花貓一定逃之夭夭了，於是老鼠們放心地鑽出洞口。誰知道，大花貓居然還守在那裡，當牠們出來後，全落入大花貓的爪下，無一倖免。大老鼠心中不服，掙扎著問大花貓：「我們明明聽見狗叫聲，你怎麼還敢呆在洞口？」

大花貓笑著說：「你們都進步到會生產機械老鼠了，我還不趕快學幾門外語，就要失業了！」

有創新才有發展，有創新才有好思路，從而才有成功。成功者不是天生的，他們的經歷告訴我們，獲得成功難，但難就難在創新和變革這關，誰能邁得過去，成功之門就會為誰打開。美國管理專家杜拉克（Peter Drucker）曾說：「創新是創造了一種資源。」事物的確也是如此，不破不立。有

句名言也曾講過，當你知道想往哪走時，這個世界會為你讓出一條路來。

創新不需要天才，創新只在於找出新的改進方法。創新也不是難於登天，有時只需要一個小小的改變，只要能跳出傳統守舊的觀念，將自己的思維方式巧妙地變一變，往往就會產生意想不到的效果。正如有人所說：「你只要離開常走的大道，潛入森林，就肯定會發現前所未有的東西。」

著名的建築大師葛羅培斯（Walter Gropius）對設計的大型遊樂園主體工程竣工後，對園內景點與景點之間的小路不甚滿意，修改了幾十次，都不太理想，他只好放下這項工作到國外去度假。一天，他在法國南部的一個葡萄園門口，發現買葡萄的人絡繹不絕，人們只要往園門口的箱子裡投幾個法郎，便可到園子裡隨意摘上一籃葡萄，這種任意採摘的方法，吸引了許多路過的人。葛羅培斯看了頓生靈感，當即電話通知樂園施工者，在園內撒上草種，提前開放。園內的小草長出來了，在沒有道路的景點與景點之間，遊人踩出了許多小路。第二年，葛羅培斯按照踩出的痕跡，鋪出了人行小路。這些黃色小路點綴在綠草之間，縱橫交錯，幽雅自然，美不勝收。後來，他的設計獲得了國際藝術最佳設計獎。

人的可貴之處就在於創造性思維，但創新並不是多麼高深莫測的，人人都會創新，也能創新。窮人能討到飯吃，便是創新；把別人認為不可能的事做成了，便是創新。

發掘並提升創新力

一提到創新，許多人會想到著名的達維多定律，它是以英特爾公司前副總裁威廉・達維多（William H.Davidow）的名字命名的。達維多認為，

第二章　目標與思路，成功的起點

在網路經濟中，進入市場的第一代產品能夠自動獲得50%的市場占有率。因此，一家企業要在市場中總是占據主導地位，那麼它就要永遠做到第一個開發出新一代產品。第二或第三家將新產品打入市場的企業，效果絕對不如第一家，儘管你的產品那時還並不完美。

達維多還認為，任何企業在本產業中必須第一個淘汰自己的產品，即要自己盡快使產品更新換代，而不要讓激烈的競爭把你的產品淘汰掉。這實際上是在「網路時代」中生存的一個必然結果。英特爾公司在產品開發和推廣上奉行達維多定律，始終是微型處理器的開發者和倡導者。他們的產品不一定是效能最好的和速度最快的，但他們一定做到是最新的。為此，他們不惜淘汰自己哪怕是市場正賣得好的產品。

從達維多定律可以看出，競爭就是要創造或搶占先機。「先入為主」是一條絕對的真理。要保持第一，就必須時刻否定並超越自己。可以說，創新致勝，保守失敗。創造力是最寶貴的財富，如果你有這種能力，就能掌握生活的最佳時機，從而締造偉大的奇蹟。

人們為了取得對未知事物的認知，總要探索前人沒有運用過的思考方法，尋求沒有先例的辦法和措施去分析認識事物，從而獲得新的認知和方法，鍛鍊和提升人的認知能力。在實踐過程中，運用創新性思維，不斷提出新的觀念，建構新的理論，做出的一次又一次新的發明和創造，都將不斷增加人類的知識總量，豐富人類的知識寶庫，使人類去認識越來越多的事物，為人類從「必然王國」邁向「自由王國」和「幸福樂園」奠定基礎。

相較於常規性思考，創新思考具有自己的特點，首先是它的獨創性。創新性思考的特點在於創新，它在思路的探索上、思考的方式方法上和思考的結論上，都獨具卓識，能提出新的創見，做出新的發現，達到新突破，具有開拓性和獨創性。而常規性思考是重複前人、常人過去已經進行

的思考過程，遵循現存常規思維的思路和方法時進行思考，思考的結論屬於現成的知識範圍。創新性思考所要解決的是實踐中不斷出現的新情況和新問題。常規性思考所要解決的是實踐中經常重複出現的情況和問題。

注意觀察研究，可以看到我們周圍有兩種類型的人：一種人思想活躍，不受陳舊的傳統觀念的束縛，注意觀察研究新事物。這種人不滿足於現狀，常常對自己提出疑難問題，勤於思考，積極探索，勇於創新；另一種人不加分析地接受現在的知識和觀念，思想僵化，墨守成規，安於現狀。這種人既無生活熱情，更無創新意識。前一種人是成功者的榜樣和學習的對象，我們也應該像他們一樣，來培養和鍛鍊創造性思考的能力。

創新性思考不局限於某種固定的思考模式、程序和方法，它既獨立於別人的思維框架，又獨立於自己以往的思維框架。創新是一種開創性的、靈活多變的思考活動，並伴隨有「想像」、「直覺」、「靈感」等非規範性的思考活動，因而，具有極大的隨機性、靈活性，它能做到因人、因時、因事而異。而常規性思考一般是按照一定的固有思路方法進行的思考活動，缺乏靈活性。

當然，創新性思考的核心是創新突破，而不是過去的再現與重複。它沒有成功的經驗可借鑑，沒有有效的方法可套用，它是在沒有前人思考痕跡的路線上去努力創造。所以，創新具有一定的風險性，創造性思考的結果不能保證每次都取得成功，有時可能毫無成效，有時可能得出錯誤的結論。但是，無論它取得什麼樣的結果，都具有重要的認識論和方法論的意義。因為即使是它的不成功結果，也向人們提供了以後少走彎路的教訓。常規性思考雖然看來「穩妥」，但是它的根本缺陷是不能為人們提供新的啟示。

儘管創新是一項充滿智慧的腦力勞動，但絕不是高不可攀的，它不是

第二章　目標與思路，成功的起點

　　某些產業專有的，也不是超常智慧的人才具備的。一個家庭設法將附近髒亂的街道變成鄰近最美的區域，這就是創新；讓孩子做有建設性的活動，使員工真心喜愛他們的工作，防止一場口角的發生，想辦法簡化資料的儲存，如此等等，都是創新。創新不需要天才。創新只在於找出新的改進方法。任何事情的成功，都是因為能找出把事情做得更好的辦法。

　　培養創造性思考的關鍵是要相信能把事情做成。有這種信念，才能使你的大腦運轉，去尋求做這種事的方法。

　　有一次，成功學家拿破崙·希爾（Napoleon Hill）問學員：「你們有多少人覺得我們可以在30年內廢除所有的監獄？」

　　學員們聽後顯得很困惑，懷疑自己聽錯了，當確信拿破崙·希爾不是在開玩笑以後，馬上有人出來反駁：「你的意思是要把那些殺人犯、強姦犯以及搶劫犯全部釋放嗎？你知道會有什麼後果嗎？這樣我們就別想得到安寧了。不管怎樣，一定要有監獄。」

　　大家開始七嘴八舌地說著監獄存在的必要性：

　　「社會秩序將會被破壞。」

　　「某些人生來就是壞蛋。」

　　「如有可能，還需要更多的監獄呢！」

　　「難道你沒有看到今天報紙上謀殺案的報導嗎？」

　　「沒有監獄，警察和獄卒將會失業。」

　　拿破崙·希爾接著說：「你們說了各種不能廢除的理由。現在，我們來試著相信可以廢除監獄，假設可以廢除，我們該如何著手？」

　　大家有點勉強地把它當成實驗，沉默了一會，才有人猶豫地說：

　　「成立更多的青年活動中心可以減少犯罪事件。」

「要消除貧窮,大部分的犯罪都起源於低收入的階層。」

「要能辨認、疏導有犯罪傾向的人。」

「藉手術方法來醫治某些罪犯。」

當說了這些以後,那些剛開始堅持反對意見的人,開始熱心地參與了,結果總共提出了78種廢除監獄的構想。

從拿破崙·希爾的實驗中我們可以看到,當你相信某一件事不可能做到時,你的大腦就會為你找出種種做不到的理由。但是,當你相信——真正地相信,某一件事確實可以做到,你的大腦就會幫你找出能做到的各種方法。所以,創新首先要相信自己可以做到創新。

人的可貴之處在於創造性的思考方式。一個有所作為的人只有透過有所創造,為人類做出自己的貢獻,才能體會到人生的真正價值和真正幸福。創新思考在實踐中的成功,更可以使人享受到人生的最大幸福,並激勵人們以更大的熱情去繼續從事創造性實踐,為我們的事業做出更大的貢獻,實現人生的更大價值。

擺脫舊有框架,迎接新觀念

創新最怕舊觀念的束縛,而現實中大多數人總是傾向於守舊的。我們只有不斷努力,衝破舊觀念,才能適應這個快速變化的時代。

霍夫曼是奧拉克爾公司主管全球通訊的前任副總裁,他說:「由於現在每一件事都很複雜,所以要想有超前意識是相較困難的,這正像人們所說的計畫趕不上變化。不像過去,你在學校裡受教育或是在其他什麼地方得到訓練後有了一份工作,多年以後你忽然發現自己不過像個傳教士,在

第二章 目標與思路，成功的起點

習慣性地做一件事，你所從事的事業不過是一種慣性運動。但是在當今的社會，這種情況不能再繼續了。」

儘管霍夫曼有著豐富的社會和工作經驗，但面對挑戰，他也在不斷地進行著技術和知識上的更新。「儘管你不是主管，但是為了使你更具工作能力，你就必須不停地學習，不停地接受教育。」他說，「現在的這種情況使經營變得很有刺激性。同時，一旦你加入到這個行列中，你就會馬不停蹄，累得你上氣不接下氣。你停不下來，因為你所從事的事業沒有終點，你不斷地應戰，不斷地往前衝，否則你就會因落後而被淘汰。」

人一旦被原來的觀念束縛，就會拘泥於過時的看法和做法而不願改變，然後就是落伍，最終是淘汰。我們現在的時代是一個急速前進的時代，如果不願努力去適應，不能跟上時代，結果成為活化石，那是很可憐的。安於現狀，被老觀念所限，只會使你喪失取得更卓越成就的機會。所以，我們要勇於突破自己的局限。用新的眼光去看世界，切莫在老舊的觀念中沉湎，切莫讓自己失去向上發展的勇氣和動力。

一家效益不錯的公司的總經理叮囑全體員工：「誰也不要走進6樓那個沒掛門牌的房間。」但他沒解釋為什麼，員工都牢牢記住了總經理的叮囑。

兩個月後，公司又應徵了一批員工，總經理對新員工又交代了同樣的話。「為什麼？」這時有個年輕人小聲嘀咕了一句。

「不為什麼。」總經理滿臉嚴肅地答道。

回到座位上，年輕人還在不解地思考著總經理的叮囑，其他人便勸他做好自己的工作，別亂操心，聽總經理的總沒錯。但年輕人卻偏要走進那個房間看看。

擺脫舊有框架，迎接新觀念

他輕輕地敲門，沒有反應，再輕輕一推，虛掩的門開了，只見裡面放著一個紙牌，上面用紅筆寫著：把紙牌送給總經理。

這時，同事們開始為他擔憂，勸他趕緊把紙牌放回去，大家替他保密。但年輕人卻直奔16樓的總經理辦公室。

當他將那個紙牌交到總經理手中時，總經理宣布了一項驚人的決定：「從現在起，你被任命為業務部經理。」

「就因為我把這個紙牌拿來了？」

「沒錯，我已經等了快半年了，相信你能勝任這份工作。」總經理充滿自信地說。

果然，上任後，年輕人把業務部的工作做得非常好。

像故事中的年輕人一樣勇於走進某些禁區，你會採摘到豐碩的果實。打破框架的束縛，敢為天下先的精神正是開拓者的風貌。

人總是矛盾的，想要變化卻又害怕變化。然而企業卻很討厭守舊的人。如果企業裡這樣的人一個一個增加，企業的將來就危險了，很多事例無一例外地證明了這一點。企業經營必須能應對時代和環境的急速改變。隨著年歲的增長，這種守舊傾向就越重。你如果想在五六十歲以後還做一個成功的領導者和主管，你就必須克服守舊思想，那麼，首先你要認定自己是否守舊，是否總是被舊觀念所束縛。那麼，請你自行檢討，依據下列40個項目檢驗自己究竟是不是守舊，以及守舊的程度如何。

1. 整個星期都穿同一套西裝。

2. 即使打老式領帶也毫不在意。

3. 飲料固定是那幾種。

4. 天天喝酒。

第二章　目標與思路，成功的起點

5. 不想嘗試沒吃過的食物。

6. 食物固定是那幾樣。

7. 碰面的幾乎固定是那幾位。

8. 猛抽菸，沒有戒菸的念頭。

9. 看報紙固定看那幾個版塊。

10. 接觸的人幾乎沒有改變。

11. 只看固定幾種雜誌。

12. 不會想讀引起話題的書。

13. 戀床。

14. 這一年幾乎沒有離開自己的生活圈。

15. 不想學外語。

16. 滿意現在的工作、職位。

17. 不想換新的工作、新的工作職位。

18. 這一年裡從未改善自己的工作方法。

19. 上班路線固定，不會想要試試別條路。

20. 有機會，也不想換工作。

21. 不想考任何資格檢定考試。

22. 沒有將來的目標。

23. 不再有好奇心。

24. 即使事情很重要，做事也是懶洋洋的。

25. 對於事物無法專心。

26. 即使很多人圍在一起，也不會想湊過去看。

27. 和初見面的人講話，覺得痛苦。

28. 變得半途而廢。

29. 不曾想過忘掉時間、好好拚一場。

30. 漸漸不積極。

31. 不想到新的地方去生活。

32. 開始覺得還是過去好。

33. 不想知道自己耐力的極限。

34. 從未想過換一種思考方式。

35. 覺得自己本性難移。

36. 害怕挫折。

37. 不曾想到外面看看。

38. 全不在意自己守舊。

39. 沒有夢想和希望的將來。

40. 從不後悔自己這樣過一生。

在以上 40 個項目中，你如果符合 10 項以上，必須留心別太守舊。20 項以上，表示你真的很守舊。

防止守舊的方法可以參考下列 12 種。

1. 檢討自己是不是有著守舊的念頭。

2. 對什麼事都富有好奇心，積極探究未知的事物。

3. 制定明確目標，向其挑戰，持續地努力學習。

4. 向自己能力及體力的極限挑戰。

5. 善於調整情緒，能夠變通。

6. 天天督促自己有挑戰的心理。

7. 對新觀念保持濃厚的興趣。

8. 每日反省，不斷充實自己。

9. 永遠存在對將來的夢想及希望。

10. 不滿自己的現狀，對於自己永遠不滿。

11. 全心全意向自己的困難挑戰。

12. 為了將來，有計畫地利用時間及金錢，努力啟發自己。

打破既定的思維限制

　　大象是陸地上最大的動物，牠能用鼻子輕鬆地將一噸重的行李抬起來。但在馬戲團可以看到，這麼巨大的動物，往往被安靜地拴在一個小木椿上而不用擔心牠脫逃，這是為什麼呢？因為牠們在幼小無力時，就被沉重的鐵鏈拴在無法動的鐵椿上。鐵椿對於小象來說，是無法掙脫的東西。不久，小象長大了，力氣也增加了，但是只要身邊有椿，牠總是不敢妄動。

　　認為無法掙脫木椿，這就是成年後的大象腦中的成見，這種認知對牠來說已經成了既定思維。儘管成年大象可以輕易將鐵鏈拉斷，但因幼時的經驗一直存留至長大，習慣地認為「絕對拉不斷」，所以不再去拉扯。

　　對人類來說，同樣也存在著這樣的既定思維，總會習慣地順著固定的

思維思考問題,不願也不會轉個方向、換個角度想問題,比如說魔術表演,不是因為魔術師有什麼特別高明之處,而是我們思考方式過於順應習慣的關係,想不開、想不通,所以上當了。比如人從綁緊的布袋裡奇蹟般地出來了,我們總習慣於思考他怎麼能從布袋綁緊的上端出來,而不會去想想布袋下面可以做文章,下面可以裝拉鍊。

很多人走不出既定思維,所以就無法進行創新性思考。而一旦走出了既定思維,也許就可以看到許多不一樣的人生風景,甚至可以創造新的奇蹟。因此,從舞劍可以悟出書法之道,從飛鳥可以造出飛機,從蝙蝠可以聯想到電波,從蘋果落地可悟出萬有引力。一個人如果不能排除「固定觀念」的偏差想法,而只能以常識性、否定性的眼光來看事物,理所當然地認為「我沒有那樣的才能」,最終會白白浪費掉大好良機。除了這種靜止地看待自己的形而上學的錯誤外,用僵化和固定的觀點了解外界的事物,有時也會帶來危害。

既定思維是扼殺創造力的最大兇手。在我們的生活中,對習以為常、耳熟能詳、理所當然的事物逐漸失去了熱情和好奇心,經驗成了我們判斷事物的唯一標準,存在的當然變成了合理的。隨著知識的累積、經驗的豐富,我們變得越來越循規蹈矩,越來越老成持重,於是創造力喪失了,想像力萎縮了。可以說,思維定式已經成為人類超越自我的一大障礙。

如果我們能夠衝出既定思維的牢籠,往往可以發現另一番天地。許多成功者往往能夠用標新立異的做法突破人們的常規思維,反常用計,在「奇」字上下功夫,拿出出奇的經營招數,贏得出奇的效果。

威廉・麥考米克(William McCormick)是美國麥考米克公司的創始人,他個性豪放、江湖氣十足,隨著公司的發展,管理方式逐漸落後於時

第二章　目標與思路，成功的起點

代，公司越來越不景氣。於是參考米克決定裁員減薪，但結果使公司更加衰敗。

後來，他得病去世，公司經理一職由他的外甥賽勒斯・參考米克（Cyrus McCormick）繼位。新經理一上任，即向全體職工宣布截然相反的措施：「自本日起，薪水增加 10％，工作時間適當縮短。」職工們頓時聽呆了，幾乎不相信自己的耳朵。後來，面面相覷的職工，轉而對賽勒斯・參考米克的新舉措表示由衷感謝。因此，士氣大振，全公司上下一致、同心協力，一年內就使公司轉虧為盈。

麥考米克公司在面臨危難之際，前後經理採取了截然不同的措施：減薪──加大了職工的危機感和不滿情緒；加薪──振奮了職工的精神和感激之情。其利弊得失，不言而喻。可見，好的創意不僅可以使企業興旺發達，還會使企業起死回生。要使自己創造力旺盛，就得多方面尋求啟示，越是從意想不到的地方去發掘，就越有可能突破框架，產生嶄新的創意。

日本有個具有相當規模的體育用品公司，經常做出一些違反常規的事情。一次，他們獨出心裁，聘用外行進行新產品設計，原因是外行頭腦中沒有既定框架，反而更有可能想出極具個性的新點子。果然一位足球教練──不折不扣的外行，經過認真地設計和研究，為這個公司推出了一種前所未有的運動鞋──散步鞋。這種鞋進入市場後馬上就大受歡迎，甚至颳起了一股強勁的散步風潮。

運用逆向思維突破既定思考方式往往可以取得意想不到的效果，甚至可以將缺點變為優點。突破既定思維，就不能受常識或常規的束縛，見人所不見之處，異想天開，從而產生新的創意。

有個紡織廠出產一種毛絨布料，沒想到品質不過關，布料上有許多白色斑點，結果產品庫存積壓沒有銷路。這時工廠裡的設計人員突發奇想，既然有白色斑點的問題不易克服，能否將這些斑點由瑕疵變成裝飾呢？於是他們在生產中刻意追求那種效果，將斑點加大，最後生產出一種別具一格的產品，名叫「雪花」。「雪花」一上市便成了搶手貨，廠裡的生意變得異常熱絡。

　　一位哲學家告訴我們：做人做事不要輕易就被一個成規束縛。墨守成規是前進的絆腳石，真正成功的人，本質上流著叛逆的血。一位成功的企業家也說：「一項新事業，在十個人當中，有一兩個人贊成就可以開始了；有五個人贊成時，就已經遲了一步；如果有七八個人贊成，那就太晚了。」

　　可以說，很多人難以成功的重要原因就是遇事先考慮大家都怎麼說，大家都怎麼做，不敢突破人云亦云的求同思考方式。討論一件事情時，總喜歡「一致同意」、「全體通過」，這種觀念的後面常常隱藏著「從眾」的盲目性，不利於個人獨立思考，不利於另闢蹊徑，常常會約束人的創新意識，如果一味地考慮多數，個人就不願開動腦筋，事業也就不可能獲得成功。

做別人不願嘗試的事

　　創新往往來自於一種顛覆性的思考方式，才能取得比較大的成功。顛覆性思考，圖謀的不是改良，而是變革，是徹底的改變，它在本質上是一種富有前瞻性的思維，而勇於去做別人不做的事情，是對其最好的註釋。日本企業界知名人士曾提出過這樣一種口號：「做別人不做的事。」瑞典有

第二章　目標與思路，成功的起點

位精明的商人創辦了一家「填空檔公司」，專門生產、銷售在市場上缺貨的商品，做獨家生意。德國有一個「怪缺商店」，經營的商品在市場上很難買到，例如六個手指頭的手套、缺一條袖子的上衣、駝背者需要的睡衣等。因為是填空檔，做的是別人不做的事情，一段時間內就不會有競爭對手。

有位經濟學家曾講過關於猶太人經商的案例，他說，如果一個猶太人在美國某地開了一家修車店，那麼，第二個來此地的猶太人一定會想方設法在那裡開一家餐飲店。而在一些缺乏創新意識的地方，如果一個人在某地開了一家修車店，那麼第二個來此地的人看到他的生意好，也往往會開修車店。

做別人不做的事情，透露著創新和創業的勇氣，為他人所不為，做他人所不做。雖然一時不被別人理解，但只要看準了，並堅持下去，一定會走出一片天空。

成功者最大的特點就是具有想用新的點子做實驗及冒險的意願，他們和普通人最明顯的差別就在於：進取的人在態度上勇於冒險，且具新觀念，能鼓舞他人去從事一無所知的事物，而非只玩一些安全的遊戲。他們之所以勇於冒險，之所以敢做別人不做的事情，是因為有冒險力的驅動，如果做事怕冒險的話就沒辦法把事情做好了。而要冒險，一定要有足夠的勇氣及資本。所謂的資本是指冒險力，光憑著第六感或運氣是沒辦法安然渡過大大小小的風險的。如果一切都在計劃之內、意料之中，也就算不上什麼冒險了。

率先行動，勇於挑戰傳統

　　創新往往意味著對傳統現狀的顛覆，所以要創新，就不得不面對傳統帶來的壓力。也可以這麼說，沒有向傳統挑戰的勇氣，創新往往就不會誕生。在充滿競爭的市場經濟中，許多向慣用「硬碰硬」的方式與人正面競爭，往往效果並不理想。短兵相接的方式並非是最有效的致勝之道，反而會限制成功。因為當你正面去競爭的時候，你也就完全認同了現狀與傳統，並願意遵守某些固定的規則與觀念，於是你的思想就會受制於某一個框架，反而阻礙了你發揮自己的創造力。

　　絕大多數人相信遵守既定規則是非常重要的，認為如果人人都想打破規矩，就會造成天下大亂，這也是傳統保守者反對創新普遍持有的理由。向傳統挑戰，打破目前的規則是一種鼓勵突破思考的方法，可以讓你更精確、有效地達到目標。通常情況下，具有突破性思考特徵的人，和舊式的產業規則格格不入，對每件事都產生質疑，不喜歡墨守成規，偏愛自由遊蕩。從體育運動上，傑出的運動選手普遍具有這種「改變遊戲規則」的特徵，很多選手創造佳績，都是因為他們打破了傳統的比賽方法。

　　突破傳統是一種心態，可以鼓勵人不斷學習，不停地創造。如果你想改變現狀，進行創新，就必須嘗試新的挑戰，突破規則，改變遊戲方法。

　　改變現狀與傳統，就是要掌握主控權，關鍵在於有沒有求變的決心與勇氣。一般人遇到沒有掌握的狀況常常會猶豫，所以說人最大的敵人是自己。通常情況下，決定「變」還是「不變」的標準是，如果你從以前的經驗中找不到任何成功的例子，你就做最壞的打算——可以賠多少？只要賠得起你就做，更何況你可能會贏。

第二章　目標與思路，成功的起點

其實，在傳統中求變，還有一個規則是：越是有許多人說「不」，就越該改變。因為，這個世界充滿了依附者、追隨者、模仿者，他們喜歡遵循舊的軌道和傳統，喜歡以他人的思想為思想。但是，現代社會所需要的卻是那些有創新的人，能夠走出一條新路、闖入新天地的人——那些用別出心裁的方法辦理訟案的律師，那些離開了先例舊方而醫治病人的醫師，那些把新的理想、新的方法帶進教室的教師，那些改變了管理模式，建立適合自己企業高效運作機制的企業家等等。

要想創新，就不要害怕自己成為「創始人」。我們不要僅僅做一個人，而要做一個新的人，獨立的人，積極進取不斷變革的人。要知道，沒有人能夠因效仿他人而得到成功。沒有成功是透過從抄襲和模仿得來的。成功是個人的創造，是由創始的力量所造成的，所以我們要勇於去做成功路上的創始者。

瑪麗一位勇敢的女性，她是一個勇於向傳統挑戰而獲得成功的典範。

20世紀初，瑪麗在美國紐澤西州的後波肯經營服裝生意。她沒有進過服裝學校學習，從事服裝業，完全是出於對服裝業的興趣和愛好。由於夫妻倆的同心協力，再加上瑪麗的勤奮努力，他們的服裝生意發展迅速。不久他們就來到了美國服裝業的中心紐約。在這裡，瑪麗和鄧肯太太開了一家很小的服裝店。

在那個時代，美國美女的標準之一就是胸部像男人那樣平坦。特別是少女，如果胸部高高聳起，便會被認為是沒有教養的下等人，在社會上會受到輕視。而要想成為平胸的少女，必須從小就把胸部緊緊地包纏起來。這種違反人類天性的做法，為無數女性帶來了巨大的痛苦。

有一天，她的好友鄧肯太太對瑪麗說：「我的小女兒的胸部特別豐滿，要替她弄得像男人那樣平坦很不容易，她感到非常疼痛，您有沒有什麼好

率先行動，勇於挑戰傳統

的辦法，幫她修改衣服，使她少受一點罪！」

瑪麗對服裝有著特殊的敏感度，對不少傳統的服裝都有自己的見解。好朋友的要求，立即激發了她的創作衝動。當然，她認為，如果成功，這無疑是一個發財的好機會。她決心抓住這個機會。但她所面臨的困難不是技術上的，而是傳統的觀念。如果一下子就拋開傳統的觀念，可能就會招致慘敗。

經過一番認真思考，她提出了一個折中的方案：用一個小型的胸兜來代替現行束胸的帶子，然後在上衣的胸前加上兩個口袋來掩飾乳房的高度。這種設計是很巧妙的，沒有引起社會上的熱議，在某種程度上減輕了女性束胸的痛苦。在很短時間內，這種新型的服裝就成為暢銷品，小店的生意也熱絡起來了，這就是女性胸罩的雛形。

歷史上，許多具有重大意義的突破往往是從一些小事開始的，胸罩的發明正是如此。女性的胸罩，在今天看來是一個如此簡單的東西，就是在瑪麗的那個時代，也不是十分複雜的東西。一旦思想上突破了成規，具有歷史意義的胸罩很快就被設計並加工出來了。第一步的成功更加激起了瑪麗的創造熱情，擴大了她的思考空間。她想到，人類的一半是女性，如果能夠設計出一種讓女性解除束胸痛苦的服裝，不僅可賺來大筆的財富，還可打破女性服裝的局面，開創一個女性服裝的新時代。

但是，瑪麗又馬上意識到：傳統道德觀念是如此的強大。如果這種女性胸罩一旦遭到社會的譴責和反對，浪費了精力不說，她們的服裝店也可能就完了。經過再三的思索和考慮，她還是不肯放棄這個發財的好機會，不肯放棄這個能為服裝業帶來革新的機會，不肯放棄這個解放女性痛苦的設計。

最終，瑪麗下定了決心：無論如何，也要把讓這種服裝進入市場。並且，她還準備擴大生產，建立「少女股份公司」以擴大影響。第一批胸罩

上市，立即引起了強烈反響：婦女界轟動了，服裝界轟動了，市民也轟動了，胸罩立即被搶購一空。出乎瑪麗意料之外的是，雖然有少數人跑出來反對，在報紙上發表文章，叫囂著要政府加以取締，可是很少有人附和，倒是有不少報紙不斷報導人們對胸罩的正面反應。

結果，很多女性，特別是年輕女性，看到反對的聲音並不強烈，爭相前來購買，胸罩的銷售量直線上升。

但是，瑪麗前進的步伐並沒到此結束。她對服裝公司快速加大投資、購買設備、擴大生產，在服裝生產史上創造了一個奇蹟。短短幾年的時間，一個十幾人的小店就變成了擁有數千工人的大工廠。銷售額由幾十萬美元飆升到幾百萬美元。1930年代，美國遭受了嚴重的經濟危機，很多企業都紛紛倒閉，可是瑪麗的服裝廠卻一枝獨秀，長盛不衰，創造了服裝史上的奇蹟。

與其說這是技術的勝利，不如說是膽略和勇氣的勝利。瑪麗就是靠那麼點向傳統挑戰的反叛精神，為後人留下了永久的啟示。

其實，在這個變革的時代，最怕的就是你不變。順應這種現實，被譽為上世紀兩大天才之一的通用汽車公司總裁說，他一生追求的只有三個字：變！變！變！但絕不是亂變，不是無原則的變，而是有方向的變。不是倒退的變，也不是「30年河東、30年河西」的轉著圈變，而是向前發展的變。

皮爾卡登（Pierre Cardin）也是一個充滿熱情、勇於背叛傳統的人。在他第一次展出各式成衣時，人們就像在參加一次真正的葬禮，他被指責為胡作非為。結果，他被僱主聯合會除了名。不過，數年之後，當他重返這個組織時，他的地位提升了。從大學裡直接聘請時裝模特兒，使人們更加了解他的服裝，確保了他的成功。

1959年，皮爾卡登異想天開，舉辦了一次募資展售會，這個極其超常的舉動，使他遭到失敗。服裝業的保護性組織時裝協會對他的舉動萬分震驚，因而再次將他拋棄。可他在痛定思痛後，又東山再起，三四年的時間，居然被這個組織請去任職主席。

就這樣，皮爾卡登的帝國規模越來越大，不僅有男裝、童裝、手套、圍巾、包包、鞋和帽，而且還有手錶、眼鏡、打火機、化妝品，並且向國外擴張，首先在歐洲、美洲和日本得到了許可證。1968年，他又轉向家具設計，後來又醉心於烹調，他還成了世界上擁有自己銀行的時裝家。

「皮爾卡登帝國」從時裝起家，30年來，他始終是法國時裝界的先鋒。1983年，他在巴黎舉行了題為「活的雕塑」的表演，展示了他這30年設計的婦女時裝，雖然歲月已流逝了幾十年，可是他設計的這些時裝仍然顯得極有生命力，並不使人有落後的感覺。

世界上每種職業、每種產品，都有可以改進的餘地。有創新力量的人，永遠不患無人歡迎，不患無用武之地。世界會為有思想、有主張的人留出位置。社會中的最有用的一分子，就是有思想、有創新能力、有推陳出新的方法和主張的人。

創新需要勇氣和膽識

人類的進步需要新生事物來推動，人類需要創新。但創新因為是要創前所未有，所以沒有平坦的大道，它要求創新者積極探索、不畏艱難勞苦，才能達到理想的境地。

在創新的路上，無可避免地會面對大自然的刁難和人類的阻撓。大自

第二章　目標與思路，成功的起點

然中的偶然性的因素即機遇，是可遇不可求的，它千載難逢，一閃而過。為了捕捉這樣的機遇，無數人付出了巨大的心血。另外，人類的進步又將人類武裝起來，以圖墨守成規，安於現狀，從而又會阻礙新生事物。

所以，一位成功者，在取得成功的過程中，一定付出了艱苦的勞動，一定經過了無數次的失敗。牛頓是世界一流的科學家，當有人問他到底是透過什麼方法得到那些非同一般的發現時，牛頓這樣表述他的研究方法：「我總是把研究的課題放在心上，反覆思考，慢慢的，起初的點點星光終於一點一點地變成了陽光一片。」

正如其他有成就的人一樣，牛頓也是靠勤奮、專心致志和持之以恆才取得巨大成就的，他的盛名也是這樣得來的。放下手頭的這一課題而從事另一課題的研究，這就是他的娛樂和休息。牛頓曾說過：「如果說我對大眾有什麼貢獻的話，這要歸功於勤奮和善於思考。」另一位偉大的哲學家也說過：「只有對所學的東西善於思考才能逐步深入。對於我所研究的課題我總是追根究柢，想出個所以然來。」

不避艱難，積極探索是所有成功者共同的特徵，而淺嘗輒止者必定沒有什麼收穫。據說有這樣一個故事：法蘭克曾對愛因斯坦說，有一位科學家堅持研究一些非常困難的問題而沒什麼成績，但卻發現了許多新問題。愛因斯坦感嘆地說：「我尊敬這種人。但我不能容忍這樣的科學家，他拿出一塊木板來，尋找最薄的地方，然後在容易鑽透的地方鑽許多孔。」

愛因斯坦不能容忍的這種科學家確實存在，他們或急於名利，或迫於應付，或短於見識，匆匆忙忙地「鑽了許多孔」，數量可觀，但品質不高，既無實用價值，又未解重大理論問題。

成功來自積極的努力，它從不自動上門。有些人以為只要想想機會就

會降臨，只要摸索摸索就可以成功，但其結果是很糟糕的。我們只有具備了與人鬥、與天鬥的大無畏精神，像布魯諾那樣與黑暗勢力鬥爭，與種種困難鬥爭，才能有最終的成果。大發現、大發明，都是長期艱苦勞動的產物，是汗水的結晶。不打持久的艱苦戰，絕不可能獲得重大的成就。

為了研究放射性元素，居禮（Pierre Curie）及其夫人數年如一日，百折不撓，堅持不懈地進行著繁重的工作。他們一公斤一公斤煉製鈾瀝青礦的殘渣，從數噸鈾礦殘餘物中提煉出只有極少的純鐳氯化物。他們工作的條件非常艱苦，威廉·奧士華（Wilhelm Ostwald）參觀了他們的實驗室後說：「看那景象，竟是一所既類似馬廄，又宛如馬鈴薯窖的屋子，十分簡陋。」他們在困難條件下艱苦奮鬥，最終獲得了卓越成就，令後人肅然起敬。

皇天不負苦心人，有志者事竟成，確實如此！

創新者經常需要面對人類的責難。這時，更需要有堅持下去的勇氣和毅力。

帕拉塞爾蘇斯（Paracelsus）1493年生於歐洲蘇黎世，最初他的全名叫菲利普斯·奧里歐勒斯·德奧弗拉斯特·博姆巴斯茨·馮·霍恩海姆。後來，他為了否定舉世公認的古羅馬最偉大的醫學家凱爾蘇斯（Aulus Cornelius Celsus），為自己取了一個非常簡潔明快的名字——帕拉塞爾蘇斯，意即「超過塞爾蘇斯」。帕拉塞爾蘇斯似乎生來就是為了向這個世界挑戰的。他蔑視一切傳統，尤其對當時的醫學實踐更是不屑一顧，公然將傳授一千多年的教科書扔進學生集會的篝火裡，他主張放棄一切傳統的醫學手段，而從實踐中創新出一種全新的化學療法。如果說「與世無爭」是一種傳統美德的話，那麼帕拉塞爾蘇斯的確是大逆不道。他曾嘗試著用鹽、水銀等物質合成去治療使整個歐洲束手無策的一種前所未有的疾病，

第二章　目標與思路，成功的起點

為絕望之中的醫學帶來了一縷希望的曙光，而這種療法的效果又不能不使皓首窮經的傳統醫學界瞠目結舌。

人類的進步，科學的發現並非都是靠那些討人喜歡的人去推動，人和人的行為本身並不無好壞之分，只有當他的行為與社會和歷史發生碰撞後，從產生的後果上看，才能分辨出好與壞。從這個意義上講，帕拉塞爾蘇斯的貢獻對人類進步來說是無可比擬、彌足珍貴的。遺憾的是。人們對不符合自己習慣的事總是蜚短流長、說三道四，即使是給他們自己以生命和幸福的人也不輕易放過，這的確是人們的不幸。但正是有了像帕拉塞爾蘇斯這樣一些滿懷熱情的人們，才有了如此絢麗多彩的今天，我們沒有任何理由不對他們表示敬意。

1552 年，帕拉塞爾蘇斯在瑞士巴塞爾用全新的化學療法治癒了著名的新教徒、印刷商約翰弗洛本尼留斯的腿部感染，把他「生命的一半從地獄裡帶了回來」，從而享譽整個歐洲。巴塞爾市政廳不顧醫學界的反對，堅持讓帕拉塞爾蘇斯在大學任教，才使他那些離經叛道的新世界觀得以傳播。

儘管在當時，帕拉塞爾蘇斯是一個很不討人喜歡的人，不僅他的說教，就是他的生活恐怕也難以讓傳統勢力所接受，但他為人類帶來了一個啟示，那就是任何發明、發現和創造實際上產生於一種人格，即畢生無畏地去探索、去追求、去奮鬥的人格，只有這樣，人類才能在實現自己理想的道路上有所前進，有所進步。而那些死背教條、墨守成規的人，即使皓首窮經、飽學終生也無濟於事，因為科學和進步不可能回首反顧，否則人類就永遠不會走出自己童年的搖籃。

人類需要進步，人類需要創新，創新需要不畏艱難。一旦養成了一種

不畏勞苦、勇於打拚、鍥而不捨的特質，無論我們做什麼事，都能在競爭中立於不敗之地。即使從事最簡單的工作也少不了這些最基本的「品格」。

謙遜學習，讓創新更具深度

　　許多人之所以能創新成功，與他們勤學好問的習慣是分不開的。他們總是可以產生激發大腦思考，從而發現問題，產生創意。一個時時產生疑問的人可以從多方面得到知識和真知灼見。如果你善於發現問題，時時保持一種疑問的態度，問題就會引導著你不斷地到事物的最深層的本質上。相反，如果你從來不問，便會看不到問題，如果從來沒有見過問題，當然就不能嘗試努力解答。美國電力公司的大老闆斯泰因麥茲說：「如果一個人不停止問問題，世上就沒有愚蠢的問題和愚蠢的人。」

　　其實，許多創新與發明都是問問題和想問題得出的最終答案。

　　伽利略（Galileo Galilei）發明鐘擺完全是對一盞燈提出問題的結果。那是很平常的一盞燈，許多人都看見過但並未注意，伽利略看後就在內心中產生疑問，由此而產生了偉大的發現。那是在他17歲那年，有一天他走進當地一個天主教堂。他正若有所思地環視四周時，突然抬頭望見從禮拜堂天花板上長鏈懸掛著的燈。這時，一件很難解釋的事情發生了。他忘記了周圍的一切，望著這些搖擺的燈，突然腦中湧現一種想法——這些燈的振動，或許長擺和短擺不是同時發生的吧！於是他默數自己的脈搏，以實驗他的這種臆測，因為在那時候脈搏是他唯一的測量物。他實驗出來了，振擺不管其振幅大小，週期總是一定的。由此，鐘擺的原理得到了發現。

第二章　目標與思路，成功的起點

　　大衛・麥克蘭是鑄造專家，他也以經常問問題而聞名，並因愛問問題而丟掉過20個工作。他在回憶當年的歷程時說：「我被辭退的緣故多半是因為問題太多了，例如，在一個鑄模中，我們做了100個鑄物，但卻有40個壞了。我仔細地檢驗成品，並且將所有的日期都記載在紙上。每一次我們都是用同樣的鑄模，同樣的金屬，一切進行程序也都相同。然而差不多總有一半的鑄物是不好的。我冒險去和工頭討論，也許是金屬之中摻雜了什麼別的元素，而使之起變化。

　　工頭問他：「好的鑄物中的金屬是和壞的鑄物中的一樣嗎？」

　　麥克蘭說：「金屬確實是一樣的，然而卻無法得到一樣的結果。假使我們可以找出其原因來，就能夠減少許多浪費。」

　　於是，工頭立即辭退了麥克蘭，因為他「干擾」了他的工作。

　　但是，麥克蘭並沒有放棄這種好問的習慣，因為他覺得這種好問的態度並不是他所問的事情錯了，於是他始終堅持「問」，最後他獲得了巨大的成功。

　　保持對問題的追根究柢在企業管理中也是發現深層問題、提升生產效率的重要手段。

　　在著名的豐田精細化生產模式中，許多創新發明都是透過問問題而產生的。例如，在流水線作業的情況下，很難使生產線暫停，假如生產線一停，產量就會顯著下降，所以，監督人員不願意把生產線停下來。但是，由於豐田公司的新舊機器上都安有自動暫停裝置，一旦遇到情況，豐田的生產線就停止。同時，每個操作人員都有生產線的停止開關，稍一感到異常，就馬上使生產線停止。

　　在這種情況下，一個叫大野耐一的人就主張要反覆問五個「為什麼」，以查明事物的因素、關係或隱藏在事物內部的真正原因。

比如一臺機器不轉動了，就要問：

「為什麼機器停了？」

「因為超過負荷，保險絲斷了。」

「為什麼超負荷了呢？」

「因為軸承部分的潤滑不夠。」

「為什為潤滑不夠？」

「因為潤滑泵吸不到油。」

「為什麼吸不到油？」

「因為油泵抽磨損，鬆動了。」

「為什麼磨損了？」

「因為沒有安裝過濾器，混進了鐵屑。」

從上面可以看到，如果不是透過問「為什麼」，問個水落石出，那麼，過幾個月之後會再一次出現同樣的故障。

豐田以精細化生產馳名世界，其中思想中亮眼的部分，也大多是問「為什麼」問出來的。

比如：「為什麼豐田汽車工業公司一個人只操縱一臺機器，而豐田紡織廠的一個青年女工卻能看管 40～50 臺自動織布機呢？」

提出這樣的問題就可以得出「因為機器的結構不是加工完畢，就自動停止轉動」之類的答案，由此得到啟發，便會出現「自動化」的設想。「為什麼不能做到及時的生產呢？」

針對這一問既便會得出「前一道工序生產過早、過量，而且不知道加工一件要多長時間」的答案，於是得到了啟發，便得出了「均衡化」的設想。

「為什麼會發生過量生產的浪費呢？」

針對這個問題，便會得出因為「沒有控制過度生產的機制」的答案，這一答案的展開便產生了「目視管理」的設想，進而得出「看板管理法」的構思。

當然，我們要想養成勤學好問的習慣，必須利用好自己的好奇心，提升自己對周圍事物的敏感度和熱情，並對四周的東西和事情保持疑問的態度，尋找問題，加以發問，找出困難和矛盾的地方，同時養成喜歡討論問題的習慣。假使我們喜歡討論，我們便能懂得透澈地訓練思考。相反的，假使討論問題使自己討厭，我們便會躲避，也絕不能學到如何思考。

另外，當問問題卻得到不幸的結果時，多半表示我們問錯了人。此時，我們應當找別的方法去得出答案來。如果一定要問別人才能得到答案，就必須問一個確實知道答案的人。不過，最好的方法，還是自己找出自己所要問的答案。無論什麼問題，一旦想解決，絕不是拿著別人無知的話當作最後的決斷。成功者未必能解決每一個問題，但是他們不會相信因為別人說不能解決，便以為真的不能解決。

最後，我們在問問題時態度應該要端正，要承認你自己是多麼的無知，承認世上有許多事情都有待你去學習。譬如假使我們承認一個幫傭所知道的有關家務方面的常識比自己曉得的多，或許我們也可以從她那學點什麼。反之，假使我們自以為比旁人知道得多，假使我們和他們交談是要證明他們比自己愚蠢，那我們已在朝創新的路途上走錯方向。

善於觀察，發現生活中的靈感

　　人們常說，機遇加上實力才能成功。可以肯定，幾乎所有成功者都是在自身實力的基礎上，看準時機，及時捕捉，藉此衝向目標。對於創新來講，好的點子同樣也離不開偶然的機遇。但是，對偶然機遇的掌握，需要我們注意觀察生活中和發現在自己身邊的點點滴滴的小事，重視自己產生的每一個靈感，從小事中得到啟發，開拓思路，進行創新。

　　吉列刮鬍刀如今馳名世界，但當初吉列只是一個名不見經傳的業務員，儘管他節衣縮食進行研究發明，可用了20年時間仍然一無所獲，只是一次偶然的機會，才使得吉列刮鬍刀產生並走向世界。

　　那是1985年的夏天，吉列到休士頓市去出差，在返回的前一天買了火車票。早上的時候，由於太累了，他起床起晚了，正匆忙地用剃刀刮鬍子，飯店的服務生急匆匆地走進來喊道：「再有五分鐘，火車就要開了。」吉利聽到後一緊張，不小心把嘴巴刮傷了。

　　吉利一邊用衛生紙擦血一邊想：「如果能發明一種不容易傷皮膚的刀子，一定大受歡迎。」想完之後，他一下子愣住了：他為自己的這個想法感到興奮。於是，他就埋頭鑽研，經過千辛萬苦，吉利終於發明了安全刀片，他也搖身一變成為世界安全刀片大王。

　　其實，有許許多多創新成功的範例，都是由現實生活中小事所觸發的靈感引起的。

　　利普曼（Hymen Lipman）當初是美國佛羅里達州的一位窮畫家，最初的時候他只有一點點畫具，僅有的一枝鉛筆也是削得短短的。有一天，利普曼正在繪圖時，找不到橡皮擦。等費了很大功夫才找到時，鉛筆又不見

第二章 目標與思路，成功的起點

了。鉛筆找到後，為了防止再丟，他索性將橡皮用絲線扎到鉛筆的尾端。但用了一會，橡皮又掉了。

「真是煩死了，不能讓這種事情再次發生！」他氣惱地罵著。

於是，利普曼開始思索怎樣才能避免出現這種麻煩。幾天後，他終於想出主意來了：他剪下一小塊薄鐵片，把橡皮和鉛筆繞著包了起來。果然，花一點工夫做的這個玩意相當管用。後來，他申請了專利，並把這專利賣給了一家鉛筆公司，從而賺得55萬美元。

我們如果多留心生活，一點小事可能就是將你引上成功之路的千載難逢的機遇。

美國有個印第安人叫克魯姆（George Crum）。1853年，克魯姆在薩拉托加市高級餐廳中擔任廚師。一天晚上，來了位外國人，總挑剔克魯姆的菜不好吃，特別是油炸食品太厚，無法下嚥，令人作嘔。克魯姆聽到後非常氣憤，就隨手拿起一個馬鈴薯，切成極薄的片，罵了一句便扔進了沸油中，結果好吃極了。於是，他又仔細思索，不僅產生了風靡美國的金黃色、具有特殊風味的油炸洋芋片，而且這種美國特有的風味小吃進入了總統府，至今仍是美國國宴中的重要食品之一。

無意中的小主意往往蘊含著不為人知的大創意，所以，我們千萬別小看自己身邊的小事。青黴素的發現就是一個極富說服力的例子。

在很多時候，機遇也會偽裝成不經意的小事找上門來，就看你能不能發現。

豪富鴻池直文是日本全國十大財閥之一，然而當初他不過是個東奔西跑的小商販。有一天，鴻池與他的傭人發生摩擦，傭人一氣之下將火爐中的灰拋入濁酒桶裡（德川末期日本酒都是混濁的，還沒有今天市面上所賣

的清酒），然後慌忙逃跑。第二天，鴻池查看酒時，驚訝地發現，桶底有一層沉澱物，上面的酒竟異常清澈。嘗一口，味道相當不錯，真是不可思議！後來他經過不懈的研究，發現石灰有過濾濁酒的作用。經過十幾年的鑽研，鴻池製成了清酒，這是他成為大富翁的開端，而鴻池的傭人永遠也想不到：是他給了鴻池致富的機會。

還有一個例子是這樣的：

查克是一個很平凡的公務員，住在紐約郊外。他唯一的嗜好便是溜冰，別無其他。紐約的近郊只有在冬天才會結冰。冬天一到，他一有空就去溜冰自娛，然而夏天就沒有辦法到室外冰場去溜個痛快。去室內冰場是需要錢的，一個普通公務員收入有限，不便常去，但待在家裡也不是辦法，深感日子難受。

有一天，他百無聊賴時，一個靈感湧上來，「將鞋子底面安裝輪子，就可以代替溜冰鞋了，普通的路就可以當作冰場。」於是幾個月之後，他跟人合作開了一家製造直排輪的小工廠。他沒有想到，產品一問世，立即就成為世界性的商品。沒幾年，他就賺進一百多萬美元。

創新無處不在，只要你善於觀察，勤於思考，就會發現身邊的機會很多。當然，有了機遇還不夠，還要有實力，實力就是要保持思考的習慣，善於觀察，有對生活的熱情和衝動。因為，機遇只垂青於那些勤於思考的人。不然，為什麼有那麼多人刮鬍子、用鉛筆，而發明安全刀片、帶橡皮頭鉛筆的卻只有一個。

第二章　目標與思路，成功的起點

第三章

自信,走在前端的關鍵

「我們對自己抱有的信心,將使別人對我們萌生信心的綠芽。」自信是發自內心的一種戰勝困難、奪取成功的強烈信念和力量。有了它,我們就可以培養、提升做事的興趣,能出發出超常的打拚力量。

第三章　自信，走在前端的關鍵

成功者具備的核心特質

　　什麼是自信呢？所謂自信就是指對自己很有信心，能看到自己的優缺點，並且能揚長避短，能充分認識自己，對自己有一個正確和適當的評估，既不妄自菲薄又不狂妄自大的一種心態。有自信心的人能夠多謀善斷，反應機敏，有很高的情商。充滿自信地去做事，可以激發出自己最大的能量和熱忱，去研究和關注要做的事情，從而也就更容易看穿事物本質。

　　縱觀古今中外的成功人士，只有自信的人才更容易取得成功，其人生之旅也會過得較為風光得體。可以說，自信是成功者的本色。

　　洛克斐勒（John D. Rockefeller）說：「自信能給你勇氣，使你勇於向任何困難挑戰；自信也能使你急中生智，化險為夷；自信更能使你贏得別人的信任，從而幫助你成功。」不管是誰，有信心才會有勇氣，才會驅使自己不斷追求直到成功。成功者和失敗者都曾有過許多失敗的教訓，但成功者能夠鍥而不捨、越挫越勇，最終獲得成功，因為他們深信自己能使理想得以實現。大音樂家華格納遭受同時代人的否定與攻擊，但他對自己的作品有信心，終於戰勝世人，獨占鰲頭。

　　小澤征爾是世界著名的交響樂指揮家。在一次世界指揮大賽的決賽中，他按照評審會給的樂譜指揮演奏，敏銳地發現了其中不和諧的聲音。起初他以為是樂團演奏出了錯誤，就停下來重新演奏，但還是不對。他覺得是樂譜有問題。這時，在場的作曲家和評審會的權威人士堅持說樂譜絕對沒有問題，是他錯了。面對一大批音樂大師和權威人士，他思考再三，最後斬釘截鐵地大聲說：「不！一定是樂譜錯了！」話音剛落，評審席上的評審們立即站起來，報以熱烈的掌聲，祝賀他大賽奪冠。

成功者具備的核心特質

原來，這是評審們精心設計的「圈套」，以此來檢驗指揮家在發現樂譜錯誤並遭到權威人士「否定」的情況下，能否堅持自己的正確主張。前兩位參加決賽的指揮家雖然也發現了錯誤，但終因隨聲附和權威們的意見而被淘汰。小澤征爾卻因充滿自信而摘取了指揮大賽的桂冠。

自信樂觀是指一個人對自己的工作、能力以及其他各方面的一種肯定，相信自己可以做好工作。自信樂觀對於每一個人來說是相當重要的，它不僅是人們心靈成長的祕訣，也是人們工作辦事有效率的重要泉源。而缺乏自信常常是一個人性格軟弱、工作不能成功的一個重要原因。《聖經》(The Bible)中說，一個人如果自慚形穢，他就永遠成不了完人。一個時常懷疑自己能力的人永遠也不會獲得成功，而一個充滿自信的人就會成為自己希望成為的那種人。

汽車大王艾科卡（Lee Iacocca）是美國乃至全世界都家喻戶曉的人物。雖曾有過許多辛酸和苦痛，但正是他的自信使他獲得了驚人的成功，成為一個真正的強者而備受人們的稱讚。他因良好的業績和豐富坎坷的一生而被雷根（Ronald Reagan）總統邀請出席紐約自由女神像落成百年慶祝儀式，這也是他的莫大榮譽。一個人若想事業有成，就必須有堅定的信念，堅毅的自信和樂觀的期待，凡事都要抱有希望，充滿自信，相信自己定能成功，這是通向成功之路的一個重要的抗壓性。我們要一起放棄這樣一個觀點「我不行！」，要對自己高喊「我可以！」，進而鑄就人生的自信是成功者的本色。人的一生中最需要的是自信和勇氣，假設我們對自己的能力存在重大懷疑的話，我們絕不能成就重大的事業。不熱烈地堅強地渴望成功、期待成功是絕不可能取得成功的。自信心是比金錢、勢力、家世、親友更有用的條件。它是人生可靠的資本，能使人努力克服困難，排除障礙去爭取勝利。對於事業的成功，它比什麼東西都更有效。

第三章　自信，走在前端的關鍵

　　成功的先決條件就是自信。在這世界上，有許多人，他們以為別人所擁有的種種幸福均是不屬於他們的，以為他們是無法得到的，以為他們是不能與那些鴻運高照的人相提並論的。然而，他們不明白，這樣缺乏自信是會大大削弱自己的生命力的。

　　假使一個人想他能夠，他就能夠；反過來，假使一個人想他不能夠，他很可能就不能夠。自信是成功的第一步。古往今來，有許多失敗者之所以失敗，究其原因，不是因為無能，而是因為不自信。自信，使不可能成為可能，使可能成為現實。不自信，使可能變成不可能，使不可能變成毫無希望。沒有自信，便沒有成功。一個獲得了巨大成功的人，首先是因為他自信。

　　有一位年輕人在大學裡上學，有一天，他突然發現，大學的教育制度有許多弊端，便馬上向校長提出。他的意見沒有被接受，於是他決定自己辦一所大學，自己當校長來消除這些弊端。他算了一下，當時辦學校至少需要100萬美元，這可是一筆不小的數目。他是一個窮學生，如果等畢業後去賺，那就太遙遠了。於是，他每天都在寢室內冥思苦想如何才能有100萬美元。得知他的想法後，同學們都勸他放棄，但年輕人不以為然，他堅信自己可以籌到這些錢。

　　終於有一天，他想到了一個辦法。他打電話到報社，說他明天要舉行一個演講，題目叫〈如果我有100萬美元怎麼辦〉。第二天，他的演講吸引了許多商界人士參加。面對臺下諸多成功人士，他在臺上全心全意，發自內心地說出了自己的構想。最後演講完畢，一個叫阿穆爾的商人站起來，說：「年輕人，你講得非常好。我決定給你100萬美元，就照你說的做。」

　　就這樣，年輕人用這筆錢辦了阿穆爾技術學院，也就是現在著名的伊利諾理工學院的前身，而這個年輕人就是後來備受人們愛戴的哲學家、教育家岡薩雷斯（Frank Wakely Gunsalus）。

樂觀自信是成功者的特質。樂觀自信能使一個人瀟灑自如地直球面對人生，以艱苦卓絕的奮鬥改變自己的命運，實現自己的人生價值。

一家小型企業在整體經濟環境不景氣的情況下，困難重重，背負鉅額債務，已經到了瀕於破產的邊緣。許多債權人威脅著要打官司，甚至有的已經將其告上法庭。這家企業的老闆以為一切都完了，意志消沉，萎靡不振。他害怕上班，甚至害怕公司裡的電話鈴聲，他只想躲起來，遠離這一切。

有一天，他在報攤上隨便翻看著，報上刊登的一則企業家購買破產企業重整旗鼓獲得成功的故事引起了他的注意。

「他能做到的，我為什麼不能做到呢？」企業家的心裡重新點燃了成功的渴望。他開始重新思考拯救企業的一切可能的方法。第二天，他早早去了公司，召集全體部門負責人商討對策。他要來了所有債權人的電話，開始打電話給他們：

「請你再寬延一些時間，我們正在想辦法，我們絕不會不講信譽」他用真誠的態度去打動對方。

「你有新的資金？你有了一大筆訂單？」

「沒有，但是我有了更加重要的東西：那就是重新振作的勇氣和信心。」

真誠的懇求使債權人終於改變了態度，甚至有人開始幫他。最終，一切債務順利還清，大筆的訂單紛至沓來，企業起死回生了。

其實，我們不管做什麼事，信心很重要，而付諸行動更加重要。有人說，敢想就成功了一半，那另一半就是去做。這樣，你就一定會成功。

世界上最受歡迎的人從來不是那種不停地往後看著昨天的腳印悲傷、失敗和慘痛挫折的人，而是那種懷著信心、希望、勇氣和愉快的求知欲而放眼未來的人。有作家說：我並沒有什麼魅力，但我擁有自信。選

第三章　自信，走在前端的關鍵

擇自信，就是選擇豁達坦然，就是選擇在名利面前歸然不動，就是選擇在勢力面前昂首挺胸。自信的人生是發光的人生，是成功的人生，是無悔的人生。

一分自信，一分成功，十分自信，十分成功。可見，自信心對於一個人的成功而言多麼重要。沒有自信心，首先就會束縛了自己發展的手腳，也不會得到別人的尊重和信任。但自信必須有知識做後盾，這是我們應該銘記的。

在田徑競賽中，競賽者可能因為某種原因被裁判取消資格，但在生存競爭中，只有我們自己才能取消自己的資格。其他人不會等你，競賽不會等你，更不會停止，我們只有奔跑，不停地跑，即使跌倒也要立刻爬起來，繼續跑，直到生命的終結。

請相信自己吧！因為在這個世界上，柏拉圖（Plato）說「最優秀的人是你自己」，自信是成功者的本色。

自信讓你戰勝一切困難

信心的力量驚人，它可以改變惡劣的現狀，幫助我們克服一切困難，創造出令人難以相信的圓滿結局。自信是生命的根本和基石。擁有自信，就會像柔和的陽光流進心田，無比溫暖；擁有自信，就會像海燕一般，面對困境勇往直前；擁有自信，就會像夜風急急徐徐地吹過，讓人精神振奮；擁有自信，就會像拍打崖岸的海浪，不斷地超越和突破愛迪生認為自信和堅強意志是偉大人物最明顯的象徵，他說：「不管環境變換到何種地步，他的初衷與希望仍不會有絲毫改變，直至終於克服障礙，達到期望的目

的。」一個具有堅強毅力、充滿自信的人，不會因成功而驕傲，也不會因失敗而氣餒；成功能催動其不斷奮進，失敗也能勉勵他再接再厲。

缺乏自信的生命會像一口枯井，毫無生機，前景黯淡，無法承受挫折和困難。有這樣一個故事：

有兩個人橫穿沙漠，水喝光了，其中一個人中暑倒下，另一個人留下了一把槍和5發子彈，並叮囑同伴三小時後每隔半小時向天空開一槍，隨後他就出發找水了。中暑的那個人在沙漠裡焦急地等待著。

時間過去得很快，他鳴響了第一槍；然後，第二槍、第三槍、第四槍也相繼鳴響，但找水的夥伴還沒有回來。只剩下最後一顆子彈了，怎麼辦？如果最後一顆子彈還不能喚回夥伴的話，自己就會被酷熱的沙漠灼烤著痛苦地死去。

「怎麼辦？」他一次次地問自己。終於，他失去了信心和毅力，把最後的子彈，也就是第五顆子彈對準自己的頭鳴響了。但是他萬萬沒有想到的是，正是這最後的第五顆子彈的鳴響喚來了他的夥伴，喚來了滿壺的清水，但卻沒有喚來他本該擁有卻因為缺乏信心和毅力，而再也得不到的生存的機會……

缺乏自信便無法承受痛苦，從而也沒有力量去克服困難。自信其實就是一種自我激勵的精神力量，給予我們以繼續走下去的能量。自信是生命的動力，自信使我們不退縮，不逃避，它使我們擁有戰勝一切困難的勇氣，它也能使我們享受到成功的。

海倫・凱勒（Helen Keller）剛出生時，是個正常的嬰孩，可是在19個月的時候，一場疾病使她變成又瞎又聾的小啞巴。生理的劇變，令小海倫性情大變。所幸的是，小海倫在黑暗的悲劇中遇到了一位偉大的光明天使、一位年輕的復明者——安妮・蘇利文（Anne Sullivan）女士。最初，

第三章　自信，走在前端的關鍵

固執己見的海倫以哭喊、怪叫等方式反抗著嚴格的教育。然而最終，蘇利文女士究竟如何以一個月的時間就和生活在完全黑暗、絕對沉默世界裡的海倫溝通的呢？答案是：信心與愛心！

蘇利文沒有多少「教學經驗」，但她將無比的愛心與驚人的信心，灌注於一位全聾全啞的小女孩身上——先透過潛意識的溝通，靠著身體的接觸，為她們的心靈搭起一座橋。接著，自信與自愛在小海倫的心裡產生，將她從痛苦孤獨的地獄中拯救出來，透過自我奮發，將潛意識的無限能量發揮，步向光明。

最後，仍然是失明、仍然是聲啞的海倫，憑著觸覺——指尖去代替眼和耳——學會了與外界溝通。她十歲多一點時，名字就已傳遍全美，成為殘疾人士的模範。1893年5月8日，是海倫最開心的一天，這也是電話發明者貝爾博士值得紀念的一日。貝爾博士（Alexander Graham Bell）這位成功人士在這一日成立了他著名的國際聾人教育基金會，而為會址奠基的正是13歲的小海倫。

若說小海倫沒有自卑感，那是不可能的。幸運的是她自小就在心底裡樹起了無法撲滅的信心，完成了對自卑的超越。後來，海倫不僅學會了說話，還學會了用打字機著書和寫稿。她雖然是位盲人，但讀過的書卻比視力正常的人還多。而且，她著有七冊書，並且比「正常人」更會鑑賞音樂。

雖然身有三重殘疾，但海倫凱勒憑著她那堅強的信念，終於戰勝自己，體現了自身價值。她雖然沒有發大財，也沒有成為政界偉人，但是，她所獲得的成就比富人、政客還要大。美國作家馬克吐溫（Mark Twain）評價說：19世紀中，最值得一提的人物是拿破崙和海倫凱勒。

還有一個故事發生在1900年7月。那時，德國精神病學專家林德曼獨自駕著一葉小舟駛進了波濤洶湧的大西洋，他在進行一次歷史上從未有

自信讓你戰勝一切困難

過的心理學實驗，他要驗證一下自信的力量。

林德曼認為，一個人只要對自己抱有信心，就能保持精神和肉體的健康。當時，德國舉國上下都關注著他獨身橫渡大西洋的悲壯冒險，因為已經有一百多位勇士相繼駕舟均遭失敗，無人生還。林德曼推斷，這些遇難者首先不是從生理上敗下來的，而主要是死於精神崩潰、恐慌與絕望，所以他決定親自駕舟，驗證自己的推斷。

在航行中，林德曼遇到了常人難以想像的困難，多次面臨死亡，有時真有絕望之感。但只要這個念頭一升起，他馬上就大聲自責：懦夫，你想重蹈覆轍，葬身此地嗎？不，我一定能成功！在經歷千辛萬苦之後，終於，他勝利渡過了大西洋，成為第一位獨舟橫越大西洋的勇士。

有方向感的信心，可令我們每一個意念都充滿力量。當你用強大的自信心去推動你的成功車輪，你就可以平步青雲，無止境地攀上成功之嶺。拿破崙（Napoléon Bonaparte）率領他的軍隊爬上阿爾卑斯山的時候，對他的士兵說：「我比阿爾卑斯山高，你們呢？」在沉默不作聲的時候，一個士兵回答說：「我也比阿爾卑斯山高。」其他士兵也紛紛說比阿爾卑斯山高。拿破崙立即鼓勵大家說，只要你們有這樣的自信，我們就是一支戰無不勝的軍隊。

只要我們有信心，我們就能夠達成一切。實際上，每一個問題都隱含著解決的種子，它強調了一項重要的事實，那便是每一個問題都自有解決之道。個人的能力與個人的意志有很大關係。有堅強的意志，有堅強的自信，往往使得平凡的人也能夠成就神奇的事業，成就那些雖然天分高、能力強、但是多疑慮與膽小的人所不敢嘗試的事業。

請記住：個人成就的大小往往不會超出你自信心的大小。

第三章　自信，走在前端的關鍵

堅定信念是成功的基石

　　成功是每個人都嚮往的，它意味著許多美好、積極的事物。沒有人喜歡過平庸的生活。但是，要想成功，就必須抱定必勝的信念。心存疑惑，就會失敗；相信勝利，才會成功。相信自己能移山的人，會成就事業；認為自己不能的人，一輩子一事無成。

　　信心的力量是無窮的。但信心的力量，並沒有什麼神奇或神祕可言。信心發揮作用的過程是這樣的：相信「我真得能做到」的態度，產生了能力、技巧與精力等這些必備條件，每當你相信「我能做到」時，自然就會想出「如何去做」的方法。

　　例如，兩個年輕人找到了一份同樣的工作，其中一個「希望」能登上最高階層，享受隨之而來的成功果實，但他不具備必需的信心與決心，因此他奮鬥了好多年也無法達到頂點。因為他相信自己達不到，以致找不到登上巔峰的途徑，他的工作成果一直只停留在一般人的水準。而另一個年輕人相信他總有一天會成功，他抱著「我就要登上巔峰」（這並不是不可能的）的正向態度來進行各項工作。他仔細研究高級經理人員的各種做事方式，學習那些成功者分析問題和做出決定的方式，並且留意他們如何應對進退。最後，他憑著堅強的信心達到了目標。

　　抱定成功的信念可以帶領我們走上更高的山峰。拿破崙曾經說過：「我成功，是因為我志在成功。」如果沒有這個目標，拿破崙必定沒有毅然的決心與信心，當然成功也就與他無緣。

　　信心能使一個演員在風雲變幻的政壇上大獲成功，還能使一個白手起家的人成為富翁。美國第40屆總統隆納‧雷根和被譽為世界上最偉大的

業務員的喬喬‧吉拉德（Joseph Gerard）就是掌握這個訣竅而成功的人物。

成功者大都有「碰壁」的經歷，但堅定的信心使他們能透過搜索薄弱環節和隱藏著的「門」，或透過總結教訓而更有效地謀取成功。

喬‧吉拉德是金氏世界紀錄汽車銷售冠軍，是世界上最偉大的銷售員，吉拉德因售出一萬三千多輛汽車創造了商品銷售最高紀錄而被載入金氏世界紀錄。他所保持的汽車銷售紀錄：連續12年平均每天銷售6輛車，至今無人能破。吉拉德也是全球最受歡迎的演講大師，曾為眾多世界500大企業菁英傳授他的寶貴經驗，來自世界各地數以百萬的人被他的演講所感動，被他的事蹟所激勵。

誰曾想到，35歲以前，吉拉德是個完全的失敗者。他患有相當嚴重的口吃，換過40個工作仍一事無成，甚至曾經當過小偷，開過賭場。然而，像這樣一個誰都不看好，而且是背了一身債務幾乎走投無路的人，竟然能夠在短短幾年內爬上世界第一，並被金氏世界紀錄稱為「世界上最偉大的業務員」。

他是怎樣做到的呢？就是抱定可以成功的信念，相信自己可以用智慧和策略來把產品銷售出去。在喬吉拉德看來，信心和執著是最重要的。

其實，在每一個成功者或鉅富的背後，都有一股巨大的力量──信心在支持和推動著他們不斷向自己的目標邁進。信心對於立志成功者具有重要意義。有人說：成功的欲望是創造和擁有財富的泉源。人一旦擁有了這一欲望並經由自我暗示和潛意識的激發後形成信心，這種信心便會轉化為一種「正向的感情」。它能夠激發潛意識釋放出無窮的熱情、精力和智慧，進而幫助其獲得巨大的財富與事業上的成就。

所以，有人把「信心」比喻為「一個人心理建築的工程師」。在現實生活中，信心一旦與思考結合，就能激發潛意識來激勵人們表現出無限的智

慧的力量，使每個人的欲望所求轉化為物質、金錢、事業等方面的有形價值。

但是，一旦失去了自信，成功便也會離我們而去。

尼克森（Richard Nixon）是我們熟悉的美國總統，但就是這樣一個大人物，因為缺乏自信而毀掉了自己的政治前程。1972年，尼克森競選連任。由於他在第一任內政績斐然，所以大多數政治評論家都預測尼克森將以絕對優勢獲得勝利。

然而，尼克森本人卻很不自信，他擺脫不了過去幾次失敗的心理陰影，極度擔心再次出現失敗。在這種潛意識的驅使下，他做了件令他後悔終生的蠢事。他派人潛入競選對手總部的辦公室水門飯店，並安裝了竊聽器。這就是著名的「水門事件」。競選結束後，尼克森獲得了勝利，但事情敗露了。他又連連阻止調查，推卸責任，不久被迫辭職。本來穩操勝券的尼克森，卻因為缺乏自信而導致慘敗。

信心是生命和力量；信心是奇蹟；信心是創立事業之本。請記住：不計辛勞，勇往直前，抱定成功的信念，定會讓你的人生大放異彩！

擺脫外界的標籤

每個人都會有一些缺乏和不足，但對於自信者來說，缺陷不是走向成功的障礙，而是鍛鍊他們的磨刀石。對於自信者而言，不會太在意別人的評價，因為生命的價值是不依賴別人的評價的，當然也不仰仗自己結交的人物，而是取決於自己本身！自己就是自己，不會因為別人的貶損而貶值！

自信者都會盡量利用自己本來擁有的一切，來創造自己美好的人生。

擺脫外界的標籤

無論好壞,都會為自己創造一個屬於自己的小花園!所以,只有撕掉別人為我們自己亂貼的標籤,找回真實的自己,我們的人生才會精采!

一位著名的演說家手裡舉著20美元的鈔票,開始他的演講,在擠著200人的房間裡,他問:「它有什麼價值呢?」

「它是一張20美元的鈔票,能在市場上自由兌換。」一名與會者舉手回答。於是他將那張美元在手中揉捏,直至將其揉成一團皺巴巴的紙。他再次展開它時,已無法把它弄平。他問:「你們還能承認它的價值嗎?」

「是的。」與會者異口同聲地回答。

「好吧,」他說,「看來我做得還不夠。我這樣做會如何呢?」他把鈔票扔在地上,用鞋在地上使勁地踩。他把鈔票撿起來,它現在已經被徹底弄得髒兮兮的,在遠處不容易辨認出來。

「現在,還有人願意以它的價值兌換它嗎?」許多隻手舉在空中。

「我認為這張鈔票仍然保持著它的價值。」一名與會者有點遲疑地回答。

「這張鈔票仍然能買價值20美元的商品。」另一名與會者說。大家連聲附和。

「是啊,我能讓這張20美元的鈔票破損,能把它弄得面目全非,但是,我無論對這張紙做什麼,你們仍承認它的價值。因為你們心中已經肯定我的行為實際上無法貶低它的價值,它仍是20美元的一張鈔票。」

在上面的例子中我們可以得到這樣的啟示:每個人的內在價值不會因為別人的評價而受到損害。我們應該記住自己的內在價值,這種價值並不會因你的外觀和環境改變而改變,是金子,總有一天會發光。

在現實中,我們可能總是會聽到別人這樣說自己:「你膽子太小。」

「你挺害羞。」

第三章　自信，走在前端的關鍵

「你很懶。」

「你沒有音樂細胞。」

「你總是笨手笨腳。」

「你記性不好。」

「你缺乏這方面的天賦。」

上面的這些評價，都是別人貼在我們身上的標籤。如果不撕掉它們，我們就會永遠被它們束縛著，永遠走不出自卑的陰影，當然也就無法建立真正的自信。其實，我們每個人都有自己的優點和長處，也都有自己的弱點和短處。每個人天生都會有很多缺陷，有些人總是太在意別人對自己的看法，於是刻意掩飾自己的弱點，希望留給別人美好的印象。但是偽裝讓人失去真我，而討好別人，最終並不能贏得人們衷心的喜愛。為什麼不換一個角度？做你自己！撕掉別人為你貼的標籤！

始終貼著別人給的標籤的生活是不燦爛的，始終在意別人的評價的人生是不完整的。對於一個成功者來說，自己永遠是自己，任何貶損都不會讓自己貶值，別人的言語不能決定自己的行動！一個人，如果面對現實生活中的每一次境遇，不能夠做到這一點，那結果必定是灰暗的。

有這樣一個故事：

有一個獵人不小心掉進很深的洞裡，他的雙腳和右手都摔斷了，只剩一隻健全的手。坑洞非常深，又很陡峭，地面上的人束手無策，只能在上面喊叫。幸好坑洞的壁上長了一些草，那個獵人就用左手撐住洞壁，以嘴巴咬草，慢慢地往上攀爬。地面上的人起初看不清洞裡的情況，只能大聲為他加油。等到看清他身處險境，嘴巴咬著小草攀爬，忍不住議論起來：

「情況真糟，他的手腳都斷了呢！」

擺脫外界的標籤

「對呀！那些小草根本不可能撐住他的身體。」

「哎呀！像他這樣一定爬不上來了！」

「真可惜！他如果摔下去死了，豐厚的家產就無緣享用了。」

「他的老母親和妻子該怎麼辦才好！」

如果落入坑洞的獵人能再堅持一會，就可以到洞口了，但聽到同伴們那樣的話，本來已經到體力極限的他一下子氣餒了，一口沒咬緊，再度落入坑洞。

獵人摔下去了，但卻是被他同伴們的話給砸下去的。但從另一個方面來說，為脫離困境在往上爬的是他自己，他不能堵住別人的嘴，但他可以決定自己對別人的議論的態度。在那樣關鍵的時刻，別人的言論，如果是鼓勵，則更應該加把勁，如果是詆毀，則更應該爭口氣。如果讓別人的評價左右自己的人生，哪裡有成功可言。如果不能撕掉別人為你亂貼的標籤，找回真實的自己，你就會失去發揮自我價值的機會。

任何成功者都不會讓別人的評價來束縛自己的人生。

丹尼爾小學四年級時，常遭導師的責罵：「丹尼爾，你功課不好，腦袋不好，將來別想有什麼出息。」後來有位朋友讀了一篇〈思考才能致富〉的文章給他聽，丹尼爾深受震動，此後就變成了另一個人。後來他買下了幾個街區的房子，並且出了一本書，反駁當時小學導師對他的否認。

愛因斯坦4歲才會說話，7歲才會認字，老師給他的評語是：「反應遲鈍，滿腦子不切實際的幻想。」他曾遭到退學的命運，在申請瑞士聯邦技術學院時也被拒絕。但他並沒有停止前進的腳步，結果在物理學上做出了別人不可及的貢獻。他死後，許多科學家都在研究他的大腦與常人的不同之處。

第三章　自信，走在前端的關鍵

吳清源是一代圍棋大師。他幼時就酷愛下棋，但因家貧，生計常無著落。舅舅曾讓他學一技之長，他不肯。舅舅生氣：「下棋能當飯吃？」吳答：「能。」十多歲時在段祺瑞府下棋，月支8塊大洋，足以養家餬口。東渡日本後，曾擊敗所有高手，獨霸棋壇

這個世界上有很多人受到人們的尊重和朋友的喜愛，但他們既不美麗也不富有，原因何在呢？因為他們都保持自己的本色。生活中，除非我們欣賞自己，秉持自己的本色，否則我們無法得到快樂，也無法讓別人接納你。

一位畫家在展出一幅作品時，別出心裁地放了一支筆，並附言：「請指出欠佳之處。」結果畫面上標滿了記號，幾乎沒有一處不被指責。過後，同樣的畫，同樣展出，但附言：「請指出美妙之處。」結果取回畫時，畫面上又被塗滿了記號。原先被指責的地方，都換成了讚美的記號。

這位畫家不受他人操縱，充滿自信。他自信而不自滿，善聽意見卻不被其所左右，執著卻不偏執。如果過度看高別人而看輕自己，意識不到自己所擁有的能力和可能性，就越容易依賴他人，受他人控制。這樣每失敗一次，自信心就會磨滅一次，久而久之，可悲的事就會接踵而來。如果用正確的觀點評價他人，看待自己，這樣在任何情況下，都不會迷失自我，都有完全的自信，永遠不會受他人控制。

相信自己能夠成功，結果自己就能夠成功，這是人的意識和潛意識在發揮作用。當意識作所有的決定時，潛意識則做好了所有準備。換句話說，意識決定了做什麼，潛意識便已經整理好了「如何去做」。意識如同冰山一角，潛意識則是水面下的主體。

在我們的生活經歷中，許多人都會經歷這樣的事情，例如因為自己平凡的背景而不敢夢想非凡的成就，因為學歷低而不敢樹立宏偉目標，因為

無知而不敢敞開心扉追求更美好的生活。可是如果我們不主動打破生命的格局，就無法改變生命的軌跡。

自信就是要做到完全的自尊、自愛、自重、自立，逃避人生就是毀滅精神。一個人必須學會每天和自己競爭，才能迎來真正的信心革命！

為自己增添勇氣

自信是一種意念，是一種意志，而恐懼則是意志的地牢，是信心的敵人。在恐懼所控制的地方，是不可能達成任何有價值的成就的。有一位哲學家寫道：「恐懼是意志的地牢，它跑進裡面，躲藏起來，企圖在裡面隱居。恐懼帶來迷信，而迷信是一把短劍，偽善者用它來刺殺靈魂。」恐懼是人類的大敵，恐懼足以摧毀一個人的勇氣和創造力，毀滅一個人的個性，使他的心靈變得軟弱。

有一處地勢險惡的峽谷，谷底奔騰著湍急的水流，幾根光禿禿、顫悠悠的鐵索橫亙在懸崖峭壁之間，它是通過此地的唯一路徑，經常有行者失足葬身谷底。

有一天，一個聾子、一個盲人和一個耳聰目明的年輕人來到橋頭，他們需要從這幾根鐵索橋上攀走過去，別無選擇。經過短暫的商議，三個人開始一個接一個抓著鐵索過橋了。

聾人想，我的耳朵聽不見，不聞腳下的咆哮怒吼，恐懼相對會減輕許多。盲人也想，我眼睛看不見，不知山高橋險，可以心平氣和地攀附。於是，聾人和盲人便從鐵索橋上走過去了。

那個耳聰目明的年輕人一邊自我激勵一邊鼓起勇氣開始過橋。剛走出

第三章　自信，走在前端的關鍵

十幾步，當他看到橋下的險象，聽著咆哮的水聲，內心不由自主地想像著自己從橋上掉下去的各種慘狀，於是變得越來越恐懼。在看到距離對岸起碼還有五十步路遠的時候，他的信心立刻崩潰了，雙腿也開始發軟。他決定停下來放棄過橋，於是拚命地抓緊手上的鐵索，慢慢地轉過身去。然而就在此時，他一腳踩空，終究從鐵索橋上跌了下去，隨著一聲慘叫，這位年輕人便掉了下去。

恐懼是自信的敵人。一個人如果讓恐懼占據了內心，那麼就沒有了自信的立足之地，內心的恐懼也會更加強烈。相反，如果一個人樹立了信心，那麼他基本上就不會有恐懼。

恐懼是一種負面心態，它嚴重影響著人們。例如，有的人恐懼某種疾病，他可能喪失與病魔鬥爭的勇氣；有的人恐懼成功，他在差一點點就能成功的路上放棄了所有的努力；有的人恐懼上司，與上司接觸時會變得語無倫次、動作拘謹等。

但事實上，現實中人們所恐懼的東西，有些只有很小的發生機率，而且即使發生，也遠不像當初想像的那麼可怕。大多數時候，往往是人們把困難誇大了，將一些問題想得過於嚴重，從而徒增恐懼，自己把自己嚇得止步不前，甚至倒下。例如在上面的例子中，導致事情失敗和悲慘結局的原因往往並不在於走過鐵索橋本身有多麼的困難，而在於存在於人們思想當中的恐懼。

恐懼的負面作用是不言而喻的。這種心態一旦產生，將嚴重地阻礙人們行動的勇氣，而且對人的身心健康有很大的危害。因此，我們必須了解恐懼，知道它是怎麼產生的，並學會如何避免。

大多數恐懼是人們在年幼時，某種價值觀受到威脅後所產生的後遺症，例如「害怕被拒絕」的恐懼。在充滿挫折、消極以及各種責罵的環境

中長大的孩子，經常會成為吹毛求疵的成年人，缺乏足夠的自尊。「害怕被拒絕」的恐懼因此成為「害怕變化」。他們隨波逐流，追求與社會制度相配的安全與地位，不敢「輕舉妄動」。「害怕變化」最後變為「害怕成功」。

「害怕成功」和「害怕被拒絕」如出一轍，是對任何嘗試都感到恐懼。它的特點就是拚命為自己做合理的解釋以及盡量地拖延。例如：

「我按照他們通知的，在早上 8 點 30 分就去面試，但我到了那，來面試的隊伍已經排滿了半條街道，所以，我就離開了。」

「我會把那件事辦妥的，只要在退休之後我有充分的時間。」

「我無法想像自己獲得成功。」

「我很願意做這件工作，但是我沒有足夠的經驗。」

除了尋找理由逃避外，不能正確認知成功人物的成功原因也是一方面。許多人了解了不少的成功者，但卻沒有意識到成功者本來也都是普通人，他們都是克服重大的缺點與障礙之後，才成為成功的人物。正是沒有意識到這些，所以他們無法想像這種情形會發生在自己身上。他們使自己安於平凡或失敗，並在希望與嫉妒中度過一生。他們養成了回顧過去的習慣，從而加強了失敗的意念；幻想同樣的情形會再出現，結果預測到的是失敗。由於他們受制於別人所訂下的標準，因此經常把目標放到高不可及的位置。他們既不相信夢想能夠真正實現，也未充分準備有所成就。因此，他們一次又一次地失敗了。

失敗已固定在這種人的自我心態中。就在事情似乎已有突破或真正有進展的時候，他們卻把它弄砸了。事實上，對成功的恐懼，使他們拖延了成功所必需的準備工作以及創造性的行為。而為失敗所找出的合理解釋，正好可以滿足這種微妙的感覺：「如果你們也經歷我的遭遇，你們也不會

第三章　自信，走在前端的關鍵

有所進展的。」

所以克服恐懼，除了要立即行動外，還要堅持下去，將害怕、怯懦的思想從心中徹底除去。吉拉德給了我們幾種方法來幫助我們消除恐懼，增加自信和勇氣：

相信自己——告訴自己「我可以」，把這句話寫在你浴室的鏡子上，每天大聲喊上幾遍，讓它們浸入你的心靈。

結交樂觀自信的人——這樣的人能帶給你積極向上的奮鬥動力，無論任何時候你都不要畏懼失敗。

堅定信心——信心會讓你產生更大更強的信心，這種力量能促使你走向成功。

主宰自己——汽車大王亨利·福特曾說過，所有對自己有信心的人，他們的勇氣來自面對自己的恐懼，而非逃避。你也必須學會這樣，坦誠面對你的自我挑戰，主宰你自己。

勤奮工作——無論你從事什麼工作，只有踏實勤奮才能向成功靠攏。

請記住：如果你要受人歡迎，那你必須具有絕對的信心，這一點非常重要。信心使人產生勇氣，勇氣克服恐懼。假使我們對自己都沒有信心，世界上還有誰會對我們有信心呢？

擺脫自卑，別讓它成為阻礙

諸葛亮在〈出師表〉中有一句話是：「宜恢弘志士之氣，不宜妄自菲薄。」所謂妄自菲薄，就是一種自卑的內心表現。自卑者做事，無論大事小

事、公事私事，稍遇大一點的麻煩，心裡必然六神無主，左思右想，如果不去徵求他人意見，恐怕就會在較長的時間裡於進退兩難之中遭受煎熬。若非情況特殊，十萬火急，自卑者是絕不會單獨拿出主張和做出決斷來的，因此自卑者很難成功，他的人生也會黯淡無光。

「成功者」與「普通人」的性格區別在於，成功者充滿自信、洋溢活力；而普通人即使腰纏萬貫、富甲一方，內心卻往往灰暗而脆弱。如果生命中只剩下一個檸檬了，自信的人說，從這個不幸的事件中，我可以學到什麼呢？我怎樣才能改善現狀，怎樣才能把這個檸檬做成檸檬水呢？自卑的人則會說，我完了，我連一點機會都沒有了，然後就開始詛咒這個世界，讓自己沉浸在可憐之中。

自卑是一種消極的自我評價或自我意識，即個體認為自己在某些方面不如他人而產生的負面情感。自卑感就是個體把自己的能力、特質評價偏低的一種消極的自我意識。具有自卑感的人總認為自己事事不如人，自慚形穢，喪失信心，進而悲觀失望，不思進取。一個人若被自卑感所控制，其精神生活將會受到嚴重的束縛，聰明才智和創造力也會因此受到影響而無法正常發揮作用。所以，自卑是束縛創造力的一條繩索，是阻礙成功的絆腳石。

英國人富蘭克林（Rosalind Franklin）在 1951 年從自己拍得極好的脫氧核糖核酸（DNA）的 X 射線衍射照片上發現了 DNA 的螺旋結構之後，就這一發現做了一次演講。然而，由於富蘭克林生性自卑，缺乏自信，於是就懷疑自己的假說是錯誤的，從而放棄了這個假說。1953 年，在富蘭克林之後，科學家克立克（Francis Crick）和華生（James Watson），也從照片上發現了 DNA 的分子結構，提出了 DNA 雙螺旋結構的假說，從而象徵著生物時代的到來，二人因此而獲得了 1962 年度諾貝爾醫學獎。可

第三章　自信，走在前端的關鍵

以想像，如果富蘭克林不是自卑，而堅信自己的假說，進一步進行深入研究，這個偉大的發現肯定會以他的名字載入史冊。

一個人如果做了自卑感的俘虜，是很難有所作為的。那麼，人們為什麼會產生自卑感呢？其實人人都有自卑感，只是程度不同而已。我們都發現我們自己所處的地位是我們希望加以改進的，人類欲求的這種改進是無止境的，因為人類的需求是無止境的。所以人類不可能超越宇宙的博大與永恆，也無法掙脫自然法則的制約，也許這就是人類自卑的最終根源。

當然，對於具體的個人來說，自卑的形成則是有條件的。從環境角度看，個體對自己的認知往往與外部環境對他的態度和評價緊密相關。例如某人的書法很不錯，但如果所有他能接觸到的書法家和書法鑑賞家都一致對他的作品給予否定性評價，那就極有可能導致他對自己書法能力的懷疑，從而產生自卑。

著名的奧地利心理分析學家阿爾弗雷德・阿德勒（Alfred Adler）有過這樣的經歷：他念書時有好幾年數學成績不好，在教師和同學的負面回饋下，強化了他數學白痴的印象。直到有一天，他出乎意料地發現自己會解一道難倒老師的題目，才成功地改變了對自己數學白痴的認知。可見，環境對人的自卑產生有不可忽視的影響。某些低能甚至有生理、心理缺陷的人，在積極鼓勵、扶持寬容的氣氛中，也能建立起自信，發揮出最大的潛能。

自卑的形成雖與環境因素有關，但其最終形成還受到個體的生理狀況、能力、性格、價值取向、思維方式及生活經歷等個人因素的影響，尤其是其童年經歷的影響。我們都有過這樣的經驗：孩提時，總覺得父母都比我們大，而自己是最小的，要依靠父母，仰賴父母；另一方面，父母也

會強化這種感覺，令我們不知不覺地產生了「我們是弱小的」這種感覺，如果這種情況得不到改善，就會產生自卑。

一般情況下，人們的自卑感的表現形式和行為模式大致有如下幾種：

言辭激烈，咄咄逼人——如果一個人自卑感非常強烈，當退避屈從不能減輕其自卑之苦時，則轉為爭鬥，如脾氣暴躁，言辭激烈，動輒發怒，即便為一件微不足道的小事也會小題大作，挑釁鬧事。

否認現實，消解迴避——這種表現是不願意看到自己不能進取，也不願意思考其中的原因，而採取否認現實的行為來擺脫自卑，如放縱享樂、借酒消愁，以求得精神的暫時解脫等方法。

孤僻膽小，怯懦怕爭——由於深感自己處處不如別人，「小心翼翼」成了這類人的座右銘。他們像蝸牛一樣潛藏在「貝殼」裡，不參與任何競爭，不肯冒半點風險。即便是遭到侵犯也聽之任之，隨遇而安，逆來順受，或在絕望中過著離群索居的生活。

滑稽幽默、放聲大笑——表現得滑稽幽默，並放聲大笑掩飾自己內心的自卑，這是常見的一種自卑的表現形式。如有些人因相貌醜陋而羞怯、孤獨、自卑，於是會運用笑聲，尤其是開懷大笑，以掩飾內心的自卑。

隨波逐流，隨遇而安——自卑者因喪失信心，害怕表現出自己的無能為力，害怕表明自己的觀點，放棄自己的見解和信念，努力尋求他人的認可，總是竭盡全力使自己和他人保持一致，唯恐有與眾不同之處，始終表現出一種隨波逐流的狀態。

以上幾種表現是自卑感的主要表現形式。這種對自卑的消極適應方法會使精力大量地消耗在逃避困難和挫折的威脅上，因而往往難以用於「創造性的適應」，使自己有所作為。

第三章　自信，走在前端的關鍵

　　其實，每個人都應該明白，無論是偉人還是平常人，都會在某一些方面表現出優勢，在另一些方面表現出劣勢，也會或多或少地遭受挫折或得到外部環境的負面回饋。但值得注意的是，並非所有劣勢和挫折都會帶給人沉重的心理壓力，導致自卑。

　　良好的個人因素對自卑的克服有重大的影響，同時也是建立自信的基礎。面面俱到的優秀者、強者肯定與自卑無緣，問題是世上沒有一個人能在生理、心理、知識、能力乃至生活的各方面都是一個強者、優秀者，即所謂「金無足赤，人無完人」。

　　因此從理論上說，天下無人不自卑，自卑的情形在任何人身上都可能產生，幾乎所有的人都存在自卑感，只是表現的方式和程度不同而已。但成功者能克服自卑、超越自卑，其重要原因是他們善於運用調控方法提升心理承受力，使之在心理上阻斷負面因素的互動作用。

　　一般情況下，成功者運用的調適方法主要有以下幾種：

　　認知法──就是全面、客觀、辯證地看待自身情況和外部評價，不管是偉人還是普通人，既不可能十全十美，也不會全知全能。要明白人的價值追求，主要體現在透過自身智力、努力達到力所能及的目標，而不是片面地追求完美無缺。

　　對自己的弱項或遇到的挫折，持理智的態度，既不自欺欺人，也不將其視為天塌地陷的事情，而是以積極的方式應對現實，這樣便會有效地消除自卑。

　　轉移法──就是轉移自己的注意力，把精力轉移到自己感興趣也最能體現自己價值的活動中，可透過致力於體育活動、書法繪畫、寫作記事、製作烹飪、收藏鑑賞等活動，淡化和縮小弱項在心理上的自卑陰影，緩解

心理的壓力和緊張。

目省法──透過自由聯想和對早期經歷的回憶，分析找出導致自卑感的根本原因，使自卑癥結經過心理分析返回意識層，意識到有自卑感並不代表自己的實際情況很糟，而是潛藏於意識深處的癥結使然，讓過去的陰影來影響今天的心理狀態，是沒有道理的，從而使自己有「頓悟」之感，從自卑的情緒中擺脫出來。

遞進法──如果自卑感已經產生，自信心正在喪失，可以先尋找某件比較容易也很有掌握完成的事情去做，成功後便會收穫一份喜悅，然後再找另一個目標。在一個時期內盡量避免承受失敗的挫折，以後隨著自信心的提升逐步向較難、意義較大的目標努力，透過不斷取得成功使自信心得以恢復和鞏固。

補償法──即透過努力奮鬥，以某一方面的突出成就來補償生理上的缺陷或心理上的自卑感。有自卑感就是意識到了自己的弱點，就要設法予以補償。強烈的自卑感，往往會促使人們在其他方面有超常的發展。即透過補償的方式揚長避短，把自卑感轉化為自強不息的動力。

用心理補償提升自信

自卑者有一個很重要的特徵，就是常常透過犧牲自己的權力和利益而讓旁人來證實自己。由於不能從客觀上的差異而是從感覺上的差異來判斷事情，不是用現實的標準或尺度來評估自己，而是相信或假定自己應該達到某種標準或尺度，結果造成了自卑的產生。如「我應該如此這般」、「我應該像某種人一樣」等。實際上，你自己就是你自己，不必「像」別人，也

第三章　自信，走在前端的關鍵

無法「像」別人，更沒有別人要求你「像」。那種追求只會滋生更多的煩惱和挫折，使自己更加抑制和自責。

對於自卑者來說，要想樹立自信，不被周圍的環境所俘虜，就需要勇於面對自己的這種心理，迎接它、戰勝它、超越它。其中，補償心理就是克服自卑心理的法寶。

個體在適應社會的過程中總有一些偏差，為了克服這些偏差，於是從心理上尋找出路，力求得到補償。這種心理適應機制，就叫補償心態。自卑感越強的人，尋求補償的願望往往也就越大。

補償其實就是一種「移位」，為克服自己生理上的缺陷或心理上的自卑感，而發展自己其他方面的特徵、長處、優勢，趕上或超過他人的一種心理適應機制。事實上，也正因為如此，自卑感成了許多成功人士成功的動力，變成他們超越自我的「渦輪增壓」。而「生理缺陷」越大的人，他們的自卑感也越強——而成就大業的本錢就越多。

有個商界的風雲人物，然而少年時的他卻經歷了很多的坎坷艱辛，最終也沒有實現慈母的期望而成為一代學子。後來進入商業領域，「不是讀書的材料」的他，卻在商界大展宏圖。

解放黑奴的美國總統林肯（Abraham Lincoln），補償自己不足的方法就是進行教育及自我教育。他拚命自修以克服早期的知識貧乏和孤陋寡聞，他拚命讀書，儘管眼眶越陷越深，但知識的營養卻對自身的缺乏做了全面補償，最後使他成了有傑出貢獻的美國總統。

貝多芬（Beethoven）從小聽覺就有缺陷，耳朵全聾後還克服自卑寫出了優美的《第九交響曲》。

許多人都是在這種補償的奮鬥中成為出眾人物的。「人之才能，自非

用心理補償提升自信

聖賢，有所長必有所短，有所明必有所敝」。從這個角度上說，天下無人不自卑。通往成功的道路上，完全不必為「自卑」而徬徨，只要掌握好自己，成功的路就在腳下。

諾曼・文森特・皮爾（Norman Vincent Peale）是世界著名的「自信思考法」的傳播者，並且發現了同「自信思考法」一樣具有神奇力量的自信形象者。但是，皮爾幼年時卻非常缺乏自信。他的父母都是具有獨立見解並善於表達的人，皮爾很羞愧，認為自己永遠也追不上父母，也達不到父母對他的要求。

在大學二年級時，一天他在課堂上次答問題，他顯得非常窘迫，課後教授責備他：「皮爾，你這種害羞的樣子還要持續多久？你就像一隻受驚的兔子，連自己的聲音也害怕嗎？你最好改變你對自己的看法。皮爾，現在改還不晚。」皮爾離開了教室，他很生氣、傷心，但更多的還是害怕。因為，他知道這位教授說的是真話，他坐在教室的臺階上，用真誠而又失望的心情禱告：「上帝呀，別讓我看到我是一隻受驚的兔子，讓我自信，我是一個能在一生中做大事的人，願你給我力量和勇氣。」於是，他立下志願，一定要改變自己的心理狀態。

一次在南方聯邦陣亡將士紀念日裡，軍隊召開紀念大會，五萬多人擁擠在布魯克林的一個公園裡，陸軍上校以貴賓的身分參加了這次大會，皮爾也被邀請去了。沒想到皮爾被列入了發言人的名單裡，他感到一陣驚恐。他事先沒準備發言，現在要在五萬多人面前講話，他真的感到了害怕。

他找到大會的領頭人，說他不能發言。對方知道他的難處，對他說：「皮爾，你不能老是想到失敗。現在你有這個機會，安慰這些傷心的母親們，你可以告訴她們，她們做出了巨大的犧牲，我們是多麼敬愛她們。你

141

第三章 自信，走在前端的關鍵

還可以告訴她們，對於她們失去的丈夫和孩子，我們的國家感到自豪。上去講吧，想像著你熱愛這些人，幫助這些人沉醉入迷在你20分鐘的演說裡。」

皮爾的腦海裡有了這樣一幅畫，這幅畫是如此逼真，他知道這幅畫馬上就會變成現實。透過這種心理上的補償與換位，皮爾想像自己充滿自信，依對方所說的走上講臺，他的發言有聲有色，果然成功了。

自卑能促使人成功，令人難堪的種種因素往往可以作為自己發展的跳板。自卑感具有使人前進的反彈力，由於自卑，人們會清楚甚至過分地意識到自己的不足，這就促使你努力糾正或者以別的成就（長處）彌補這些不足。

「上帝只幫助那些能夠自救的人。」一個人的真正價值，首先取決於能否超越自我設定的陷阱，而真正能夠解救你的這個人——就是你自己。

想要擺脫自己心理或生理方面帶來的自卑感，就要善於尋找運用別的東西來替代、彌補這種自卑意識。強者不是天生的，強者也並非沒有軟弱的時候，強者之所以成為強者，正在於他善於戰勝自己的軟弱。

要學會用補償心理克服自卑，就要盡量不理會那些使你認為你不能成功的疑慮，勇往直前，拚著失敗也要去做做看，其結果往往並非真的會失敗。久而久之，你會從緊張、恐懼、自卑的束縛中解脫出來。醫治自卑的對症良藥就是：不甘自卑，發憤圖強，予以補償。

每個人的天賦不同，處境不同，面臨的機遇不同，成功的程度和方向也不會相同。用自己的本色和真實的感情來創造前程，這就是一個人的成就。所謂成就，無非是盡力而為、揚長避短的結果。即使沒有成就，沒有建樹，只要你充分發揮了生命，你就享受了成功的人生。不懷疑自己的能

力，不迷信他人，這是生命得以發揮的心理基礎。

人的發展離不開失敗與成功。由於失敗對人是一種「負面刺激」，總會使人產生不愉快、沮喪、自卑。所以在自我補償的過程中，還須正確面對失敗。那麼，一個人一旦面對失敗，要學會用理性的態度來對待：不因挫折而放棄追求，堅持原來的志向；調整、降低原先不切實際的「目標值」，及時改變策略（方式）再做嘗試；確定一個小目標，用「區域性成功」來激勵自己；採用自我心理調適法，即採取一點「自我調侃」、「自嘲」之類的精神勝利法。

身為一個現代人，也應時刻具有迎接失敗的心理準備。世界充滿了成功的機遇，也充滿了失敗的可能。所以要不斷提升自我應付挫折與干擾的能力，調整自己，增強社會適應力，堅信成功在失敗之中。若每次失敗之後都能有所「領悟」，把每一次失敗當作成功的前奏，那麼就能化負面為正面，將自卑轉為自信，失敗就能帶你進入一個新境界。許多鴻篇鉅製由逆境而生，許多偉人由磨礪而出，就是因為他們無論什麼時候都有不氣餒、不自卑的意志！有了這一點，就會掙脫困境的束縛，獲得使用生命的主動權。

對每個人來講，都要學會挖掘、利用自身的「資源」，才能使自己不成為「經常的失敗者」，儘管在很多時候，個體不能改變「環境」的「安排」，但誰也無法剝奪其作為「自我主人」的權利。未來的社會變得越來越開放和包容，大大增加了個人的發展機遇和空間。只要勇於嘗試，勇於打拚，一定會走出一片屬於自己的天空。

請記住：學會自我補償，自卑的陰影就不會再糾纏你。

第三章　自信，走在前端的關鍵

掌握建立自信的方法

　　戰國時期，秦國欲攻打趙國，趙國的平原君準備帶20位門客去楚國，希望說服楚國與趙國建立統一的抗秦聯盟。當19位文武雙全的門客選好，還差一位時，坐在最後的毛遂自薦而出。平原君嘲諷地說：「有本事的人就好像帶尖的錐子放在布袋裡，它的尖很快就會顯露出來。而你來了3年，還沒顯出本事，你就不用去了吧。」毛遂說：「如果公子把我早一天放在布袋裡的話，那麼恐怕整個錐子都戳出來了，更不用說錐子尖了。」毛遂一番充滿自信的話使平原君打消了顧慮，帶他去了楚國。在楚王猶豫不決時，毛遂挺身而出，大義凜然，說服了楚王，使得趙楚聯盟終於達成。毛遂自薦成為一個人充滿自信、勇於展現自我的象徵。

　　成功始於自信，這個道理人人皆知，但並非人人都能做到。當艱鉅的任務擺在你面前時，你能夠充滿信心地勇敢上前嗎？當經受了許多次挫折後，你仍然能對自己最終達到目標的信心毫不動搖嗎？當周圍的人都瞧不起你，認為你是個「廢物」、「無能之輩」時，你仍然能堅信「天生我才必有用」嗎？

　　如果你的回答是肯定的，就說明你有很強的自信心。如果你的回答是含糊的，甚至是否定的，那你就需要鍛鍊你的自信心了。

　　「輕蔑自己」、「自暴自棄」，都是由於缺乏自信心所致。導致一個人缺乏自信的原因很多，有的與童年時經常受到父母或師長的貶損有關，如「你真是沒出息」、「你怎麼那麼笨」、「你將來只會一事無成」，這些外部評價潛入腦中，使人慢慢變得畏縮、膽怯，不敢自我表現。有的是與胸無大志，只圖舒服安逸有關。還有的是受傳統觀念中的一些負面思想的影響，

如「棒打出頭鳥」、「不求無功，但求無過」、「富貴在天，生死由命」等。

如前面所述，對每個人來說，自己都是獨一無二的。所以，我們千萬不要輕視自己，不要輕視自己這一輩子，天地人三才都蘊藏在六尺之軀中。

我們要努力拋棄自卑的想法，無所作為的想法，甘居下游的想法，充滿自信地去發揮自己，推銷自己，實現自己的成就。那麼，我們應該如何培養自己的信心呢？

第一，對自身優勢與劣勢有正確的分析判斷。自信是以理智為前提的，自信必須自覺，自信必須清醒，自信必須倚靠真理。自信心是激勵自己實現偉大志向的一種信念，而不是逆歷史潮流而動的野心的膨脹。真正有自信心的人，不會拒絕別人的提醒和建議，他們不會因別人提出了尖銳的意見就惱火和沮喪，他們有海納百川的度量，也有改過自新的勇氣，因為他們相信，這只能使自己更完善，獲得更大成功。有自信的人不會妄自菲薄，但會始終認為自己是很有價值的。有了這份自信心，才可能有勇氣去爭取達到更高的目標。

第二，正視別人。一個人的眼神可以透露出許多有關他的資訊。當某人不正視你的時候，你會直覺地問自己：「他想要隱藏什麼呢？他怕什麼呢？他會對我不利嗎？」反過來說，如果你不正視別人，通常意味著你在別人面前感到很自卑，感到不如別人，而正視等於告訴別人：你很誠實，光明磊落，毫不心虛。要讓你的眼睛為你工作，就要讓你的眼神專注別人，這不但能給你信心，也能為你贏得別人的信任。所以，請練習正視別人吧！

第三，坐前面的位子。許多人在開會或參加集體活動時，喜歡坐後面的座位。其中的原因，多數都是希望自己不要太「顯眼」。而這正說明他

們缺乏自信。請從現在開始,盡量往前坐吧!

第四,當眾發言。有很多思路敏銳、天資聰穎的人,卻無法發揮他們的長處參與討論。並不是他們不想參與,而只是因為他們缺少信心。在會議或討論中沉默的人都認為:「我的意見可能沒有價值,如果說出來,別人會覺得我很蠢,我最好什麼也別說。」越是這樣想,就越來越會失去自信。這些人常常會對自己許下很渺茫的諾言:「等下一次再發言。」可是他們很清楚自己是無法實現這個諾言的。每次這些沉默寡言的人不發言時,他就又中了一次缺乏信心的毒,他會越來越喪失自信。

而如果積極發言,就會增加信心,下次也就更容易發言。要當「破冰船」,第一個打破沉默。不要擔心你會顯得很愚蠢,因為總會有人同意你的意見。同時,要用心獲得會議主持者的注意,好讓你有機會發言。記住,當眾多發言,這是信心的「維他命」。

第五,加快走路的速度。當大衛‧史華茲還是少年時,很喜歡到鎮上玩。在辦完所有的事坐進汽車後,母親常常會說:「大衛,我們坐一會,看看過路行人。」母親是位絕妙的觀察行家,她會說:「看那個人,你認為他正受到什麼困擾呢?」或者「你認為那邊的女士要去做什麼呢?」或者「看看那個人,他似乎有點迷惘。」

許多心理學家認為懶散的姿勢、緩慢的步伐常與此人對自己、對工作以及對別人不愉快的感受有關。而藉著改變姿勢與步履速度,可以改變心理狀態。普通人走路,表現出的是「我並不怎麼以自己為榮」。另一種人則表現出超凡的信心,走起路來比一般人快,像是在告訴全世界:我要到一個重要的地方,去做重要的事情,而且我會做好。如果你經常使用「走快25%」的技術,抬頭挺胸走快一點,你就會感到自信心在滋長。

第六，積極補充知識。哥白尼（Nicolaus Copernicus）勇於向「地心說」挑戰，是他廣泛而深入地鑽研天文學、數學和希臘古典著作，並在三十多年裡孜孜不倦地觀測天象的結果。憑藉厚重的知識功底，他才能寫出偉大的《天體運行論》（*De revolutionibus orbium coelestium*）。

　　「給我一個支點，我就能撬起整個地球。」阿基米德（Archimedes）有這樣的豪言，是因為他掌握了科學知識。所以，一些人缺乏自信心，除了輕視自我以外，也與「內功」不深有關，就是說，他的知識儲備、實踐能力還有欠缺，因此常常會表現得「底氣」不足。這就要求他們要努力學習知識充實自己。

測試你的自信度指數

　　以下是英國著名心理學家艾森克（Hans Eysenck）和其夥伴經過大量實驗以後總結出來的自信度測試題，請在所列的備選答案中，選擇出最符合自己的一項，並根據評分結果進行自我分析。括號裡面是每個答案的分數。

1. 如果不贊成你朋友的舉動，你會找出理由來反對嗎？

　　A. 找出絕妙的理由反對。（3）

　　B. 不找理由而聽之任之。（1）

　　C. 雖然反對，但沒有強而有力的證據。（2）

　　D. 一定要反對，不管對方的舉動如何。（4）

2. 你總是不顧他人的反對而堅持自己的意見嗎？

　　A. 認為自己總是對的，拒絕他人的意見。(4)

　　B. 如果別人有道理，可以放棄自己的主張。(3)

　　C. 只要有人反對，立即放棄自己的主張。(1)

3. 如果有人排隊時插隊，你會制止嗎？

　　A. 不會，隨他去。(1)

　　B. 會，義正詞嚴地制止。(4)

　　C. 如果別人制止，自己也可能出來制止，但自己不會是第一個。(3)

4. 因為辦公室的同事吸菸而感到不快，你會請他不要吸了嗎？

　　A. 會，而且還要對他講述吸菸的害處。(4)

　　B. 不會，自己忍受。(1)

　　C. 不會，但自己會到別處去。(2)

　　D. 不會，但會以其他言行表示出自己的不滿，比如在大冬天開窗戶通風等。

5. 在爭辯中你是否據理力爭，從不肯讓步？

　　A. 從不讓步，無條件地。(4)

　　B. 無條件地讓步。(1)

　　C. 如果對方有理，讓步。(3)

6. 是否認為應該為自己的權利而進行抗爭，否則你會失去所有的權利？

　　A. 會抗爭，並且帶領其他人一起抗爭。(4)

　　B. 不抗爭，因為從不會有希望取勝。(1)

　　C. 如果有人帶領，會參與抗爭(3)

7. 在電視上看到一種新產品的廣告，你會不會購買這種新產品？

   A. 立即購買。（1）

   B. 廣告是騙人的，不去買。（4）

   C. 只有免費試用後才決定買不買。（3）

   D. 等家裡同類產品用完後再去買來試用。（2）

8. 在大會上用自己的語言表達你的見解和主張時，總是用十分自信的口氣？

   A. 總是。（4）

   B. 從來沒有，而是辭不達意，結結巴巴。（1）

   C. 視聽眾的反應，如果聽眾反應積極，會很自信，否則有些慌亂。（2）

9. 在一次班會上，老師要求每個人進行自我評價，你對自己的評價是哪一種？

   A. 我相信自己是最好的，對自己非常滿意。（4）

   B. 我已盡了最大的努力，對自己很滿意。（3）

   C. 我盡了那麼大努力，還只是剛合格。（2）

   D. 我比別人都不如。（1）

10. 如何度過週末或節假日？

    A. 主動約朋友一起出去玩。（4）

    B. 一個人待在家裡。（1）

    C. 如果不忙，可以接受朋友的約會。（2）

11. 碰到一件很麻煩的事情，會不會堅持將它做完？

    A. 無論如何也要做完，不惜任何代價。（4）

    B. 盡了最大努力，即使沒有做完也可以放棄。（2）

    C. 稍遇麻煩就放棄。（1）

12. 在朋友聚會時，有人請你抽菸，而你平時不抽菸的，那麼你會不會接受？

    A. 堅持不抽。（4）

    B. 不好回絕，只好抽了。（1）

    C. 視場合而定。（2）

13. 有一天發高燒，做了一些可怕的惡夢，醒來後你會怎麼樣？

    A. 以為自己一定會死，害怕得哭了。（1）

    B. 不過是夢，退燒後就沒事了。（4）

    C. 一下擔心，一下不擔心。（2）

14. 別人在背後造你的謠，引起周圍人對你的誤解，你知道此事後會怎麼樣？

    A. 不理會，仍然做自己的事。（1）

    B. 找造謠者算帳。（3）

    C. 向別人解釋。（2）

    D. 反攻造謠者。（4）

15. 是否屈服於權勢？

    A. 不會。（4）

    B. 會。（1）

16. 是否經常對規範自己的道德行為提出懷疑？

    A. 從來不會。（4）

    B. 經常會。（1）

    C. 有時會。（2）

17. 在劇場中，如果有一對青年男女在低聲交談而影響了你的欣賞，你會怎麼做？

    A. 換位置。（1）

    B. 打斷他們的談話。（4）

    C. 請劇場管理員來制止他們。（3）

18. 與別人一起玩或工作時，通常都是由你拿主意做決定嗎？

    A. 通常都是自己做主。（4）

    B. 自己總是聽他人的。（1）

    C. 有時自己做主，有時聽他人的。（2）

19. 在餐廳中用餐，但餐廳的服務不周，你是寧願妥協，還是提出來？

    A. 妥協。（1）

    B. 提出意見。（4）

    C. 別人提，自己表示贊同。（3）

20. 願意在幕後操縱，還是喜歡拋頭露面？

    A. 幕後操縱。（2）

    B. 拋頭露面。（4）

第三章　自信，走在前端的關鍵

21. 當事情出了差錯時，你總是責備他人嗎？

　　A. 總是責備他人。（4）

　　B. 總是責備自己。（1）

　　C. 分清責任。（2）

22. 參加面試時，你對自己的外表感覺如何？

　　A 很滿意。（4）

　　B. 總覺得不得體。（1）

　　C. 如果面試官總盯著你，你會感覺自己的穿著打扮可能不合適。（2）

23. 有人稱讚你穿了一件很漂亮的衣服時，會怎麼回答對方？

　　A.「謝謝。」（4）

　　B.「哪裡，勉強而已。」（2）

　　C.「難看死了。」（1）

24. 你的上司犯了錯，你會糾正他嗎？

　　A. 向他暗示，不明示糾正。（3）

　　B. 立即糾正。（4）

　　C. 不糾正。（1）

25. 和上級主管談話時，你的眼睛會看他嗎？

　　A. 不看，而是左顧右盼。（1）

　　B. 看，表情自然，語言得體。（4）

　　C. 看完後立即低下頭。（2）

26. 你的高中同學當了一個公司的經理，你會有什麼反應？

　　A. 為他的成功高興。（3）

　　B. 為自己沒有他成功而生氣。（2）

　　C. 認為朋友只不過運氣好。（1）

　　D. 激勵自己向前。（4）

27. 如果認為自己是正確的，那麼是不是一定要爭論到底？

　　A. 是，會繼續堅持自己的觀點。（4）

　　B. 爭論清楚即可。（2）

　　C. 只要自己知道就行了，不與他人爭論。（1）

28. 別人在背後議論你時，你會怎麼辦？

　　A. 打聽他們說什麼。（1）

　　B. 隨便他們說。（2）

　　C. 不管三七二十一，與他們爭吵一番。（4）

29. 你是否寧願受人擺布，聽命於人，也不願意向別人發號施令？

　　A. 聽人擺布。（1）

　　B. 發號施令。（4）

30. 聽講座時，你通常坐在哪個地方？

　　A. 最前排，並與主持人交談。（4）

　　B. 中間靠前。（3）

　　C. 最後面。（1）

　　D. 中間靠後。（2）

第三章 自信，走在前端的關鍵

參考答案：

高度自信：110～120 分

　　你有很強的個性和獨立性，喜歡支配別人，堅決維護自己的權利，有時甚至會盛氣凌人、剛愎自用，聽不進他人的勸告。當然，你也有很強的上進心，會堅持努力，邁向成功。

　　建議：你應適當反省自己，不要拒絕任何人的建議和意見，否則你會受到意想不到的挫折。

比較自信：90～109 分

　　你對自己擁有很大的信心，有明確目標，能夠聽從別人的建議和勸告，理性較強，因而比較容易完成工作上的任務，而且對自己比較滿意。

相對自信：60～89 分

　　你對自己有一定的自信心，但是缺乏主動，堅韌性和毅力不夠，容易氣餒。這些都需要克服。

不自信（自卑傾向）：60 分以下

　　自信心很差，對自己的滿意度很低。在人際關係中，很少採取主動行為，而且很容易受他人的控制和影響。在生活和工作上，也沒有明確目標，得過且過。建議：你應該立即改變自己，需要找心理諮商師進行諮商以及培養信心，多與朋友親人談心，平時做些比較容易獲得成功的事情，以增強你的成就感和自信心。

第四章

自我管理與性格改造

　　成功的人往往是自我管理的典範，而定位僅僅是自我管理的起點，對自己已有了正確定位以後，還要按照定位所確定的道路走下去。對於沒有行動力、不能約束自己的人來說，多麼正確的定位都於事無補。

在實踐中找到自己的定位

定位是一種理性生存的智慧，但如果行動僅僅停留在定位上，那麼無論多麼正確的定位都變得毫無意義。定位只是自我管理、規劃的開始，重要的是要按照定位的指引去行動。

許多人做事都有一種習慣，非得等到算計到「萬無一失」，才開始行動。其實，這還是「惰性」在作祟，周密的計畫只不過是一個不想行動的藉口。首先，生活中、工作中的目標，並非都是「生死攸關」，即使貿然行動，也不會有什麼大不了的事發生；其次，目標是對未來的設計，肯定有許多掌握度不足的因素，目標是否真的適合自己，其可行性如何，也只有行動才是最好的檢驗。

行動確實可以治療恐懼。史瓦茲博士提到以下這個例子：

曾有一位40歲出頭的經理人苦惱地來見史瓦茲博士。他負責一個大規模的零售部門。

他很苦惱地解釋：「我怕要丟掉工作了。我有預感我離開這家公司的日子不遠了。」

「為什麼呢？」

「因為統計數據對我不利。我這個部門的銷售業績比去年降低了7%，這實在很糟糕，尤其是全公司的總銷售額增加了6%。最近我也做了許多錯誤的決策，產品部經理好幾次把我叫去，責備我跟不上公司的進展。」

「我從未有過這樣的狀態。」他繼續說，「我已經喪失了掌握局面的能力，我的助理也感覺出來了。其他的主管覺察到我正在走下坡，好像一個快淹死的人，這一群旁觀者站在一邊等著看我的笑話呢！」

在實踐中找到自己的定位

這位經理不停地陳述種種困局。最後史瓦茲博士打斷他的話問道:「你採取了什麼措施?你有沒有努力去改善呢?」

「我猜我是無能為力了,但是我仍希望會有轉機。」

史瓦茲博士反問「只是希望就夠了嗎?」史瓦茲博士停了一下,沒等他回答就接著問:「為什麼不採取行動來支持你的希望呢?」

「請繼續說下去。」他說。

「有兩種行動似乎可行。第一,今天下午就想辦法將那些銷售數字提升。這是必須採取的措施。你的營業額下降一定有原因,把原因找出來。你可能需要來一次廉價大清倉,好買進一些新穎的貨色,或者重新布置展示櫃的陳列,你的銷售人員可能也需要更多的熱忱。我並不能準確指出提升營業額的方法,但是總會有方法的。最好能私下與你的產品部經理商談。他也許正打算把你開除,但假如你告訴他你的構想,並徵求他的意見他一定會給你一些時間去進行。只要他們知道你能找出解決的辦法,他們是不會開除你的,因為這樣對他們來說很划不來。」

史瓦茲博士繼續說:「還要使你的助理打起精神,你自己也不能再像個快淹死的人,要讓你四周的人都知道你還活得好好的。」

這時他的眼神又露出了勇氣。

然後他問道:「你剛才說有兩項行動,第二項是什麼呢?」

「第二項行動是為了保險起見,去留意更好的工作機會。我並不認為在你採取肯定的改善行動,提升銷售額後,工作還會不保。但是騎驢找馬,比失業了再找工作容易10倍。」

沒過多久這位一度遭受挫折的經理打電話給史瓦茲博士。

「我們上次談過以後,我就努力地去改變,最重要的步驟就是改變我的銷售人員。我以前都是一週開一次會,現在是每天早上開一次,我真的

使他們又充滿了幹勁，大家都看出我要努力改變目前的局面，所以他們也都更努力了。

「成果當然也出現了。我們上週的營業額比去年高很多，而且比所有其他部門的平均業績也好很多。

「喔，順便提一下，」他繼續說，「還有個好消息，我們談過以後，我就得到兩個工作機會。當然我很高興，但我都回絕了，因為這裡的一切又變得十分美好。」

「行動具有激勵的作用，行動是對付惰性的良方。」

你也根本不必先變成一個「更好」的人或者徹底改變自己的生活態度，然後再追求自己嚮往的生活。只有行動才能使人「更好」。因此最聰明的做法就是向前，進而去實現自己所嚮往的目標，想做什麼就去做，然後再考慮完善目標。只要行動起來，生活就會走上正軌而創造奇蹟，哪怕你的生活態度暫時是「不利的」。

正如英國文學家、歷史學家迪斯雷利（Benjamin Disraeli）所言：

「行動不一定就帶來快樂，但沒有行動則肯定沒有快樂。」

勇敢嘗試，學會突破現狀

在替自己定好位以後，你可能有很多美妙的構想、詳盡的計畫，但如果你不去嘗試，不敢行動，那麼它們就毫無意義。只有大膽嘗試，才能把夢想化為現實。

美國探險家約翰·戈達德（John Goddard）說：「凡是我能夠做的，我都想嘗試。」在約翰戈達德15歲的時候，他就把他這一輩子想做的大事列

成一個表格。他把那張表題名為「一生的志願」。表上列著:「到尼羅河、亞馬遜河和剛果河探險;登上聖母峰、吉力馬札羅山和麥特荷恩山;駕馭大象、駱駝、駝鳥和野馬;探訪馬可波羅和亞歷山大一世走過的道路;主演一部《泰山》(Tarzan)那樣的電影;駕駛飛行器起飛降落;讀完莎士比亞、柏拉圖和亞里斯多德的著作;譜一部樂曲;寫一本書;遊覽全世界的每一個國家;結婚生孩子;參觀月球」他為每一項都寫上編號,一共有127個目標。

當戈達德把夢想莊嚴地寫在紙上之後,他就開始抓緊一切時間來實現它們。

16歲那年,他和父親到了喬治亞州的奧科菲諾基大沼澤和佛羅里達州的大沼澤地去探險。這是他首次完成了願望表上的一個項目,他還學會了只戴面罩不穿潛水服到深水潛游,學會了開農耕機,並且買了一匹馬。

20歲時,他已經在加勒比海、愛琴海和紅海裡潛過水了。他還成為一名空軍駕駛員,在歐洲上空做過33次戰鬥飛行。

21歲時,已經到21個國家旅行過。

22歲剛滿,他就在瓜地馬拉的叢林深處,發現了一座馬雅文化的古廟。同一年,他就成為「洛杉磯探險家俱樂部」有史以來最年輕的成員。接著,他就籌備實現自己宏偉壯志的最大目標 —— 探索尼羅河。

戈達德26歲那年,他和另外兩名探險夥伴,來到蒲隆地山脈的尼羅河之源。三個人乘坐一只僅有60磅重的小型橡皮艇,開始穿越4,000英哩的長河。他們遭到過河馬的攻擊,遇到了刺眼的沙塵暴和長迭數英哩的激流險灘,得過幾次瘧疾,還受到過河上持槍匪徒的追擊。出發十個月之後,這三位「尼羅河人」勝利地從尼羅河口划入了蔚藍色的地中海。

緊接著尼羅河探險之後,戈達德開始接連不斷地實現他的目標:1954

第四章　自我管理與性格改造

年他乘筏飄流了整個科羅拉多河；1956年探索了長達2,700英哩的全部剛果河；他在南美的荒原、婆羅洲和新幾內亞與那些食人族、割取敵人頭顱作為戰利品的人一起生活過；他爬上阿拉拉特峰和吉力馬札羅山；駕駛超音速兩倍的噴氣式戰鬥機飛行；寫了一本書；他結了婚，並生了五個孩子。開始擔任專職人類學者之後，他又萌發了拍電影和當演說家的念頭。在以後的幾年裡，他透過講演和拍片，為他下一步的探險籌措了資金。

將近60歲時，戈達德依然外表年輕、英俊，他不僅是一個經歷過無數次探險和遠征的老手，還是電影製片人、作者和演說家。戈達德已經完成了127個目標中的106個。他獲得了一個探險家所能享有的榮譽，其中包括，成為英國皇家地理協會會員和紐約探險家俱樂部的成員。沿途，他還受到過許多人士的親切接待。他說：「我非常想闖出一番事業來。我對一切都極有興趣：旅行、醫學、音樂、文學我都想做，還想去鼓勵別人。我制定了那張奮鬥的藍圖，心中有了目標，我就會感到時刻都有事做。我也知道，周圍的人往往墨守成規，他們從不冒險，從不敢在任何一個方面向自己挑戰。我決心不走這條老路。」

戈達德在實現自己目標的征途中，有過18次死裡逃生的經歷。「這些經歷教我學會了百倍地珍惜生活，凡是我能做的，我都想嘗試，」他說，「人們往往活了一輩子，卻從未表現出巨大的勇氣、力量和耐力。但是，我發現，當你想到自己反正要完了的時候，你會突然產生驚人的力量和控制力，而過去你做夢也沒想到過，自己體內竟蘊藏著這樣巨大的能力。當你這樣經歷過之後，你會覺得自己的靈魂都昇華到另一個境界之中了。」

「『一生的志願』是我在年紀很輕的時候立下的，它反映了一個少年人的志趣，其中當然有些事情我不再想做了，像攀登聖母峰或當『泰山』那樣的影星。制定奮鬥目標往往是這樣，有些事可能力不從心，不能完成，

但這並不意味著必須放棄全部的追求」。「檢視你的生活，並向自己提出這樣一個問題是有很大好處：『假如我只能再活一年，那我準備做些什麼？』我們都有想要實現的願望，那就別延宕，從現在就開始做起」！

確定定位後要勇敢行動

美國心理學家史考特‧派克（Scott Peck）說：「不恐懼不等於有勇氣；勇氣使你儘管害怕，儘管痛苦，但還是繼續向前走。」對一個渴望成功的人來說，勇氣就是面對巨大困難也不放棄的精神；是在遭受挫折後還要再試一次的膽量。為自己定位是一個智慧的開始，同時還必要有一個勇敢的結尾。

有一個國王，他想委任一名官員擔任一項重要的職務，就召集了許多威武勇猛和聰明過人的官員，想試試他們之中誰能勝任。

「聰明的人們，」國王說：「我有個問題，我想看看你們誰能在這種情況下解決它。」國王領著這些人來到一座誰也沒見過的最大的門前。國王說：「你們看到的這座門是我們國家最大、最重的門。你們之中有誰能把它打開？」許多大臣見了這門都搖了搖頭，其他一些比較聰明的，也只是走近看了看，不敢去開這門。當這些聰明人說打不開時，其他人也都隨聲附和。只有一位大臣，他走到大門處，用眼睛和手仔細檢查了大門，用各種方法試著去打開它。最後，他抓住一條沉重的鏈子一拉，門竟然開了。其實大門並沒有完全關死，而是留了一條窄縫，任何人只要仔細觀察，再加上有膽量去嘗試，都會把門打開的。

國王說：「你將要在朝廷中擔任重要的職務，因為你不光限於你所見

第四章 自我管理與性格改造

到的或所聽到的，你還有勇氣靠自己的力量冒險去嘗試。」

史東（Clement Stone）是「美國聯合保險公司」的主要股東和董事長，同時，也是另外兩家公司的大股東和總裁。

然而，他能白手起家創出如此巨大的事業卻是經歷了無數次磨難的結果，或者我們可以這樣說，史東的成功史也是他勇氣發揮作用的結果。

在史東還是個孩子時，就為了生計到處販賣報紙。有家餐廳把他趕出來好多次，但是他卻一再地溜進去，並且手裡拿著更多的報紙。那裡的客人為其勇氣所動，紛紛勸說餐廳老闆不要再把他踢出去，並且都紛紛解囊買他的報紙。

史東一而再、再而三地被踢出餐廳，屁股雖然被踢痛了，但他的口袋裡卻裝滿了錢。

史東常常陷入沉思：「哪一點我做對了呢？」或者「哪一點我又做錯了呢？」，「下一次，我該這樣做，或許不會被踢。」

這樣，他用自己的親身經歷總結出了引導自己達到成功的座右銘：如果你做了，沒有損失，而可能有大收穫，那就放手去做。

當史東16歲時，有一個夏天，在母親的指導下，他走進了一座辦公大樓，開始了推銷保險的生涯。當他因膽怯而發抖時，他就用賣報紙時被踢後總結出來的座右銘來鼓舞自己。

就這樣，他抱著「若被踢出來，就試著再進去」的念頭推開了第一間辦公室。他沒有被踢出來。那天只有兩個人買了他的保險。從數量而言，他是個失敗者。然而，這是個突破，他從此有了自信，不再害怕被拒絕，也不再因別人的拒絕而感到難堪。

第二天，史東賣出了4份保險。第三天，這一數字增加到了6份。

20歲時，史東設立了只有他一個人的保險經紀社。開業第一天，銷出

了54份保險單。有一天，他更創造了一個令人瞠目的紀錄——120份。以每天8小時計算，每4分鐘就成交了一份。

在不到30歲時，他已建立了巨大的史東經紀社，成為令人嘆服的「推銷大王」。業務員，可能是世界上最具挑戰性的職業之一。可以說，不經過千百次被拒絕的折磨，就不能成為一個優秀的業務員。史東有句名言，叫「決定在於業務的態度，而不是顧客」。

在古老的印度，一直流傳著一個美麗的故事，那是有關一只小松鼠的深刻寓言。

森林中所有的小動物，一直都快樂地生活著。這片茂密的森林，從來沒有發生過什麼大的變故，即使間或有幾隻猛獸經過，小動物們也懂得將自己妥善地隱藏起來，不至於成為猛獸口中的食物，所以這些小動物們，大都能夠在森林中怡然自得地直到終老。

一日，天神心血來潮，想要測試森林中動物對於危機的應變能力，便從空中劈下了一道閃電；刺眼的電光擊中森林中最大的一株樹木，頓時便燃起熊熊的大火。這場森林大火一發不可收拾，火舌四處飛竄，席捲了森林中無數樹木的枝葉，同時也威脅到所有小動物的生命安全。

驚慌的動物們拚命向森林的外緣奔逃，希望能逃出這場大火造成的劫難。但它們卻不知道，當閃電擊中那棵大樹，大火燃起的同時，在森林四周，還引來了無數貪婪的肉食猛獸，牠們也正張開大口，流著饞涎，等候這些小動物們自己送上門來。

在這片森林的所有動物當中，只有一隻小松鼠和其他的動物不同。牠非但不選擇逃難，反倒奮不顧身地向著大火衝了過去。小松鼠在森林中一個即將被烈火烤乾的水塘中，將自己瘦小的身體完全沾溼，然後再衝進火場，拚命抖灑著身上沾附的水珠，希望能緩解正在毀滅森林的火勢。

第四章　自我管理與性格改造

這時,天神化身成為一位老人,站在小松鼠的身前,問道:「孩子,你難道不知道像你這樣的做法,對這場大火而言,是根本無法造成任何影響的。」小松鼠那條蓬鬆而美麗的大尾巴,已經被炙熱的樹枝烙印出三條黑色的焦痕,但它仍賣力地用身體沾水、試圖滅火,百忙中還對天神化身的老人說道:「也許以我的力量不足以滅火,但我相信憑著我的努力,至少可以減少森林中幾隻小動物的喪生啊!而且,或許因為我的執著,還有可能感動天神,讓祂降下甘霖,滅了這場要命的大火也說不定。」

只聽得老人哈哈一聲大笑,小松鼠的周圍突然變得清涼無比,火勢在一瞬間消失無蹤;天神接著伸出手來,在小松鼠燒傷的尾巴上輕撫了一下,登時焦痕變成了三道奇幻瑰麗的花紋,這就是印度最美的三紋松鼠神奇而美麗的傳說。

小松鼠用自己的勇氣完成了自身的飛躍。

1968年,在墨西哥奧運百公尺賽道上,美國選手詹姆士‧海因斯(James Hines)抵達終點後,轉身觀看運動場上的記時牌,當指示燈打出9.95的字樣後,海因斯攤開雙手自言自語地說了一句話,這一情景後來透過電視網路,全世界至少有幾億人看到,但由於當時他身邊沒有麥克風,海因斯到底說了什麼,誰都不知道。直到1984年洛杉磯奧運前夕,一名叫大衛的記者在辦公室重播奧運的數據資料後好奇心大生,找到海因斯詢問此事時這句話才還原了這句話。原來,自歐文斯(Jesse Owens)創造了10.3秒的成績後,醫學界斷言,人類的肌肉纖維承載的運動極限不會超過10秒。所以當海因斯看到自己9.95秒的紀錄之後,自己都有些傻眼了,原來10秒這個門不是緊鎖的,它虛掩著,就像終點那根橫著的繩子。於是興奮的海因斯情不自禁地說:「上帝啊!那扇門原來是虛掩著的。」

如果你行動，那麼就可能有兩種可能：成功或失敗，但如果你因為缺少勇氣而不採取行動，那麼結局就只剩下了一種：失敗。

掌握當下才能擁有未來

　　昨天，是張作廢的支票；明天是尚未兌現的期票；只有今天，才是現金，才能隨時兌現一切。因此定位之後我們一定要掌握今天，現在就開始行動。

　　有時間時沒有錢，有錢時沒有時間，錢和時間都有了的時候卻又沒有了好身體。今天想明天，真到了明天卻又在懷念昨天，什麼時候會面對現在呢？

　　曾經在報紙上看到一位多愁善感的女孩寫的一封信：「我白天要上班，晚上要上大學夜校，整天好像是緊張充實，又像是渾渾噩噩，我沒有時間去看清晨的日出和彩霞，晚上與星星談談心，駐足於草坪花叢聽聽花、草生長的聲音，我幻想著有一天我能放下這一切的俗務，到海島去度假，那時我該有多快樂」

　　其實，幻想是很美麗的，足以讓世上的大多數人動心，但也許它實現的機會很小。其實要享受生活、要快樂並不需要那麼多的附加條件，現在完全可以做到。你雖然很忙碌，但完全有時間有條件滿足你與太陽、星星、花草的約會，不要把這些享受留待明天。只要你今天有享受的心情，你就完全能做到，明天會有明天的不如意和制約條件，是靠不住的，甚至，你還會懊惱今天沒有好好享受年輕的心情與生活呢！快樂、放鬆與享受生活不需要太多的條件與藉口，它最需要的只是一種你需要面對今天的

165

第四章　自我管理與性格改造

現實，給予自己今天的快樂，另外一個時空會有另外一種快樂，錯過了今天，你也就錯過了今天的快樂。而且不只是休閒娛樂中有快樂，工作、學習中也有快樂，它隨處躲藏，需要你用心靈去體會。

現實是一種難以捉摸而又與你形影不離的時光，如果你完全沉浸於其中，就可以得到美好的享受。抓住現在的時光，是玩耍的時間就盡情地玩耍，是休息的時間就暢快地休息，是工作的時間就認真地工作。怎麼可以總是「身在曹營心在漢」呢？抓住現在的時光，這是你能夠有所作為的唯一時刻。不要期待在將來生活的某一天，會發生奇蹟般的轉變，你一下子變得事事如意，幸福無比。未來永遠沒有你想像的那麼美好、如詩如畫，它也只能是將來的一種切切實實的現實。

聽一個人說過這樣的話：現在真是太緊張了，沒有時間和心情玩，等上了大學我們一定要好好享受生活。上了大學他又說：現在就業狀況這麼嚴峻，還得拚命學才能有份好工作，賺到了錢再去享受吧。工作後他仍然發現沒有時間和心情去玩去享受，結婚、房子、車子、孩子那麼等到要退休或臨終時他會怎麼想呢？他這一輩子，什麼時候才可以放鬆享受呢？

迴避現實幾乎成為一種流行病。社會環境總是要求人們為將來犧牲現在。根據邏輯推理，採取這種態度就意味著不僅要避免目前的享受，而且要永遠迴避幸福——將來的那一刻一旦到來，也就成為現在，而我們到那時又必須利用那一現實為將來做準備：幸福遙遙無期。而且終有一天，我們又會陷入對以往的追悔中。

還有另外一種典型的例子就是父母對孩子的心態。孩子小時，他們想：現在真累、真煩人，等孩子大了就好了。孩子大一點了，上學了，還是操不完的心。等到有一天，孩子不需要他們操心了，獨立生活了，他們

守著空巢，又在想：孩子小時候多可愛啊，那時候如何在這個過程中每個階段的樂趣都被他們錯過，他們就在這種明天與昨天的交替中失去了今天。

因為人需要忠於自己，由此來對自身做真切的剖析與認知，才能活得自由自在。

一般人之所以會拖延一些較為重要的事物，多數是因為來自於害怕做不好的壓力使然，但是，如果連幾分鐘就可以搞定的小事也是一拖再拖，其動機就不只是這麼單純了。這種狀況通常與注意力的集中與否有相當大的關係。

當我們手頭上總是有一些未完成的瑣事時，往往就會心不在焉、注意力不集中，這樣就分散掉真正所應該注意、但卻不願去面對事物的注意力。如此一來，大部分的時間，自然就可以有藉口來以較省力的方式處理一些極其簡單的事物，這就是惰性使然所造成的結果。

表面上，我們會義正詞嚴地告訴自己或他人：「我之所以這麼拖拖拉拉，是因為有太多重要的事等著我去做，所以，我根本沒有時間來做這些瑣事！」但是實際上，你不但一堆瑣事放著不做，連所謂重要的事，也不見得有什麼進展；而其結果，常常會以看一整天的電視作為收場，根本什麼事都不想做！

將一些幾分鐘之內應該完成的事情，詳細地列成一張清單，然後每天照此執行。這時可能碰到一些狀況，比方說：「天呀！該做的事好多喔！」沒錯，所謂「凡事開頭難」，而當完成第一件事情後，我們會隨之發現：其實所用去的時間，可能遠比最初所列出的時間要短了許多。其次，從這些可以處理事情的優先順序來看，我們會赫然發現：其實並不是所有的瑣

事，都是同等重要的，其中有一些事情，也許得放上一段時間後再處理才會比較有效率，而另有一些事情則甚至不用去理會都無傷大雅，所以，我們就乾脆把它從清單上剔除算了。

這項練習的另一個好處，就是訓練自己，如何向自己負責，因為每天規定自己做好兩件不需花費十分鐘就可完成的事情，並不是一件多麼困難的事，人之所以習慣於因循苟且，其實只是不願做而已，並非不會做。

如果你認為那種每天被一大堆的瑣事牽絆著的生活，才是充實的人生的話，那麼你可能真的應該花上一些時間，好好冷靜地重新檢討一下人生真正所追求的目標何在。

舉例而言，喜歡運動的人卻為了埋首辦公室而放棄鍛鍊身體的機會，也許你可以告訴自己：因為太忙了。實際上果真如此嗎？誠懇地面對自己吧！

有許許多多的動力，必須由想要達成的目標來激發，這樣所造成的成效也往往較佳，因此，現在就列下希望達成的目標，然後，腳踏實地地去完成吧！不要總是期望明天。

先出手才能發現機遇

人生的成功要有機遇的垂青，我們在這裡強調自我定位的重要性，但並不是說有了定位機遇就會不期而至，而是需要你在「做」的過程中去尋找和發現機遇，只不過在正確定位的指導下，你發現機遇的眼光會更加敏銳而已。

哥倫比亞廣播公司（簡稱CBS）最受歡迎的電視新聞節目主持人默羅（Edward Murrow）於1937年被任命為CBS的歐洲部主任，並且前往日後成為歐洲戰爭中心的倫敦任職。那時，阿道夫·希特勒（Adolf Hitler）策劃了慕尼黑陰謀，整個歐洲都瀰漫著恐懼、緊張的氣息，世界大戰一觸即發。現在看來，這次本不起眼的調職，把一個抱負遠大、才能傑出的人推到了時代的最前端。否則，默羅就不會成為偉大的默羅，他可能依然留在遠離戰爭的紐約平凡地主持教育節目。

默羅的職務是幕後的。依照慣例，他只需安排歐洲官員在CBS的廣播時間，同時規劃一些文化教育節目，不必親自進行新聞報導。事實上，當時電臺上的廣播新聞也並不多。

1920年代開始，無線電廣播成為美國社會生活中的新生力量。特別是在羅斯福總統透過廣播發表了「爐邊談話」之後，社會工作者注意到，收音機已成為美國家庭中比電冰箱、彈簧床還重要的生活必需品。但是，人們主要收聽的是音樂、演講以及富有刺激性或者被演繹了的新聞，純粹的新聞報導被普遍漠視。這一方面是因為在無線電廣播的初創階段，人們更容易發掘它的娛樂功能，另一方面則因為廣播新聞的發展受到了報業阻礙。

據記載，1933年底，為了緩和與報業的矛盾，全國廣播公司、哥倫比亞廣播公司甚至與美國廣播業者協會簽訂了這樣一項協議，即承諾每天的新聞廣播時間不超過兩個五分鐘；每條新聞不超過30個詞；評論員不得使用發生不到12小時的新聞。儘管這項協議到1934年底就被廢止了，但是，實際上各廣播公司在二戰爆發之前，對新聞的處理仍都是漫不經心的。

1938年3月，默羅到華沙安排教育節目。與此同時，希特勒的軍隊占領了奧地利，奧地利向德國人屈服是意料中的事。

第四章　自我管理與性格改造

於是，默羅的助手威廉從維也納打電話來。他們有自己事先約好的暗號。威廉說：「對手球隊剛過了球門線。」它的意思是：德軍正在越過邊境。在證實了消息的準確性後，默羅果斷地租了一架小飛機，直達維也納。

戰爭的逼近，使目光敏銳的默羅意識到了讓新聞廣播走進千家萬戶的機會來了，於是，他去當了記者，他在維也納採訪了五天，並且於1938年3月12日安排了廣播史上第一次「新聞聯播」。

默羅從維也納，威廉從倫敦，另外三位新僱傭的報紙記者分別從柏林、巴黎和羅馬向美國聽眾報導了他們的所見所聞。

這次匠心獨具的「聯合行動」震驚了全歐美。它首次向人們充分展示了廣播作為現代化新聞傳播工具的獨特優勢，即能夠在最短時間裡向最廣泛的聽眾提供最直接、最全面的資訊。

在歷時18天的慕尼黑危機期間，默羅及其助手共播出了151次實況報導，涉及到了當時所有的重要人物，如希特勒、墨索里尼（Benito Mussolini）、張伯倫（Arthur Chamberlain）等。默羅小組向美國回傳報導的速度之快，猶如電閃雷鳴，頻率之高無人能與之比肩。這大大激發了人們對廣播的興趣，以及對歐洲的關注。

1938年12月，美國一本雜誌刊登了第一篇關於默羅的文章，其中寫一道：「（默羅）比整整一船報紙記者更能影響美國對國際新聞的反應。」

漫長的人生之路，其實就是一條追尋機會的路。有的人在這條路上節節高奏凱歌，有的人在這條路上每每黯然神傷。成功與失敗的分歧點，在於是否找到了機會並抓牢在手中。

日本具有「電影皇帝」之稱的坪內壽夫的發家史與戰爭有關。對他來講，二戰後日本社會對文化的需求是他成功的機會。

二戰後的日本人民陷入了貧困的深淵。人們索求的不再是神聖的天皇御旨，而是實在的物質精神上的基本需求。剛剛從西伯利亞戰俘營回國的坪內壽夫，在開創事業之初，協助父母經營一家電影院。

少得可憐的觀眾使一家人的生計相當困難。觀眾就是上帝。在研究了觀眾的內心想法之後，坪內壽夫發現，經歷過戰爭浩劫的人們在心理上養成了節儉的慣性思維，這是因為物質的極度貧乏而造成的。於是坪內壽夫制定了一個吃小虧、占大便宜的戰術。他改變了傳統的一場電影只放一部片子的習慣，改為一場電影放兩部片子。利用人們愛占便宜的心理，使票房收入提升了幾倍。坪內壽夫也發了一筆小財。

隨著日本經濟的不斷好轉，坪內壽夫發現，由於生活的改善，人們對文化的需求等級也提升了不少。坪內壽夫看準這種勢頭，傾其所有，別出心裁地興建了一座電影廳。影廳用黃、綠、橙、藍四色區分。這樣，只需用一間放映廳，同一個入口，既節省了僱員，又能使不同興趣的觀眾各自欣賞自己所喜愛的影片。不僅如此，坪內壽夫還設了冷飲店、咖啡店、速食廳以及美觀清潔的衛生設施。

這樣的電影大廈充分迎合了日本人當時的需求，坪內壽夫也就財源滾滾而來，成了一代「電影皇帝」。

其實生活中的機遇是無所不在的，細心和積極進取的精神就是你尋找機遇的最好的「法寶」。

以滿腔熱情投入工作與生活

熱情是一種精神，具有一種無法摧毀的巨大力量。每個人的內心都有熱情，能感受強烈的情緒，可是沒有幾個人能依此情感行動，他們習慣於

將熱情深深埋藏起來，這是多麼大的浪費。一個人如果以巨大的熱情為自己的人生定位「服務」，他就沒有理由不成為一個成功者。

卡內基（Dale Carnegie）把熱情稱為「內心的神」。他說：「一個人成功的因素很多，而屬於這些因素之首的就是熱情。沒有它，不論你有什麼能力，都發揮不出來。」可以說，沒有滿腔熱情，員工的工作就很難維持和繼續深入下去。比爾蓋茲在被問及他心目中的最佳員工是什麼樣子時，他這樣強調：一個優秀的員工應該對自己的工作滿懷熱情，當他對客戶介紹本公司的產品時，應該有一種傳教士傳道般的狂熱！

滿懷熱情，能讓你的做事效率與別人大不一樣。

著名人壽保險業務員、美國百萬圓桌的會員之一的法蘭克・貝特格（Frank Bettger），正是憑藉著熱情，創造了一個又一個奇蹟。

貝特格原本是職業棒球選手。當初他剛轉入職業棒球界不久，就遭到了有生以來最大的打擊，因為他被開除了。球隊的經理對貝特格這樣說：「你這樣慢吞吞的，哪像是在球場混了20年。法蘭克，離開這裡之後，無論你到哪裡做任何事，若不打起精神來，你將永遠不會有出路。」

貝特格離開了棒球隊，但是經理的話對他產生了巨大的影響，他的一生從此轉變。接著，貝特格去了新的棒球隊，他告訴自己：我要成為英格蘭最具熱情的球員。

在新球隊，他一上場，就好像全身帶電一樣。強力地擊出高球，使接球的人雙手都麻木了。即使是氣溫高達華氏100度的時候，隨時都可能中暑昏倒，他也依然在球場上奔來跑去。

這種熱情所帶來的結果讓他吃驚，因為熱情，他的球技出乎意料地發揮得很好。同時，由於他的熱情，其他的隊員也跟著熱情起來，大家合力打出了那個賽季最好的比賽。

後來由於手臂受傷，貝特格不得不放棄打棒球。他改了行，到了菲特列人壽保險公司當保險業務員，他把自己的熱情延續下去，很快他就成了人壽保險界的大紅人。後來更被美國百萬圓桌協會邀請加入成為會員。只要你有熱情，再比別人多一點熱情，你就能比別人收穫更多。貝特格說：「我從事業務30年了，見到過許多人，由於對工作抱持熱情的態度，他們的收效成倍地增加，我也見過另一些人，由於缺乏熱情而走投無路。我深信熱情的態度是做事成功的最重要因素。」

熱情，就是一個人保持高度的自覺，就是讓全身的細胞都活動起來，完成他內心渴望完成的工作；熱情就是一個人以執著必勝的信念、真摯深厚的情感投入到他所從事的實踐中。熱情是事業成功不可或缺的條件。與其說成功取決於個人的才能，不如說成功取決於個人的熱情。思想家、藝術家、發明家、詩人、作家、英雄、人類文明的開拓者、大企業的締造者——無論他們來自什麼種族、什麼地域、無論在什麼年代——這些帶領著人類從野蠻走向文明的人們，無不是充滿熱情的人。

熱情是一種旺盛的激動情緒，一種對人、事、物和信仰的強烈情感。熱情的發洩可以產生善惡兩種截然不同的力量。歷史上有很多依靠個人熱情改變現實的事蹟。小到一個愛情故事，大到一場歷史鉅變——不論是政治、軍事、經濟、文化還是藝術，都因為有熱情的個人參與才得以進行。又有多少次，那些最初覺得自己不可能掌握自己，施展力量的人，最後卻都能扭轉乾坤。

沒有熱情，軍隊就不可能打勝仗，荒野就不可能變成田園，雕塑就不會栩栩如生，音樂就不會扣人心弦，詩歌就不會膾炙人口，人類就不會主宰自然，讓人們留下深刻印象的雄偉建築就不會拔地而起，這個世界上也就不會有慷慨無私的愛。

第四章　自我管理與性格改造

　　愛默生（Ralph Waldo Emerson）說過：有史以來沒有任何一件偉大的事業不是因為熱情而成功的，最好的勞動成果總是由頭腦聰明並具有工作熱情的人完成的。

　　熱情指引著一個職場中人去行動、去奮鬥、去成功。如果你失去了熱情，那麼你就難以在職場中立足或成長。熱情是激發潛能、戰勝所有困難的強大力量，它使你保持清醒，使全身所有的神經都處於興奮狀態，去進行你內心渴望的事；它不能容忍任何有礙於實現既定目標的干擾。

　　憑藉熱情，我們可以把枯燥乏味的工作變得生動有趣，使自己充滿活力，培養自己對事業的狂熱追求，我們更可以獲得老闆的提拔和重用，贏得珍貴的成長和發展機會。

　　紐約中央鐵路公司前總經理說過這樣的一句話：「我愈老愈更加確定熱情是成功的祕訣。成功的人和失敗的人在技術、能力和智慧上的差別通常並不很大，但是如果兩個人各方面都差不多，具有熱情的人將更能如願以償。一個人能力不足，但是具有熱情，通常必會勝過能力高強但是欠缺熱情的人。」

　　熱情不僅是生命的活力，而且是工作的靈魂，甚至就是工作本身，大自然的奧祕就是要由那些把生命奉獻給工作的人、那些熱情洋溢地生活的人來揭開。各種新興的事物，等待著那些熱情而且有堅強意志的人去開發。各行各業，人類活動的每一個領域，都在呼喚著滿腔熱情的工作者，激情就是一種熱情、一種執著，熱情是所有取得偉大成就的人奮鬥過程中最具活力的因素，它的本質就是一種積極向上的力量。

　　誠實、能幹、忠誠、純樸——所以這些特徵，對準備在事業上有所作為的人來說，都是必不可少的，但是，更不可缺少的是熱情——將奮鬥、打拚視為是人生的快樂和榮耀。

做事果斷，不猶豫不決

曾有人說：「美國人成功者的祕訣，就在於面對人生中的困難。他們在事業上竭盡全力，毫不顧及失敗，即使失敗也會捲土重來，並立下比以前更堅韌的決心，努力奮鬥直至成功。」

有些人遭到了一次困難、遇到了一些挫折，便把它當成拿破崙的滑鐵盧之戰，對自我定位產生不必要的懷疑，從此失去了勇氣，一蹶不振。可是，在剛強堅毅者的眼裡，卻沒有所謂的滑鐵盧。那些一心要得勝、立志要成功者的人即使失敗，也不以一時失敗作為最後的結局，還會繼續奮鬥，在每次遭到失敗後再重新站起，比以前更有決心地向前努力，不達目的絕不罷休。

有這樣一種人，他們不論做什麼都全力以赴，總有明確而必須達到的目標，在每次失敗時，他們便笑容可掬地站起來，然後下更大的決心向前邁進。這種人從不知道屈服，從不知道什麼是「最後的失敗」，在他們的字典裡面，也找不到「不能」和「不可能」幾個字，任何困難、阻礙都不足以使他們跌倒，任何災禍、不幸都不足以使他們灰心。

堅韌勇敢，是偉大人物的特徵。沒有堅韌勇敢特質的人，不敢抓住機會，不敢冒險，他們一遇困難，便會自動退縮，一獲小小成就，就感到滿足，這樣的人成就不了大的事業。

歷史上許多偉大的成功者，都是由堅韌鑄造成的。發明家在埋頭研究的時候，是何等的艱苦，又是何等的愉快！世界上一切偉大事業，都在堅韌勇敢者的掌握之中，當別人開始放棄時，他們卻仍然堅定地去做。真正有著堅強毅力的人，做事總是埋頭苦幹，直到成功。

第四章　自我管理與性格改造

　　要考察一個人成功與否，要看他有無恆心，能否善始善終。持之以恆是人人應有的美德，也是完成工作的要素。一些人和別人合作時，起先是共同努力，可是到了中途便感到困難，於是多數人就停止合作，只有那少數人，還在勉強維持。可是這少數人如果沒有堅強的毅力，工作中再遇到阻力與障礙，勢必也隨著那放棄的大多數，同歸於失敗。

　　每一次成功都來之不易，每一項成就都要付出艱辛。對於志在成功者而言，不論面對怎樣的困難、多大的打擊，他都不會放棄最後的努力，因為勝利往往產生於再堅持一下的努力之中。

　　即使你遇到再多的挫折，也不要在它的面前渾身發抖。道理很簡單，只有經過挫折的打擊，才能更加成熟，更加有利於不敗人生！有人說世界上沒有一條道路是平坦通暢的，挫折和坎坷總是會在該在的地方等著你。不論學習、工作，還是與別人的往來中都會遇到各式各樣的挫折，面對接連不斷的打擊，有的人不禁慨嘆：「為什麼受傷的總是我？」

　　在生活中，人們有許多需求，其中交往的需求是人人都有的，因此，當一個人在交往過程中受到自身或外界各種條件的限制，出現各式各樣的障礙、困難，這時交往挫折就產生了，挫折對人們的生活和工作往往有重大影響，輕則使人苦惱、懊喪、壓抑、緊張，重則使人發生心理異常，甚至可能導致身心疾病。在這種消極心理狀態下，有的人會攻擊、反抗以至於引起破壞性行為，有的人會消極、悲觀、喪失生活的信心，當然也有的人會化負面為正面，從挫折中吸取教訓，變被動為主動，讓挫折變為激勵自己前進的動力。

　　在人際交往中，我們該怎樣正確對待挫折？

(1) 對自己應有正確的評價

挫折往往發生在對自己缺乏正確評價，對困難缺乏足夠預測能力，對生活缺乏全面認知的人身上。如遇到挫折時，不要垂頭喪氣，或是怨天尤人，首先就要冷靜地分析受挫的原因。如果真的是自己不擅長的言談，得罪了別人，自己要勇於向別人承認錯誤，謹慎行事，嚴格要求自己；如果是他人的原因，我想也不必過分自責，不必放在心上，因為「群眾的眼睛是雪亮的」，「謠言不攻自破」，別人會給你正確評價的。

(2) 保持樂觀的情緒

保持樂觀的情緒是減少挫折心理壓力的好方法。人們在遇到挫折時，情緒變化是特別明顯的。性格外向、心胸寬大的人，面對挫折造成的苦悶就可能得到及時排解。那麼性格內向、不善言談的人，保持樂觀的情緒狀態，就需要一定方法的調節，如聽一聽音樂，做一些自己感興趣的事轉移自己的注意力。看一些化負面為正向的名人典故，激勵和鼓舞自己，不能因小小的困難就停止了自己前進的腳步。我們可以透過各種方法與困難做努力，萬萬不可困難當前，不攻自破，讓困難左右了我們。

(3) 學會幽默，自我解嘲

一個人有了缺點，而又不能接受，常會感到挫折。倘若你學會幽默，能接受自己的缺點進行自我解嘲，便能消除挫折感，更能融洽人際關係。

(4) 要沉著冷靜，以其人之道，還治其人之身

《晏子春秋》中的晏子出使楚國的故事，面對楚國人對晏子的個子矮小的嘲弄，晏子沉著冷靜，不慌不怒，機智地進行反擊；面對楚國的攻擊，晏子措辭巧妙，有力地回擊對方，轉被動為主動。

(5) 移花接木，靈活機動

在對自己有正確評價的基礎上，確定目標，倘若你原來的目標無法實現，千萬不要勉強為之，可由接近的目標來代替，以免產生挫折感。例如，由於身體原因不能做舞蹈家，那麼就不要在這方面耗費時間和精力，可以發揮自己有經驗和專業知識的特長，做編導，這樣的效果不比原來追求的效果差。

(6) 再接再厲，鍥而不捨

當你遇到挫折時，勇往直前，你的目標不變，方法不變，而努力的程度加倍，你就會是交往的最大收穫者。

挫折是不能選擇的，它會在各種情況下光顧你，但你可以選擇面對它的態度。害怕不能解決任何問題，只有義無反顧地做下去，你才能成為你所定位的那個人。

培養獨立思考，不依賴他人

對於成功者而言，拒絕依賴他人是對自己能力的一大考驗。這就是說，依附於別人是肯定不行的，因為這是把命運交給了別人，而失去做大

培養獨立思考，不依賴他人

事的主動權。在這種情形下，定位對你的人生也不會起太大的作用。

有些人一遇到任何事，首先想到的是求人幫助。有些人不管是有事沒事，總喜歡跟在別人身後，以為別人能解決他的一切疑難，在他們的心裡，始終渴望著一根隨時可以依靠的拐杖。

這樣的人，就是有依賴心理的人。

人們經常走入這樣一個錯誤，就是以為他們永遠會從別人不斷的幫助中獲益，卻不知一味地依賴他人只會導致懦弱。

坐在健身房裡讓別人替我們練習，是永遠無法增強自己的肌肉力量的；越俎代庖地替孩子們創造一個優越的環境，好讓他們不必艱苦奮鬥，也永遠無法讓他們獨立自主，成為一個真正的成功者。

依賴他人，覺得總是會有人為我們做任何事所以不必努力，這種想法對發揮自助自立和艱苦奮鬥精神是致命的障礙！試想，一個身強體壯、背闊腰圓，重達近一百五十磅的年輕人竟然兩手插在口袋裡等著幫助，無疑是世上最可笑的一幕。

一家大公司的老闆說，他打算讓自己的兒子先到另一家企業裡工作，讓他在那裡鍛鍊，吃吃苦頭。他不想讓兒子一開始就和自己在一起，因為他擔心兒子會總是依賴他，指望他的幫助。在父親的溺愛和庇護下，想什麼時候來就什麼時候來，想什麼時候走就什麼時候走的孩子很少會有出息。只有自立精神才能給予人力量與自信，只有依靠自己才能培養成就感和做事能力。

美國石油家族的老洛克斐勒，有一次帶他的小孫子爬梯子玩，可是當小孫子爬到不高不矮（不至於摔傷的高度）時，他原本扶著孫子的雙手立即鬆開了，於是小孫子就滾了下來。這不是老洛克斐勒的失手，更不是他

第四章　自我管理與性格改造

在惡作劇,而是要小孫子的幼小心靈感受到:做什麼事都要靠自己,就連親爺爺的幫助有時也是靠不住的。

人,要靠自己活著,而且必須靠自己活著,在人生的不同階段,盡力達到理應達到的自立水準,擁有與之相適應的自立精神。這是當代人立足社會的根本基礎,也是形成自身「生存支援系統」的基石。因為缺乏獨立自主個性和自立能力的人,連自己都管不了,還能談發展成功嗎?不管你的家庭環境多麼優越,你總不能依賴家庭一輩子。你終將獨自步入社會,參與競爭,你會遭遇到遠比家庭生活要複雜得多的生存環境,隨時都可能出現你無法預料的難題與處境。你不可能隨時動用你的「生存支援系統」,而是必須得靠頑強的自立精神克服困難,堅持前進!

有這樣一個青年,出來闖世界,在別人眼中,似乎是很獨立、很有主見的人;但實際上,他之所以出來,是因為別人叫他出來。出來之後,當然得找工作,可是他根本不會自己去找,而總希望由別人帶著去。別人帶著去當然可以,可是別人總不能一直帶著他,一旦沒有人管他,他就不知所措,一籌莫展。

後來他總算找到了工作,是做一個服裝攤老闆的跟班。帶他出來的人很奇怪,怎麼做起了人家的跟班,不是有很多合適的工作可以挑選嗎?他說,什麼工作都得他主動去找,他最怕這個。他寧願做人家的跟班,人家叫他做什麼,他就做什麼。

試想,要是那個服裝攤的老闆不要他了呢?

要是不要他的話,他肯定會找到另一個可以追隨的人。今天他是服裝攤老闆的隨從,明天他可能是某個小官僚的祕書;今天他可能是人家的祕書,明天他可能是人家的傭人。

有著這樣的依賴心態，他怎麼能夠獨立做事呢？他怎麼能夠成為一個事業成功的人呢？說到底，他出來闖蕩世界，又有什麼意義呢？

他出來闖蕩世界之前，是想跟著人家的。他以為人家成功了，他這個跟在後面的人，也會跟著成功。這個青年，就這樣帶著依賴的心態闖蕩。結果可想而知，他不可能混出什麼名堂來。

對於這樣的人、對於依賴性如此嚴重的人，我們要奉勸他們一句：及早掉頭，要相信自己，要自力更生。只有這樣，才能找到自己的人生位置。

在競爭中提升自身價值

這是一個競爭的社會，只有具有強大的競爭力的人才能生存。但競爭力不是天生的，也不一定在你為自己定位時就已經擁有，而需要在做的過程中，在豐富的實踐活動中訓練自己，去不斷地提升自己。

要想在競爭中立於不敗之地，讓生存不會時時受到威脅，就要做到：

(1) 在工作中磨鍊自己

「不進步，就退步」。一個人各方面能力的磨鍊，都可以作如是觀。商人在工作上所受到的磨鍊往往是多方面的，所以他們常識的豐富，遠非一般從事專門工作者可比。如今一般畢業生，多半投入商業，雖然用非所學，他們卻在工作中得到磨鍊。

(2) 適時抓住機會

經營商業，在 100 年以前，被認為是不高尚的事，但時至今日，隨著世界文明的進步，各國的商業都已呈突飛猛進之勢，其地位之重要，已占全部產業的第一把交椅。

想要從商，一個知識廣博、經驗豐富的人，遠比那些庸庸碌碌的人容易獲得機會。當然，在事業經營之前，能夠準備得越充足越好，經驗累積得越多越好。一個初入社會的人，當他的地位逐漸升遷時，他一定有不少機會，可以從各方面學得一件事情的精髓。如果他能抓住這些寶貴的機會，他遲早必會獲得成功。有位前輩說：「我的員工，沒有一個不是從最基層依次升遷的。俗語說，『有益於職務，就是有益於自己』。任何人，如能在開始服務時就記住這句話，他的前途一定希望無窮。凡經我們考試及格而任用的人，只要自己肯上進，都不難逐步獲得良好職位。」

(3) 不能淺嘗輒止

一個熟悉世情、經驗豐富的人，在各產業裡，無處不可立足。那些企業家隨時都在向各處訪求勤勉刻苦、敏捷伶俐、意志堅強的青年。因為這種人一旦到手，必千方百計地求得完美，求得發展，求得成功。

一個初出茅廬的人，進入社會，必須隨時觀察，處處注意，必須研究得十分透澈才行，千萬不可粗忽疏失或是學得一知半解就罷手。須知雖小至微塵，也應仔細觀察，雖千辛萬苦，也應努力經營，這樣一來，一切中途的障礙，都可以一掃而盡。

(4) 要有不畏險的勇氣

我們隨處可以看見許多人，做起事來，都喜歡避繁就簡，對於其中麻

煩、困難、乏味的部分，隨意趨避，不願接觸。好像那些打算占領敵人陣地的士兵，卻不願動起手腳去破壞敵人的炮臺，結果，必然被敵人轟得東躲西竄、無處安身。所以一個希望成功獲勝的人，必須不分鉅細，悉數決心征服，不畏艱險，勇往直前去做才行。

這裡有一句很好的格言，可以寫在無數可憐的失敗者的墓碑上：「只因沒有好好地準備，所以糊里糊塗地失敗。」有些人，雖然很努力，但因他們事先沒有準備妥當，因此，不得不繞了一大圈，以致一生都走不到目的地，達不到成功的境界。

(5) 做事要用心

有不少人，對於眼前的事物，往往不知不覺。即使有人在一家商店裡已經服務多年，對於經商營業仍是一個門外漢，原因是他們做事總是睜一隻眼、閉一隻眼，從不留心任何與他接觸的事物。但那些精明幹練的青年只做上兩三個月，對於店中大小事物就瞭若指掌了。

(6) 不斷充實自己

有些人，對於自己的工作能力隨時都在磨鍊，任何事他都要做得高人一籌；他總是睜大眼睛望著一切接觸到的事物，務必觀察思考得完全明白才罷休。他無時無刻不抓住機會學習、磨鍊、研究。他對有關自己前途的學習機會，看得非常重要，遠在財富之上。

他隨時都學習工作的方法和待人的技巧。一件極小的事情，在他眼裡，總覺得有學好的必要；對於任何方法，他都要詳細研究考慮，探求成功的奧祕。當他把這許多事情都一一學會之後，他所獲得的，遠遠超出有限的薪水。他的工作興趣，完全建立在學習與磨鍊上。

第四章　自我管理與性格改造

　　那些才智卓越的人，一定會利用晚上的閒暇時間，把白天所見聞所思考的工作方法與應對技巧從頭研究一遍。這樣一來，他所獲得的益處，比白天工作所得的薪水多太多了。他明白，這些學識是他將來成功的基礎，是人生的無價之寶！

好性格是成功的關鍵要素

　　人類最偉大的發現是：人們透過改變自己的性格，從而改變自己的命運。這個發現關係到每個人的成長與快樂，它告訴我們人人都可以獲得幸福和快樂，人人都可以走向成功，獲得的途徑就是從改變自己的性格開始。

　　我們每個人的命運都不是先天注定的，性格也不是天生的。良好的性格是後天經過不斷的錘鍊與打磨形成的。

　　自然狀態下的鐵礦石幾乎毫無用處，但是，如果把它放入熔爐鑄造，然後進一步純化，再進行錘鍊和高溫鍛冶，放入一個模型之中，它就可以製成優良的器具。

　　性格也一樣，只有不停地打磨，克服不良的性格，轉變成良好的性格，才能發揮它的作用，才能幫助自己獲得成功。

　　成功意味著贏得尊敬，成功意味著勝利，成功意味著最大限度地實現自我價值。但成功不是某些人的專利。只要你有強烈的成功意識，只要你態度積極、堅忍不拔，只要你信心十足、有崇高而堅定的信念，只要你能夠發揮你的性格優勢，即使你是一個小人物，你也能成功。成功並不偏愛某一特殊族群。成功對任何人都是平等的。

好性格是成功的關鍵要素

約翰·梅傑（John Major）被稱為英國的「平民首相」。這位筆鋒犀利的政治家是白手起家的一個典型。他出身平凡，16歲時就離開了學校。他曾因算術不及格未能當上公車售票員，飽嘗了失業之苦。但這並沒有壓垮年輕的梅傑，這位能力非凡、具有堅強信心的年輕人終於靠自己的努力擺脫了困境。經過外交大臣、財政大臣等8個政府職務的鍛鍊，他終於當上了首相，登上了英國的權力之巔。有趣的是，他也是英國唯一領取過失業救濟金的首相。

也許有人因為自己文憑太低而消沉，哀嘆生不逢時，但每個人都有一個大腦，只要意志不倒，我們就會成功。

蓋茲不願繼續讀完他的大學，他要做自己感興趣的事。他成功了，他成了世界的首富。高爾基說得好，社會是一所大學。當我們融入社會，當我們積極思考這個社會，當我們為自己在這個社會找到座標後，我們就有成功的可能。

普通女性能成功，殘疾人能成功，農民也能成功，成功與人的身分和性別沒有關係，而是與人的性格、觀念、心理因素以及才能有緊密的連結。

每個人都是一座金礦，每個人都有無比巨大的潛能，而挖掘者就是自己。人生的命運就掌握在自己的手中，人生成功與否由自己決定。如果明白了這個道理，我們就不會因為自己是一個窮人、是一個下層人物而怨天尤人、牢騷滿腹或憤憤不平，就不會受自卑困擾、懶於行動而坐以待斃。下定決心，奮鬥，打拚，勇往直前，成功就屬於自己。

每個人性格中其實都有優點和缺點。如果整天抓著自己的弱點不放，那麼你將會越來越弱。我們應該學會強調自己的優勢，這樣才能越來越自信和成功。

第四章　自我管理與性格改造

　　不要把自我想像的缺陷當成真的缺陷。多數有自卑性格的人總是把注意力放到自己身上，喜歡放大自己的缺點，總是覺得自己處處不如人，因此他們看不到成功的希望。接受自己，放大自己的優點，成功也就在不遠處。

　　很多人把自己性格上的弱點當成自己不能成功的藉口，拒絕跳出自己編織的網，也就永遠走不出失敗的沼澤。

　　實際上，性格完全可用後天的自我修養來改變。性格的自我修養，是指個人為了培養優良性格而進行的自覺的性格轉化和行為控制的活動。自我修養是培養優良性格的必要途徑，又是個人掌握自己、控制自己的必備能力。

　　每年12月1日，紐約洛克斐勒中心前面的廣場，都會舉辦為聖誕樹點燈的儀式。

　　碩大的聖誕樹無比完美，據說它們都是從賓夕法尼亞州的千萬棵巨大的杉樹中挑選出來的。

　　一位畫家深深地被聖誕樹的美麗、璀璨吸引了，他帶領著自己所有的學生去寫生。

　　「老師，你以為那巨大的聖誕樹原本就是那樣完美嗎？」一個中年女學生神祕地笑道。

　　畫家很奇怪：「千挑萬選，還能不完美嗎？」

　　「多好的樹都有缺陷，都會缺枝、少杈或少葉，我丈夫在那裡當木工，是他用其他樹枝補上去，這些聖誕樹才能這樣完美啊！」

　　畫家恍然大悟：一切完美都源自修補。世上的每個人無論他多偉大、多有名，都不過是那樣一棵需要不斷修補的樹任何性格，都是在不斷的修補中日臻完美；任何人，都是在不斷打磨中，錘鍊成才的。

好性格是成功的關鍵要素

使用同一種材料，一個人可能會建成宮殿，一個人可能會築成茅舍，一個人可能會建成倉庫，一個人可能會建成別墅。同樣是紅磚和水泥，建築師可以把它們建造成不同的東西。人的良好性格也在於自我創造。不經過一番努力，良好的性格也不會自動形成。它需要經過不斷的自我審視、自我約束、自我節制的訓練。正是這種不斷的努力，才會使人感到振奮，令人心曠神怡。著名科學家富蘭克林（Benjamin Franklin），早在年輕的時候就下決心克服一切壞的性格傾向、習慣或同伴的引誘。為此，他為自己制定了一項包括十三個項目在內的性格修養計畫：節制、靜默、守秩序、果斷、儉約、勤勉、真誠、公平、穩健、整潔、寧靜、堅貞和謙遜。同時，為了監督自己逐條執行這些項目，他把這十三項內容記錄在小本子上，畫出七行空格，每晚都進行自省：如果白天犯了某一種過錯，就在相應的空格裡記上一個黑點。

就這樣，富蘭克林持之以恆，透過長年累月的自我反省，終於讓這些代表性格缺陷的黑點符號逐漸消失了。富蘭克林晚年撰寫自傳時，還特別談起青年時代培養良好性格的努力，認為自己的成績應當歸功於自我節制。

自我修養在個人性格的發展過程中有著很大的作用，它是教育的補充力量，也是良好性格的發展方向。玉不琢，不成器。一個人的性格，不經過認真的自我修養，不可能自然而然地達到優良高尚的境界。偉人也罷，庸人也罷，任何人的優良性格都是在後天實踐活動過程中，不斷進行自我修養的結果。

養成強者心態，塑造領袖個性

性格，常常表現為我們身上的某種氣質。具有成功個性的人，他們的氣質也往往與眾不同，並極易感染他人。

法國著名作家司湯達（Stendhal）說：「做一個傑出的人，光有一顆合乎邏輯的頭腦是不夠的，還要有一種強烈的氣質。」氣質是一個很古老的概念。早在古希臘時期，有個叫希波克拉底（Hippocratic Oath）的醫師便提出，人的體內含有四種體液，它們是血液、黏液、黃膽汁和黑膽汁，這四種體液形成了人體的性質。其他的古代醫學家為了說明人體的性質和區別，提出了氣質這一術語，並且根據這四種體液中哪一種在人體內占優勢，把人的氣質分為四種類型：血液在體內占優勢的稱為多血質，黏液占優勢的稱為黏液質，黃膽汁占優勢的稱為膽汁質，黑膽汁占優勢的稱為憂鬱質。古代人對氣質分類的依據並不足夠科學，但這種分類方法一直沿用到現在。現代心理學家認為，氣質是個體心理活動和行為的穩定的、典型的動力特徵。人的心理活動的動力特徵不同，就會表現出不同的氣質特徵。氣質特徵會使一個人帶上某些獨特的色彩，從而使其內心反應和行為表現具有不同於其他人的特點。

在現實生活中，我們會經常遇到氣質截然不同的人。有一位前蘇聯心理學家做了一項很有趣味的研究：四個不同氣質類型的人去看戲，由於某種原因，他們都遲到了，被謝絕入場，但是他們的反應卻各不相同：

甲與檢票員爭執起來，企圖進入劇場到自己的座位上去。他辯解說，劇院的鐘快了，還說他不會影響別人等等。他打算推開檢票員直接跑到自己的座位上去。

養成強者心態，塑造領袖個性

乙看到這種情況知道，人家不會放他進劇院，於是他想辦法溜了進去。

丙看到檢票員不讓他進劇院，心想：「第一場大概不會太精采，我還是先到販賣部晃晃，等幕間休息時再進去吧。」

丁心裡想：「我老是不走運，偶爾來看一次戲也這麼倒楣。」接著他悻悻地回家去了。

這四個人對待同一件事情的態度和處理方式截然不同，我們很容易能判斷出來：甲是「熱情而急躁」的膽汁質氣質，乙屬於「靈活而好動」的多血質，丙是「沉著而穩定」的黏液質氣質，丁則是「情感深厚而沉默的人」，屬於憂鬱質。

了解了四種氣質類型的特點，你或許會急於想判斷自己以及親朋好友屬於哪一種氣質類型的人。但是你可能發現很難將自己簡單地歸於哪一類。比如，你可能熱情直率，同時自制力也很強，或者安靜穩定而又富有靈活性。這是很正常的。上面我們說的只是四種典型的氣質類型及其特點，大多數人可能具有這種或那種類型的特徵，或者偏向於某一種類型，或者是具有幾種氣質特點的混合型氣質。所以，不能單純地把一個人歸入某一種氣質類型。在現實生活中，以某一種氣質類型為主和混合型氣質類型的人居多。

我們經常聽到有人說：「你這個脾氣什麼時候才能改？真是『江山易改，本性難移』！」人的脾氣難改，實際上指的是人的氣質不容易改變。

一個人的氣質為什麼如此難以改變呢？這是因為氣質與遺傳因素特別是和大腦高級神經系統的特性有密切關係，具有先天性。在後天的生活中，氣質就形成了一個人心理活動的穩定的典型的動力特徵。這種動力特徵首先表現在人的心理活動的運行速度、強度和靈活性方面，如感知覺的

第四章　自我管理與性格改造

速度、靈敏性及注意力集中時間的長短、思維的快慢等等。另外還表現在心理過程的速度，包括情緒、情感的強弱，意志努力的程度，以及一個人心理活動的傾向性等方面。例如，有的人傾向於外部事物，對人熱情，樂於交際；有的人傾向於內部，不擅長與別人交往，比較喜歡獨處。若是同樣對待生病的朋友，外傾的人可能拉著朋友的手，噓寒問暖，同情之心溢於言表；內傾的人，可能只是用眼神給予朋友以安慰，並默默地為朋友端水倒茶。

　　氣質較為穩定，這是人的高級神經活動的特點使然。俄國生理學家巴夫洛夫（Pavlov）根據長期的觀察和研究，指出氣質是人的高級神經活動的外部表現。他根據神經過程的基本特點將神經活動分成四種類型，分別對應於四種氣質類型：

　　一是活潑型。神經活動強、平衡、靈活。這種類型的特點是反應靈敏，外表活潑，能很快地適應迅速變化的外界環境，相當於多血質。

　　二是安靜型。神經活動強、平衡、不靈活。這種類型相當於黏液質。他們不太靈活，難以興奮，反應遲緩。

　　三是不平衡型，相當於膽汁質。這種人在較強的神經負擔下，容易造成神經活動的分裂，容易形成好戰、放蕩不羈的性格。

　　四是弱型，相當於憂鬱質。弱型的兒童常表現出行為忙亂，注意力分散，經不起長時間的太強或太弱的刺激。

　　正是因為人的神經類型是由遺傳決定的，是相對穩定的，所以人的氣質才具有很大的穩定性。這就是「本性難移」的原因所在。但是，人的神經類型也不是完全不可改變的。因為人生活在社會環境中，必然要受到環境的影響。在環境與教育的影響下，一個人的高級神經活動也會不斷得到

塑造和改變。因而，本性難移不是絕對的，人的氣質也是可以在一定程度上改變的。

有個脾氣暴躁的人經常發脾氣，常常因此而引起別人的誤解，他意識到這個毛病的害處後，就下決心要改掉它。於是，他在書房裡掛上標語，提醒自己克制脾氣。終於，他靠著頑強的毅力使自己逐步克服了這個毛病。

氣質是我們每個人都具有的一種寶貴的天賦，既有遺傳的色彩，又打上了生活的烙印。它使我們每個人在行動中表現出獨特的性格。每一種氣質都是獨特的，因而是無所謂優劣之分的。多血質的人不必沾沾自喜，憂鬱質的人也不必怨天尤人。因為具有多血質氣質不能一定成功，具有憂鬱質氣質也不會注定失敗。不論屬於哪種氣質，明智的人都能利用自己的稟賦，使自己的生活豐富多彩，使自己的事業乘風破浪。沒有完美的人更沒有完美的氣質。我們要善於發展自己氣質中的弱點，並努力去克服它，從而使自己的氣質接近完善。若你是憂鬱質的人，就要注意增強自信心；若是黏液質的人，就要練習提升反應的速度；若是膽汁質的人，就要努力克服急躁、易衝動的特點。對於我們每個人來說，主要的是認識自己，正確而客觀地評價自己，在實踐中不斷地豐富和完善自己。我們應該意識到：「江山易改，本性也能移」。

發現自身性格的優勢與不足

性格定位包含兩層含義：一是自己屬於什麼樣的性格，二是自己想成為什麼樣的性格。這就需要充分了解性格中的優缺點，以發揚長處克制短處。

第四章　自我管理與性格改造

有人說：「每個人的性格都有優點和缺點。一味去彌補自己性格缺點的人，只能將自己變得平凡；而發揮自己性格優點的人，卻可以使自己出類拔萃。」

一個人的性格特徵將決定著其交際關係、婚姻選擇、生活狀態、職業選擇以及創業成敗等等，從而根本性地決定著其一生的命運。如果將一個人比喻為一棟大廈，那麼性格就是這座大廈的鋼筋骨架，而知識和學問等則是充斥於骨架中的混凝土。鋼筋骨架決定著大廈能建成高聳入雲的摩天大樓還是低矮的簡易樓房；性格決定著你的一生是悲劇連連、平平庸庸還是建功立業、讓人敬仰。

每個人的人生道路都不可能是一帆風順的，當外部環境不順利時，要學會充分地調節內在自我的情感，及時調整好情緒，一旦學會利用性格的優點，避免性格的缺點，你的人生就有可能立於不敗之地。

既然性格決定著一個人一生的命運，那我們就要正視自己的性格缺點，合理地利用自己的性格優點，這樣才能達到成功的頂峰。不能正視自己性格缺點的人，只能在成功的腳下徘徊。我們可以列舉出自己身上一長串性格的優點，也可以列舉出一系列性格的缺點。然而性格的優點和缺點，就像一個硬幣的兩面，它們相互依存、相輔相成，誰也不可能離開誰。「最大的長處所在，往往也是最大短處的根源；最大優勢的發揮，常常暴露出最大的劣勢。」每個人只有看清自己的優點，明白自己的缺點，善待自己，不斷地完善自己，才能取得成功。

知道了性格優劣及價值的懸殊以後，我們就應將目光投向自己的性格深處。

人類一方面貴為「萬物之靈」，是大自然的最高主宰者；另一方面，人類也是有弱點的。19世紀墨西哥一位版畫家創作過一幅題為〈七種不應有

的惡習〉的版畫，畫面上有七隻魔鬼般的動物，張牙舞爪地撲向一個人。這七隻動物分別代表懶惰、妒忌、讒言、驕傲、酗酒、發怒、吝嗇七種惡習。其實，人類的惡習遠不止這些，常見的還有愚昧、粗心、粗魯、懈怠、輕佻、膽怯等等。

人的性格總會表現出二重性──既有優點，又有缺憾。人性的組合總會表現出許多矛盾，性格中相反的兩極總是在互相爭奪，正面因素如果戰勝了負面因素，這個人便表現為良好的性格；反之，就會表現為低劣的性格。每個人的性格都是極其豐富和複雜的，一個人對世界的認知一定程度上是從自我認知開始的。及時審視自己的性格，將使你張揚性格中的優點，捨棄或彌補性格中的缺憾。審視自己，治療缺憾，才會擁有更圓滿的人性和人生。

詩人歌德（Goethe）的朋友這樣評價歌德：「我很知道，他不是完全可愛的。他很有些令人不快的方面，我也曾領略過。但他這個人整體的總和是無限好的。」儘管歌德的內心充滿矛盾衝突，但他的每一種心態總是正面的、善意的。因此，歌德不僅是一個好人，甚至是一個偉大的人，雖然他稱不上完美。

每一個熱愛生活的人都應該使性格中正向的一面處於上風，並努力減少性格中的負面因素，只有這樣才能使生活呈現無限的光芒。

不同的性格有不同的優點，同時，不同的性格也包含著不同的弱點。

人的每一種性格不可能是完美的，總會有這樣那樣的「毛病」，因此，及時審視自己的性格，並定位自己的性格是非常必要的。這個世界上的人沒有最好的性格，只有更好的性格。你只有不斷對自己的性格揚棄和改進，才會贏得理想的人生。

選擇適合你的發展方向

不可否認的是，一個人的工作成就與其學歷、努力程度都有關係，但這種關係都不是決定性的。有著更大關係的是性格特點與所從事工作的契合程度。試想，一個沉默文靜、喜歡思考而不擅長與人打交道的人，如果從事推銷工作，即使付出全部的努力恐怕也難盡人意。所以，先對自己的性格進行定位，根據這一定位的指導選擇工作，對事業、人生的成功意義重大。

性格定位，可以確切地知道自己喜歡什麼，從而能去做與性格吻合、自己喜歡的事情。

很多年前，一位名人講過一句話：「你一定要做自己喜歡做的事情，才會有所成就。」

很多人在尋找工作的時候，都不知道自己要做什麼，或是做一些自己不喜歡做的事。

有一位機械師不喜歡自己的工作想轉行，卻遲遲下不了決心，因為他已經學了二十幾年的機械，如果突然轉換其他工作，會感到很不適應，儘管不喜歡，卻無法拋開累積二十多年的機械專業知識。

他想改變，但又拋不開過去的包袱，自然無法突破。

這是個矛盾，既然知道自己再繼續做下去也不會有興趣，就應該果斷地做出決定：轉行！做自己喜歡的事情畢竟是令人興奮的，也更容易激發自己的想像力和創造力，並最終取得卓越成就。

每個人都必須當機立斷，去做自己喜歡做的事情，當知道自己已經走錯方向時，就要及時地調頭，朝正確的方向走，才會達到理想的目的地。

如果明知錯了還要繼續走,最終會一敗塗地。

要改變自己目前的狀況,要讓自己更有自信,要讓自己做事更有成效,我們就必須做出更好的決定,採取更好的行動。

做你自己喜歡做的事情,其實是很困難的。大多數的人,多半都在做他們討厭的工作,卻又必須逼自己把討厭的事情做到最好。

他們經常失去了動力,時常遇到事業的瓶頸,而沒有辦法突破,他們不斷地徵求別人的意見,卻還是照著一般的生活方式進行,凡事沒有進展,原地踏步,這些當然不是他們想要的,但是由於種種原因,他們當中卻很少有人試著去改變自己的狀況。其實,要找出自己真正喜歡的工作,只需要把自己認為理想和完美的工作條件列出來就一目了然了。

你的才能就是你的天職。你能做什麼?這是你對自己最好的質問。如果一個人位置不當,用他的短處而不是長處來工作的話,他就會在永久的卑微和失意中沉淪。反之,如果選擇長處來工作的話,則會發揮無限潛能因而成功,以下就有幾個典型故事印證了這一點:

「瓦特!我從來沒有看見過像你這麼懶的年輕人。」瓦特的祖母說,「念書去吧,這樣你會比較有用。我看你有半個小時一個字也沒讀了。你這些時間都在做什麼?把茶壺蓋拿走又蓋上,蓋上又拿走做什麼?用茶盤壓住蒸汽,還加上勺子,瞎忙。浪費時間玩這些東西,你不覺得羞恥嗎?」

幸虧這位老夫人的勸說失敗了,全世界都從她的失敗中受益不淺。

多年前,有一位男孩願意犧牲一切,只為了成為一名歌劇演員。他的父母花錢讓他上課,就像如今的父母,花錢讓小孩上音樂課、舞蹈課一樣。但是經過幾年的練習之後,他的老師對他是否能成為職業演唱家,

第四章　自我管理與性格改造

不抱任何希望。「孩子，」老師告訴他，「你的聲音聽起來就像風吹著百葉窗！」

然而，男孩的母親相信她的孩子。因為她曾經熱切參與他的演唱會，每天在房間裡傾聽他認真練習。因此，她送他到另一位更有經驗的老師那裡上課。為了支付兒子的學費，她沒錢買新鞋——有時甚至挨餓。這名男孩就是卡羅素（Enrico Caruso），後來他成為了那個時代最偉大的男高音——因為他的母親傾聽他的心聲，引導他發展天賦。

伽利略是被送去學醫的。但當他被迫學習解剖學和生理學的時候，他學著歐幾里得幾何學和阿基米德數學，偷偷地研究複雜的數學問題。當他從比薩教堂的鐘擺上發現鐘擺原理的時候，他才17歲。

英國著名將領兼政治家威靈頓（Wellington）小的時候，連他母親都認為他智商不足。他幾乎是學校裡最差的學生，別人都說他遲鈍、呆笨又懶散，好像他什麼都不行。他沒有什麼特長，而且想都沒想過要入伍從軍。在父母和教師的眼裡，他的刻苦和毅力是唯一可取的優點。但是在46歲時，他打敗了當時世界上除了他以外最偉大的將軍拿破崙。

沒有什麼比一個人的事業更能讓他受益。事業會鍛鍊其肌體，增強其體質，促進其血液循環，敏銳其心智，糾正其判斷，喚醒其潛在的才能，出發其智慧，使其投入生活的競賽中。

從這些典型例子中我們可以得出：在選擇職業時，你不要考慮怎樣賺錢最多，怎樣最能成名，你應該選擇最能使你全力以赴的工作，應該選擇能使你的人格發展得最堅強和最善於團結人的工作，應該選擇與你的個性最吻合的工作，應該選擇最能讓你發揮無限潛能的工作。

培養健全且健康的個性

　　心理學研究結果表明，一個人的性格好與壞在相當程度上對其事業成功與否、家庭生活幸福與否、人際關係良好與否有著決定性的作用。健全的個性是事業成功的基礎、家庭幸福的根基、人際關係良好的基石。

　　心理學家曾一再告誡世人：改善你的個性，健全你的個性，扼住命運的咽喉，做命運的主人。要改善自己的個性，健全自己的個性，前提是要了解自己的個性，找到自己性格中尚存的缺陷，對症下藥，為明天的成功打下良好的基礎。

　　心理學中最早的有關性格的學說是卡里努斯根據古希臘名醫希波克拉斯的「液體病理說」所提出來的「四氣質說」。「四氣質說」把人的性格從總體上分為「陽剛」、「平淡」、「憂鬱」及「急躁」等幾大類，不同的人各屬於其中的一種，這種學說直到今天也讓人深有同感。卡里努斯在指出不同的性格對人的一生有不同的正向作用之後，又提醒世人不同的性格還有各自的弱點，它們必然對人的一生產生消極影響。我們要正視如下問題：作為獨立的個體，我們該怎樣完善自己的個性？作為將來的人夫或人妻、人父或人母，我們該怎樣培養孩子健全的個性？

　　什麼是健全、健康的個性呢？心理學家傑拉德指出：能將內心對重視你的人敞開是性格健全的重要特徵。同時，要擁有健康的性格，向別人開放自己的內心是最好的辦法。

　　通常，為了努力去適應社會，不與社會發生衝突，大部分人都會不同程度地壓抑自己。在社會生活上這是必須的，只是壓抑過度就會產生身心障礙。所以傑拉德強調，即使在社會生活中頻頻壓抑自己的人，至少也要

第四章　自我管理與性格改造

有一處可以傾訴、發洩胸中的鬱悶和不滿情緒的地方，這是擁有健康性格的必要條件之一。但是，自我開放度並非越高越好。

人與人之間的交往，若一方抱著很高的期望，另一方卻關起心靈的大門，兩人便無法溝通和交往。所以，敞開自己絕對是發展親密朋友關係的基本條件。

然而，一見面或在公開場合過度吐露自己細膩複雜的心情，怕只會令聽者大惑不解，不知所措。所以，自我開放必須看場合，而且要適可而止，才能培養健康的人格。

顯然，「健全」包含「健康」和「全面」兩個方面的含義。健康的個性已說過了，現在再談談全面。這裡要澄清一個誤解。有人認為，所謂全面的個性，就是各種性格無所不包，全都融合在一個人的身上。這其實不對，個性之所以為個性，必然有與眾不同的地方，方能成其為個性。一個什麼樣的個性都有的人，在現實生活中是絕對找不到的。即使那些左右逢源、八面玲瓏的交際高手，也不可能什麼樣的個性都有。至於偉人，他們更是以某方面的突出個性魅力來感染吸引著群眾。

「個性」這個詞本身就已注定它強調個別，即這個人不同於那個人的性格因素。既然如此，那麼，全面的個性指的是什麼呢？我們認為，它是對一個人個性成熟的理論描述，成熟的個性即是一種全面的個性，它以某種突出的性格特徵為代表，融會貫通其他性格特徵，從而使代表性的性格特徵更加完善，取長補短，盡顯個人的人格魅力。

社會發展到今天，人的各方面仍未得到充分的發展。由於種種原因，人所固有的氣質的某些負面特質被不斷強化，走上極端道路的人比比皆是。當今時代是一個充滿激烈競爭的商品社會，機會不會白白送上門；人

的心理隨時會承受各式各樣的壓力、挫折和失敗；瞬息萬變的資訊要求我們從各個方面準確掌握資訊，有能力占有資訊，利用資訊。全球亦成為一個地球村，我們有與國內外各種人士進行交流的機會和可能，這需要我們有豐富的閱歷和在各種環境中從容自如的應變力複雜的社會需要健全的個性。

隨著社會的進一步發展、完善，人的全面發展有了比現在更多的可能。在資訊社會、商品經濟社會、高科技社會，沒有健全的個性，人的才華非但不能充分體現，反而會舉步維艱、不知所措。

社會越是文明，越是進步發達，人們越是要保持清醒，替自己的處世原則、發展方向進行準確地定位，要成為傑出的人才，健全的個性更不可少。

擁有吸引人際關係的特質

開朗健談也好，羞澀喜靜也好，只要你想讓自己成為一個受歡迎的人，你的性格要素中自然會加進這樣的元素，這就是性格定位的魅力。

一個人在家庭、工作、交友中都必須與人接觸。因此，你的各方面都成了各方注意的焦點和目標，你是否是一個受歡迎的人很重要。在這裡性格又一次影響了你，要如何培養受歡迎的性格呢？

顯然，每個人都期望自己成為一個受到大家歡迎的人。問題是，現實中確有不少人不討人喜歡，不受人歡迎。那麼，我們該如何培養受人歡迎的性格呢？這就要了解哪些是受人歡迎的性格。

第四章　自我管理與性格改造

(1) 聰明並且誠實

據有關調查表明，最受人歡迎的性格是誠實、正直、聰明並值得信賴。人與人之間的交往重在一個「誠」字。待人誠實的人往往能贏得更多的朋友，獲得大家、親友和同事的喜愛。這種誠實表現在對人誠懇，對朋友不說假話，不弄虛作假。犯了錯能夠承認，不遮遮掩掩，不說謊話騙人。

正直的性格是很難能可貴的，正直的性格主要是指人的行為光明磊落，不欺負別人，不做壞事和對不起朋友的事。遇到壞人壞事時，勇於與之進行抗爭。

聰明的人也很討人喜歡。因為聰明的人比其他人的領悟速度快，很快就能和對方進行溝通，因而備受喜歡。

(2) 有魅力的人

據有關專家調查結果顯示，有魅力的男人或女人對異性和其他族群的吸引力更大、更討人喜歡。

對男人而言，有魅力的性格主要有以下五種：

①安靜、沉著、自信心強、喜歡求知。

②喜歡清潔、帥氣、成熟。

③熱情、豪邁、做事積極且專心、精力充沛。

④健康、有活力、和藹可親、體貼別人、喜歡社交、開朗、率直、做事乾脆。

⑤喜歡聽人講話、認真、寬宏大量、誠實。

對女人而言，受人歡迎的性格主要有以下六類：

①聰明、有點神祕、安靜。

②喜歡社交、態度積極、熱情、性感。

③活潑可愛、親切、體貼人、直率。

④有活力、健康、開朗。

⑤喜歡聽人說話、自制力強、誠實，認真。

⑥做事乾脆、和藹可親。

如果要想使自己成為更有魅力、更受歡迎的人，就應該在上述各方面下工夫，加強自己的魅力。

(3) 外表的魅力與性格

儘管有許多處世格言告誡我們不要太重視一個人的外表，許多人嘴巴上也不斷強調欣賞對方的內在美，但事實上，幾乎很少有人能完全不在乎外表，而專注於發現與欣賞對方的內在人格美。

客觀而言，這符合我們認識一個人的規律。因為一個過去從未謀面的人站在你面前，你首先注意到的就是他的外表，長得如何，氣質怎樣，穿著是否得體，並由此決定是親近還是疏遠他，然後，才談得上進一步與他進行交流。

外表有魅力的人，大體上好奇心強，熱情活潑，看問題有眼光、有自信、意志堅強，會感恩、親切、直率、認真，能敞開心胸與人交談，乃至有包容別人的雅量。換言之，外表越有魅力的人，性格通常越好。

第四章　自我管理與性格改造

(4) 克服人性的弱點

　　在培養好性格的同時要克服人性的弱點，因為這些弱點通常是人生道路中阻礙你前進的絆腳石。這些弱點跟優點一樣多，如憂慮、驕傲、懶散、粗心、自卑、依賴、嫉妒等。這些弱點也許其中一點或幾點同時出現在你的身上，如果你不去調整與改善，你會發覺你的生活處處碰壁或不愉快。

　　憂慮是每個人都會犯的弱點。憂慮最能傷害到你的時候，不是在你有所行動的時候，而是在你一天的工作之餘。那時候，你的思維極其混亂，你會想起很多不愉快的往事，還有很多荒唐的念頭充斥在你的大腦中，揮之不去。

　　有一個老太太生了兩個兒子，大兒子賣傘，二兒子賣草帽，家人的日子過得還不錯，可是這老太太卻天天愁眉苦臉，憂心忡忡的。有人去問她為什麼這樣，老太太說：「晴天的時候我擔心大兒子的傘賣不出，陰天的時候我擔心二兒子的草帽沒人買。所以我才這麼擔憂。」

　　那人說：「天下雨了妳的大兒子傘好賣，天晴了妳二兒子可以賣草帽了。不管什麼天氣，總有一個人有生意做。妳為什麼不這樣想呢？」老太太醒悟過來了，從此再也不為兒子的生意擔憂了，整天快快樂樂地過日子。

　　這雖然是一個虛構故事，其實說穿了，憂慮就是自己為自己編織一張不快樂的網，把自己困在網中央。當你遇到不能解決的事情時，往好的方面想一想，「其實沒什麼大不了的事情」，這樣認為的時候，心靜下來反而會想到解決的辦法。

　　大部分的人往往會因為自己有這樣那樣的缺陷，怕被人瞧不起而產生

自卑感,把自己孤立起來。自卑的人其實都能意識到自己的問題所在,但就是無法克服它,整天悶悶不樂,覺得生活很不如意。其實每個人都擁有特殊能力或才能,哪怕是個愚笨的人,都有只有他才能做到的事情,只是自己沒有發現它。因為通往成功的第一步,首先要不拘泥於自己的弱點,所以一個人最重要的就是要調整、克服自卑的心理,把自己的優點盡量發揮出來。

驕傲是很多人都容易有的弱點,如果能好好地運用,它也可以成為我們自信的來源。驕傲是用來表現自己愛自己的一種方式,像這樣的心理狀態是不正常的。可以把這種心態適當地調整,將它改善成我們自認為有能力處理好事情的自信心。

如果有一點適當的依賴,可使自己覺得自己需要人家的幫助,同時也知道有幫助別人的必要,像這種變成大家互相幫助的習慣,也是極好的一件事情。只是如果依賴的心態過重,就變成了人性的弱點。

好性格就是改善自身的弱點,同時不斷發掘自身的優點並善於利用。給予自己一個受歡迎的性格定位,你就知道自己該如何去做,就能贏得更多的朋友、更多的支持。

鍛鍊理智且堅韌的性格

理智表現為一種明辨是非、洞悉利害以及控制自己行為的能力。具備這種能力並能自覺維持,或者更進一步來說,當這種能力變成一種理性取向時,它便形成一種性格。性格理智的人,性情穩定,思想成熟,想法全面,做事周密,因此成功的機率很高。

第四章　自我管理與性格改造

反過來說缺乏理智的人不但抓不住機遇，而且還會害人害己。

缺乏理智的人由於對社會紛繁複雜的事物不能看清、看透，因此很難做出正確的判斷。缺乏理智的人比較盲目，不懂得審時度勢，對事物的發展沒有深刻的理解，所以更容易感情用事，遇到突發事件時，缺乏理智的人自控能力比較差，而且事後缺乏責任感。這種人最大的弱點是不冷靜，因此，縱使機遇迎面而來，他們也看不清其「本相」。

李偉銓畢業於一所普通大學，自視甚高。一天，他在報紙上看到兩則徵才廣告，便抱著試一試的想法前去應徵。第一家公司規模較小，成立時間又短，而且急需人才，所以經過簡單面試後，決定試用他。李偉銓便覺得是因為自己實力堅強，所以才被公司錄用。一天下來，他對公司的情況不是很滿意。第二天沒有上班，又去了另一家公司面試。這家公司規模大，要求也高，李偉銓沒有通過考試。他覺得很委屈，認為公司沒錄用他很不公平，但又找不到其他工作，就想回到第一家應徵的公司。可是，第一家公司規模雖小，也不願用這種盲目、浮躁的人，便以「錄用人員已滿」為由，將他拒之門外。處事不理智，使他錯失工作良機。

人們常把一些人的成功歸功於機遇，卻不知自己也曾有過成功的機遇，只是由於缺乏理智，才與機遇擦肩而過。

理智為機遇提供心理準備。機遇永遠都屬於頭腦有準備的人，這裡說的頭腦準備就是一種理智狀態。機遇是公平的，從不偏愛任何人；機遇是苛刻的，它也從不讓人輕易獲得。只有在思想上做好準備的人才與機遇有緣。

理智還為捕捉機遇提供心理保證。機遇在成功過程中的作用不容忽視，創造機遇就能創造財富，掌握機遇就是掌握人生。那麼如何創造機遇，掌握機遇呢？當然是要做理智的人，因為理智的人從不被動地等待機

遇，而是主動地尋找機遇，果斷地抓住機遇。所以在機遇面前，他們可以牢牢掌握住。就像一粒種子，在土裡積蓄力量，一聽到春的召喚，馬上就破土而出。人也是一樣，在機遇沒來之前，應該充實自己，只有先練好了本領，才能抓住機遇；如果沒有打虎的本領，即使讓你有機會通過景陽岡，也只能是枉送性命。

缺乏理智就意味著思維盲目，頭腦處於一種浮躁狀態。這樣的人，在面對各種機遇時就會難以掌握，錯失良機。

有一位工廠廠長，為人正直，又很有愛心，只是有時容易失去理智，但這個唯一的缺點，就把他變成了千古罪人。這位廠長所負責的工廠規模不大，勉強能夠運轉。他心急如焚，想讓工廠經營得更好，於是出門取經。

一天，廠長在一家餐廳吃飯，聽兩個商人打扮正在聊如何賺錢，他就在一旁仔細聽。原來，現在世界上一些國家愛滋病蔓延，因此乳膠手套需求走升，聽說還能出口，而且利潤很高。廠長聽了之後熱血沸騰，飯都沒吃，坐車就趕回公司，和全體員工公告此事，大家都齊誇廠長精明。他未經冷靜思考，又去找當地的民意代表，民意代表一聽有好機會，當然支持，於是介紹銀行，提供60%的貸款，同時再找親朋好友及員工湊錢。就這樣，在盲目的創業熱情中，不到兩個月，一套生產乳膠手套的全自動設備就進廠了。剛開始還真的賺了點錢，可是不到三個月，這種手套就賣不出去了。看著一箱箱的手套，廠長捶胸頓足，但是一切都晚了。

這位廠長的出發點是好的，可是他缺乏理智、全面地對市場前景進行理性分析、預測，從而做出了錯誤的判斷和決策，誤人誤己，落得如此下場。

機遇永遠屬於理智的人，因為他們在機遇面前總能夠保持理性、周詳

第四章　自我管理與性格改造

和冷靜。世界上有一種人，他們的性格具有很強的魅力，面對人生的滄桑，生命的磨難或者是際遇的不幸，他們性格中那種堅韌不屈的個性，會讓一切困難束手無策，這種性格本身就是一種所向無敵的力量，這種力量是他們征服世界的基礎。

這就是堅韌。練就堅韌的性格，是打拚強者人生的必要準備。

某寺院有兩棵樹，一棵是高大挺拔的銀杏樹，一棵是乾枯瘦弱的女貞樹。它們之間有一根粗黑的單槓，銀杏樹那端用螺絲和鐵箍固定在樹幹上，女貞樹這端則直插樹中。

這個寺院在戰亂時期曾經作為關押囚犯的囚室，專門關押一些被迫害、被打倒的人。

據說在這裡關押過的人很少有活著出去的，因為這個地方的「訓練」強度比別的地方都強。然而，當年有一個老市長，他在這裡蹲了10年的牢，卻站著出去了。

起初。人們都以為他是因為充滿信念才活下來的，然而，他自己卻說，是一棵樹救了他，這棵樹就是寺院的那棵銀杏。

他被關進來的時候，那棵銀杏樹只像碗口一樣粗，正對著囚室的窗戶。有一天，監獄的管理人員在這棵樹與女貞樹之間架了一根綁沙袋用的單槓。起初鐵箍是緊緊勒在銀杏樹上的，第二年樹幹長粗了，就勒出一道溝，三年後一半的鐵箍勒進了樹裡。在囚室裡被嚴刑拷打，折磨得萬念俱灰時，他看到這鐵箍，心想明年這棵樹的生命也許就要乾枯了。

然而，就在第四年的春天到來時，那棵銀杏樹的生命不僅沒有結束，而且還把整個鐵箍完全吞了進去。後來，老市長回憶說：「看到銀杏樹那非比尋常的堅韌，我也漸漸開始調整自己，以平靜來對待囚禁中的一切苦難。」

在人的一生中有時會遇到一些令人難以忍受的事情，比如貧困和疾病，還有外界強加給你的枷鎖，這一切，有時是磨難，有時是偏見和歧視，有時是打擊和嘲諷，有時是壓迫和摧殘，它們像勒在樹上的鐵箍一樣緊緊地勒住你，死死地纏住你。面對這種情形，人最容易心灰意冷，最容易失去信念，最容易厭棄生命。然而，銀杏樹卻以堅韌的生命力超越了這種枷鎖。

堅韌給予生命一分超脫，給予人一種藐視萬難的超凡脫俗的氣勢；給予人一分柳暗花明又一村的豁然開朗；給予人一種心有寬容不妥協的強者風範。

邱吉爾（Winston Churchill）曾經說：「飛得最高的風箏是逆風的，而不是順風的風箏。」每個人都難免遭遇挫折，只要有所追求，就必定能逆水行舟。因此，逆境生存是人生的一門必修課，沒經受過逆境考驗的人是不完整的人。

我們說，堅韌是一種意志，一種恆心和毅力，一種鍥而不捨、百折不撓的精神，一種保證事業有成的法寶，是每個人不可或缺的特質。我們做任何事情，都離不開堅韌。尤其初涉世道的青年人更要學會堅韌，磨鍊堅韌。

第四章　自我管理與性格改造

第五章

帶著企圖心啟程

企圖心是將願望轉化為堅定信念與明確目標的熔爐,它將集中你所有的力量和資源,帶領你到達成功的彼岸!

第五章　帶著企圖心啟程

內心的企圖心就是力量

　　企圖心說穿了就是野心。但在許多人眼中這些名詞往往被貶為庸俗甚至是惡魔，那是因為人們只看到了企圖心所做出的壞事，而忽視了企圖心所帶來的追求成功的支持力。企圖心本身並沒有錯或對，錯或對的標準只在於你所追求的目標是什麼，只要你所追求的東西是正常的，那擁有一份強烈的企圖心對自己就是一件好事。

　　人的思考是源於某種內心力量的支持。一個連內心都懶洋洋的人，即使他有什麼願望，這些願望對他來說也永遠只能是漂浮的肥皂泡泡，甚至連肥皂泡砲都不算，因為願望對他並沒有什麼美好的誘惑力，他也就絲毫沒有力量去思考達到願望的詳細步驟。

　　當人有了某種願望後，就要去渴望達到或追求實現這些願望，而不要總是找理由來打擊自己的企圖心。但有一點是必要的，這種願望在你的心中必須是意識所能接納的，是美好的。

　　很多人在陌生的城市中打拚了幾年，或者在學校裡鬱悶了多年，發現自己沒有了熱情和目標。生活中除了無聊和鬱悶，似乎沒有別的色彩了。看著別人的成功也覺得無所謂了，麻木了。雖然幾年前還是那麼的豔羨，似乎還有個崇拜的偶像，還有自己的理想和抱負，但現在什麼感覺都沒有了。每天的生活就是麻木地工作、閒聊、發呆、看無聊的電視或沉迷於網路，對自己不懂的東西已經沒有任何好奇心了，甚至無法靜下心十分鐘來讀一本書。

　　整個人已經麻木了。心靈已荒如沼澤，人已形同枯槁。

　　如果這個人就是你，那你該醒醒了，該找回自己的企圖心了！

有句話是這樣講的：如果你把箭對準月亮，那麼你可以射中老鷹；但如果你把箭對準老鷹，你就只能射中兔子了。如果你在這麼年輕、這麼精力充沛的人生階段是這種狀態，那你一輩子只能抓兔子了，甚至連兔子也射不到，淪落到守株待兔的境地，一生中再也沒有射中老鷹的臂力，甚至連這樣的機會上帝都不會給你。如果你是這樣的狀態，並且打算就這樣持續下去，那你這一生就完蛋了。也許你並不是這麼糟：你仍然有熱情和憧憬，有歡笑和朋友，那麼，就好好珍惜，塑造自己的企圖心，開始奮鬥吧！別等到你的這些熱情和夢想損失殆盡的時候再妄自嘆息，別等到風燭殘年的時候再感嘆不堪回首！

擁有成功的企圖心你才可能成功。擁有一顆奔騰不息的企圖心，會為你的生活創造出孕育動力的落差，時刻提醒你去奮鬥，引導你去奮鬥；時刻讓你與別人不同，讓你能夠熱情地工作和生活；時刻給你憧憬和力量，讓你倍感使命的召喚；時刻為你點燃希望的燭火，讓你在黑夜中不會迷失方向。

心有多大，成就有多高

「態度決定高度」、「企圖決定版圖」、「信念決定命運」，這些至理名言都在提醒你，擁有成功的企圖心吧！

用正向的方法克服自我限制的觀念，這些觀念在我們前進的道路上處處設下障礙，使我們無法開闊視野，拓寬自己的生活空間。如果我們看到自己的信念能夠在生活中得到生動的展現，我們最好還是充滿期望，懷抱最美好的憧憬。我們要學會看到自己和別人優秀的一面，當然，並不是說

第五章　帶著企圖心啟程

我們對自己和別人的缺點視而不見。我們應該把自己的信念建立在內心渴望的基礎上，它會在不知不覺中使美夢成真。只要改變我們的觀念，就能改變我們的世界。

當我們拋棄那些陳舊的、布滿灰塵和沙土的破敗的信仰窗簾時，一束澄明燦爛的光芒瞬間就會瞬間照射進來，照亮屋裡所有的角落，而以前我們竟然根本不知道這光芒的存在。

或許，沒有人是我們的敵人，我們真正的敵人是自己的懶惰、懈怠、沒有方向、不知奮發向上、不知堅持到底、庸俗、墮落、抱怨、沒有熱情、沒有毅力、追求安逸、不能吃苦……

事實上，沒目標、沒鬥志、沒生氣地活著，行屍走肉般地活著，是沒有什麼意義的，這和死了沒什麼區別。「沒經過審視的人生是沒有意義的。」

樹的方向，由風決定；人的方向，自己決定。

是的，或許沒有人是我們的敵人，我們真正的敵人是自己！

假如在會場上向會員們問道：「想成功的人請舉手！」相信絕大部分的人都會舉手。

但如果問道：「想吃苦的人請舉手！」則可能很多人都不會舉手。

許多人沒有開創性、冒險性，他們不喜歡為自己定下目標，也不願意吃苦，只想坐享其成、一步登天。

可是，人的成功是很少有捷徑的！或許有人因為某種機緣，幸運地飛黃騰達，但我們不能奢望自己也一定會有如此的好運！我們所能企求的就是我們自己。我們最好還是腳踏實地，一步一個腳印，這樣可能比較穩妥。

在我們一步一步走時，別忘了不斷地告訴自己——我是年輕有為的，我是有目標理想的、我是最棒的、最優秀的、我一定能夠創造奇蹟、我一定能夠出類拔萃、我一定能夠擁抱財富。

或許有一時的僥倖，但絕對沒有永遠的埋沒。我一定不會被埋沒，我一定會成功！

的確，我們沒有「選擇出生環境的權利」，但我們絕對有「改變生活環境的權利」；當我們可以決定自己命運的時候，千萬不能把命運寄託在別人的手上！

因此。我們一定要經常想一想：「我還有什麼心願？還有什麼夢想？我最希望得到什麼？我最想要的是什麼？現在的狀態是我所追求的嗎？人生的意義又是什麼？」

人生如果沒有夢想，沒有企圖心，是最可憐的。這樣的人比乞丐還糟糕！

山高，人更高！路長，腿更長！

只要我們有信心，有毅力，就一定可以改變命運，讓我們的夢想成真！

永不滿足，才能不斷前進

比利（Pele）是公認的現代足球運動中最出類拔萃的人物，他功勳卓著，成就非凡，一直是後人、特別是年輕人追尋的榜樣。

他17歲時就成為巴西國家隊的球員，贏得過世界盃冠軍、洲際俱樂部盃賽冠軍、南美解放錦標賽冠軍，幾乎贏得了國際足壇上的一切榮譽，被人們譽為「球王」。

第五章　帶著企圖心啟程

　　在其長達22年的職業足球生涯中，他參賽1,364場，射入1,282顆球，並創造了一個隊員在一場比賽中射進8個球的紀錄。他超凡的球技不僅讓萬千觀眾心醉，而且常常使球場上的對手拍案叫絕。

　　他不僅球藝高超，而且談吐不凡，用人格魅力感染著大家。

　　當他個人進球紀錄滿1,000顆時，有人問他：「您哪個球踢得最好？」比利笑了，意味深長地說：「下一個。」

　　比利的回答含蓄睿智，耐人尋味，像他的球藝一樣精采。

　　在邁向成功的道路上，每當實現了一個短期目標，千萬不要自滿，而應該挑戰新的目標，追求新的成功。要把原來的成功當成是新的成功的起點，要有一種歸零的心態，這樣才會永遠有新的目標，才能不斷攀登新的高峰，才能享受到成功者無窮無盡的樂趣。

　　有些人步步向前，而有些人則止於中途。區別就在於，是否隨時都有新的、明確的目標。

　　就像登山一樣，如果是一條曾經走過、十分熟悉的路，或者仔細閱讀過地圖，我們知道前面有一些什麼，知道再走幾百公尺就可以休息，再走一公里就有一處著名的風景，這樣走起來才會覺得充滿力量，不覺得十分勞累。但是如果是一條完全陌生的旅途，對前面的路途一無所知，那麼，走幾十公尺就會覺得氣喘吁吁，苦不堪言了。

　　這就是目標的神奇作用。

　　人生的奮鬥目標，將決定你將會成為一個什麼樣的人。

　　不要害怕你的生活將要結束，而應該擔心你的生活永遠不會真正開始。今天圓滿的終點，終將成為明天完美的起點。

　　停下來只是一瞬間的事，而重新抬起步伐卻是一個漫長的過程。

所以，最好的辦法就是，永遠不要停下來，讓生命的齒輪天天轉動，這是讓它永不生鏽的祕密。

深信自己更達成目標

每個人都渴望成功，都企圖成功。你的企圖心，決定了你的成功與否，決定了你成功的高度。

成功意味著太多美好的事物，成功意味著個人的欣欣向榮；成功意味著更好地享受生活和生命；成功意味著自由，免於各種煩惱、恐懼、挫折、失意、落寞與壓迫；成功意味著追求生命中更多的快樂與滿足，意味著勝利，意味著最大限度地實現自我價值。

每個人都希望自己是個成功者。沒有人喜歡終日唯唯諾諾，看別人臉色行事；沒有人喜歡成為一個可有可無的二流角色，受人擺布，平庸地度過一生。可以說，每個人來到世上就是為了成功，就是為了不斷成長，不斷向高處前進。

然而事實上，成功者只是少數，更多的人似乎沒有成功，終其一生都過著普通人的生活，早早地就丟失了成功的企圖心，永遠也沒有找到通往成功的路。他們哀嘆，痛苦，徬徨。

人們費盡心機，到處尋求金錢和財富，卻對自身的寶藏茫然無知。其實，每個人都有成功的能力與天賦，關鍵就看你是善加運用還是束之高閣。信念、自尊、勇氣、堅忍、樂觀、希望就像一粒粒金色的種子。將這些種子植於心中，生活將隨之萌芽發展；每天耕耘這方心田，幸福、美滿、富足與成功就會充滿你的人生。

第五章　帶著企圖心啟程

　　1949 年，一位 24 歲的年輕人充滿自信地走進美國通用汽車公司，應徵做會計工作。他來應徵的原因只是因為他的父親曾經說過「通用汽車公司是一家經營良好的公司」，並建議他去看一看。

　　在面試的時候，他的自信使助理會計印象十分深刻。當時只有一個空缺，而面試的人告訴他那個職位十分艱苦難做，一個新手可能很難應付得來。但他當時只有一個念頭，就是進入通用汽車公司，展現他足以勝任的能力與超人的規劃能力。

　　當面試官在僱傭這位年輕人之後，曾對他的祕書說過，「我剛剛僱用了一個想當通用汽車董事長的人」。

　　這位年輕人就是通用汽車前董事長羅傑‧史密斯（Roger Smith）。羅傑剛進公司的第一位朋友回憶說：「合作的一個月中，羅傑正經地告訴我，他將來要成為通用汽車的總裁。」正如羅傑所願，32 年之後，他成了通用的董事長。

　　擁有一顆奔騰的企圖心，高度自我激勵，是指導有志之人永遠朝成功邁進的重要保障。一位智者說：生，非我所求；死，非我所願；但生死之間的歲月，卻為我所用。所以當我們仰首感嘆如煙往事時，不如低頭審視一下自己的內心，企圖心的爐火是否還在燃燒，是否還在為你帶來光和熱；當我們臥躺枕邊，想重拾昨夜的舊夢時，是否該為你的企圖心做些什麼了？成功的法則有成千上萬，但最重要的一點是：堅信自己會成功，讓自己有顆奔騰不息的企圖心。

激發內在潛能，迎接挑戰

超級成功者跟一般人最大的差別就是，「一定要」與「想要」之間。如果你希望自己的夢想能夠成真的話，你就必須有決心——「一定要」成功！

喚醒你心中酣睡的巨人，告訴自己，你是一個非常重要的人。

停下來想想你自己：在整個世界上，決沒有任何別的人跟你一模一樣；在無窮的未來，也絕不會有另外一個人像你一樣。

你是你自己的產物，造就你的東西是你自己的遺傳基因、肉體、有意識和無意識的心理、經驗、時空上的特殊位置、方向以及其他東西，當然也包括已知的和未知的能力。

你有能力去影響、應用、控制和協調所有這些東西。你能夠用正向的心態去指引你的思想，控制你的情緒和掌握你的命運。

你的內心包含著雙重潛在的巨大能力：下意識能力和有意識能力。一個是絕不酣睡的巨人，它叫做下意識能力。另一個是正在酣睡的巨人，當醒著的時候，它的潛在能力是無限的，這個巨人通稱為有意識能力。當它們和諧地運作時，它們就能影響、應用、控制和協調所有已知和未知的力量。

「你想獲得什麼？我們願意為你服務，聽從你的指揮。」神靈說。

喚醒你內心酣睡的巨人！願它比阿拉丁神燈的所有神靈更為有力！願那些神靈都是虛構的，你的酣睡的巨人才是真實的！

你想要獲得什麼呢？愛？健康？成功？朋友？金錢？住宅？汽車？讚美？寧靜的心情？勇氣？幸福？或者，你想使這個世界成為值得生活的更

第五章　帶著企圖心啟程

美好的世界？你心中的酣睡的巨人有能力把人的願望變成現實。

你想獲得什麼？叫出它的名字，它就會成為你的。關鍵是喚醒你心中酣睡的巨人！

怎樣喚醒？思考。用正向的心態進行思考。

酣睡的巨人就像神靈一樣，你必須用魔力來喚醒他。你是具有這種魔力的，這種魔力就是你的法寶——正向的心態。正向心態的特點用具體的、含義正確的詞來表示就是：信心、希望、誠實和愛心。

你現在的征途常常是人們不熟悉的洶湧的航道。為了成功地到達征途的終點，你需要掌握領航員的許多技術。

由於電磁效應的干擾會使船舶的羅盤發生偏差。領航員需要做出校正，以便保證他的船舶處於正確的航道上。當你在人生的海洋上航行時，也會遇到各式各樣的干擾。不管磁差還是自差，羅盤都要加以校正，才能顯示出正確的讀數。人生中的磁差就是環境的影響，自差就是你自己有意識和下意識中的消極態度。你從航行圖上確定航向發生了偏差時。必須及時校正這種偏差。

在你的前面可能有各種失望、苦難和危險。這些東西就是你的航道上的暗礁和險灘，你必須繞過它們前進。當你修正了羅盤的偏差時，你就能沿著正確的航道行進，達到你的目的地，而不會遇到災難。

你想要選定一條正確的航道，必須依靠的必要措施就是不斷地校正你的航向，如同磁針總是同南北兩極處於一條直線上一樣，當你校正了你的羅盤時，你就會自動地做出反應，同你的目標、你的最高理想，處於一條直線上。

喚醒心中酣睡的巨人吧，你將獲得無窮的力量！

走出舒適圈，勇敢面對困難

有兩個飢餓的人得到了一位長者的恩賜：一根魚竿和一簍鮮活碩大的魚。其中，一個人要了一簍魚，另一個人要了一根魚竿，於是他們分道揚鑣了。得到魚的人原地就用乾柴搭起篝火煮起了魚，他狼吞虎嚥，還沒有品嘗出鮮魚的肉香，轉瞬間，連魚帶湯就被他吃了個精光，不久，他便餓死在空空的魚簍旁。

另一個人則提著魚竿繼續忍饑挨餓，一步步艱難地向海邊走去，可是當他已經看到不遠處那片蔚藍色的海洋時，他渾身的最後一點力氣都使完了，他也只能眼巴巴地帶著無盡的遺憾撒手人間。

另外有兩個飢餓的人，他們同樣得到了長者恩賜的一根魚竿和一簍魚。只是他們並沒有各奔東西，而是協議共同去找尋大海，他們每次只煮一條魚，經過遙遠的跋涉，他們來到海邊，從此，兩人開始了捕魚為生的日子。幾年後，他們蓋起了房子，有了各自的家庭、子女，有了自己建造的漁船，過上了幸福安康的生活。

一個人只顧眼前的利益，得到的終將是短暫的歡愉；一個人目標高遠，但也要面對現實的生活。只有把理想和現實結合起來，才有可能成為一個成功之人。有時候，一個簡單的道理，卻足以給人意味深長的啟示。

奮鬥，是一個漫長的過程，沒有一蹴可幾的捷徑。它有時是枯燥的，有時是艱苦的，有時是危險的。因此，我們不得不從單調中尋找樂趣，從絕望中尋找希望。

複雜的事情要簡單做。

簡單的事情要認真做。

第五章　帶著企圖心啟程

　　認真的事情要重複做。

　　重複的事情要創造性地做。

　　看似人人都能看得懂的語言，卻不是人人都能做到。

　　每一條成功的路只適合於發現它的那一個人，即使路上留下了前邊走過的人成功的足跡，也沒有哪個人的雙腳能夠完全吻合地踏上前人成功的足跡。

　　成功並不像你想像的那麼困難，只要有勇氣，充分發揮你的才能，一切都沒問題。

　　1965年，一位韓國留學生到劍橋大學主修心理學。在喝下午茶的時候，他常到學校的咖啡廳或茶座聽一些成功人士聊天。這些成功人士包括諾貝爾獎得主、某一領域的學術權威和一些創造了經濟神話的人，這些人幽默風趣，舉足輕重，把自己的成功都看得很自然和順理成章。時間長了，他發現，他被一些成功人士欺騙了。那些人為了讓正在創業的人知難而退，普遍誇大了自己的創業艱辛，也就是說，他們在用自己的成功經歷嚇唬那些還沒有取得成功的人。

　　身為心理學系的學生，他認為很有必要對成功人士的心態加以研究。1970年，他寫了一篇關於「成功」的畢業論文，交給專精於現代經濟心理學的教授。教授閱後，大為驚喜，他認為這是一個新發現，這種現象雖然在東方甚至世界各地普遍存在，但此前還沒有一個人大膽提出來並加以研究。驚喜之餘，他寫信給他的劍橋校友——當時正坐在韓國政壇第一把交椅上的朴正熙。他在信中說，我不敢說這部著作對你有多大的幫助，但我敢肯定它比你的任何一個政令都能產生震撼。

　　後來，這本書果然伴隨著韓國的經濟起飛了。這本書鼓舞了許多人，因為它從一個新的角度告訴人們，成功與「勞其筋骨，餓其體膚」、「三更

燈火五更雞」、「頭懸梁，錐刺骨」沒有必然的關係。只要你對某一事業感興趣，長久堅持下去就會成功，因為上帝賦予你的時間和智慧足夠讓你圓滿地做完一件事情。後來，這位青年也獲得了成功，他成了一間汽車公司的總裁。

人生中的許多事，只要想做，都能做到；該克服的困難，也都能夠克服，用不著什麼鋼鐵般的意志，更用不著什麼技巧或謀略。只要一個人還在樸實而饒有興趣地生活著，他終究會發現，造物主對世事的安排，都是水到渠成的。

歌德說過：「不管你能做什麼，現在請開始做吧！」

我們都有自己的人生道路要走，成功者也不例外，但是因為人的獨特性，即使邁向相同的目標，所經歷的道路也不盡相同，走的步伐和印下的足跡也不會是一模一樣的。

所以，聆聽別人辛苦的成功過程，並不是成功的充分條件，正所謂「如人飲水，冷暖自知」，你沒有親身經歷過，又如何能知道，其實辛苦的過程只不過是比別人多走兩步路、多跌一次跤呢！

平庸與卓越的分界線

其實，當你閱讀這本書的時候，你就掌握了一把通向成功的金鑰匙。當你閱讀並且習得了書中的真諦，它就會在未來的某個時刻，也許是你現在還完全無法預知的時刻，給予你幫助和慰藉。

航行中的人需要羅盤，攀登中的人需要拐杖。

但是，請永遠牢記偉大的科學家愛迪生所說過的那句話：成功是需要

付出 99％ 的汗水。即使是握有金鑰匙的手，也不會平白無故得到上帝的垂愛。就像先哲教導過的那樣，慈悲的天父也只把恩賜降給那些勤勉的子民。

經典的締造，絕不會是一朝一夕的偶然。今天我們欣賞到的一首美妙的交響樂，常常被說成是靈感支配的產物，但是只有它的創作者才知道，是經過了多少次的修改潤色，它才成為傳世的名作。

超越平庸，選擇完美，這是我們每一個人應該畢生信守的格言。別讓放棄或者將就的念頭在心裡停留哪怕一分鐘，因為那一念之間的停頓就可能造成一生的碌碌無為。相信自己，相信曾經的每一個夢想都有實現的可能，並且不懈地去追求，你就會真正實現自己的夢想。告訴自己你的使命就是創造一個完美的傳奇，而你自己就是這傳奇中的主角。

擬定明確的使命宣言

「我究竟為什麼活著？」

這是一個困擾著幾乎所有人一生的問題。尤其是，當人類的眼界已經越來越開闊，看到了廣袤的、無垠的宇宙，就越無法給自己一個充分的答案。

每一個人都試圖去找到這個答案，然而在同一個問題的引導下，卻締造出了不同的人生境況。有的悲觀、逃避，一生碌碌無為；有的遠離浮塵喧囂，追尋內心深處的寧靜；有的卻力盡所能，將豐功偉業流傳千古。

其實，這個問題更應該這樣來問：「我該怎樣讓自己的一生更有意義？」歲月是不可挽留的，但是企圖的心是永遠常青的。

擬定明確的使命宣言

有這樣一個故事，老木匠辛苦了一生，建造了多得數不清的房子。這一年，他覺得自己老了，便向主人告別，想要回家鄉去，安享晚年。

老闆十分捨不得他離去，因為他蓋房子的手藝是鎮上最好的，再也沒有第二個人能夠跟他相比。但是他的去意已決，老闆挽留不住，就請他再蓋最後一座房子。老木匠答應了。

最好的木頭都被拿出來了，老木匠也馬上開始了工作，但是人們都可以看出，老木匠歸心似箭，注意力完全沒有辦法集中在工作上。梁是歪的，木頭表面的漆也不如以前刷得光亮。

房子終於如期建造完成，老闆把鑰匙交到老木匠的手上，告訴他這是送給他的禮物，以報答他多年來辛苦的工作。

老木匠愣住了，他怎麼也沒有想到，自己一生建造了無數精美又結實的房子，最後卻讓自己獲得了一件粗製濫造的禮物。如果他知道這房子是為自己而建的，他無論如何也不會這樣心不在焉。

這只是一則故事，但現實卻比故事裡的情況更糟。許多年輕人，每天帶著一臉的茫然和無奈去工作，茫然地完成老闆的任務，茫然地領回薪資。他們認為自己所做的，不過是為別人做事而已。這樣被動地應付工作，自然不可能投入全部的熱情和智慧。這樣的人，也是不會有大作為的。

老木匠沒有保持晚節，而許多年輕人從一踏入社會就缺乏責任心，一定要在別人的督促下才能工作。這就是缺乏人生使命感的典型展現了。

在相同條件下，有明確而且強烈的個人使命，與沒有目標被動懈怠的結果是完全不同的。我們要做的就是。發現自己喜歡做的事，並且全力以赴融於其中，保持一種正向的心態，不計較個人得失，勤奮努力，自動自發，這樣你最終將出人頭地，收穫無窮。

第五章　帶著企圖心啟程

發揮使命宣言的影響力

　　人的一生被許多問題困擾著，比如生存，比如愛情，比如親屬，比如朋友。如果這些問題是人生這場盛宴中苦辣酸甜的調味品，那麼企圖心就是晚宴上的燭光，將照給你看什麼地方有最適合你的美味。

　　看看那些從青年時代就樹立遠大抱負，並且終其一生去努力實現的人吧，他們並非過著苦行僧一樣的生活，他們同樣擁有親情、愛情、友情，他們同樣享受自然風光、音樂、文學的樂趣。馬克思（Karl Marx）的愛情故事至今仍為人所津津樂道；愛因斯坦的小提琴聲則雅俗共賞，與他的學說恰恰相反。這都說明，成功的人並不會失去大多數平凡人的生活樂趣。

　　那麼，究竟是什麼因素，使他們成為了偉大的人物？

　　每個人心中都存有繼續往前的使命感。努力奮鬥是每個人的責任，我們都應該對這樣的責任懷有一份捨我其誰的信念。從不放棄，直到成功！

　　從出生就一貧如洗的林肯，終其一生都在面對挫敗，八次選舉八次落敗，兩次經商都失敗，甚至還精神崩潰過一次。

　　好多次，他本可以放棄，但他並沒有如此，也正因為他沒有放棄，才成為美國歷史上最偉大的總統之一。

　　「此路破敗不堪又容易滑倒。我一只腳滑了跤，另一只腳也因此而站不穩，但我回過氣來告訴自己，這不過是滑一跤，並不是死掉都爬不起來了。」在競選參議員落敗後亞伯拉罕林肯如是說。

　　創業需要熱情，在剛剛開始的時候，幾乎所有人都能夠滿懷熱情全心全意投入到工作中。但是一遇到困難，就有人開始退縮了，最後能夠堅持下來的人寥寥無幾。也有的人只是為了追求物質利益而努力，這種刺激同

樣是短暫的。缺乏耐心的人很快便會被現實擊垮。

　　成功是一個長期累積的過程，沒有人是一夜之間成名的，暴富的搖錢樹不過是幻想而已。如果你的手想要真真切切地觸摸到成功，那麼你就要隨時準備掌握機會，展現超乎他人的非凡才能，不斷發揮自己的創造力和各種能力，知道自己工作的意義所在，永遠保持一種自發的強烈的工作熱情，這才是成就大業之人與得過且過之人的最根本區別。

　　讓工作不再是一種負擔，而是我們成功的階梯，這樣，即使是最平凡最枯燥的工作也會變得意義非凡，這也就意味著我們手中握住了更多超越他人的機會。

確保你的目標清晰可行

　　我們應該習慣於在生命的某些環節到來時靜下來看看自己的靈魂，思考自己的生命和生活。捫心自問，是否生活得有目標，有熱情，還是萎靡不振，無聲無息？是否消沉在工作的匆忙之中，疲憊地應付著種種的責任和虛榮？是否早已經在社會和群體制定的規則下疲於奔命地尾隨著別人的成功，遺失了曾經的企圖心？

　　《伊凡‧伊里奇之死》(*The Death of Ivan Ilyich*) 中的主角伊凡看似成功，有一份好工作，有一個和睦的家庭。但他的一生沒有明確的目標，總在竭力逃避生活中複雜、困難和痛苦的事情。直到臨終前他才意識到，自己從未接近過曾經對自己意義重大的夢想。伊凡意識到他從未熱情地擁抱過什麼，從未面臨過任何挑戰，沒有過熱情，也沒有找到生活的意義。他意識到「所有的工作，所有生活和家庭的安排，乃至所有社會的和工作的利

第五章　帶著企圖心啟程

益，或許都是一場錯誤。他耗盡了一生去維護那一切，但突然間發現那一切並非完美。沒有什麼要竭力維護的」。最後，伊凡成了一個失敗的人，他大聲疾呼：「我的一生都是錯的，怎麼辦？」

讀著這本小說時，我們也清楚看到伊凡是渾渾噩噩地過了一生。事實上，大多數存在於這個世界上的生命，包括你我，也許都是這樣渾渾噩噩地過了一生——茫然、無奈、麻木。或許你太忙，太累，沒有心情和空閒來考慮這些問題，更沒有多餘的精力來改變這些狀況，依然匆忙地為薪水奔波，為房子的月租和汽車的貸款勞累，早已在疲憊的生活中忘記了生命本身的熱情和意義，早就遺忘甚至拋棄了信仰和追求。不知不覺中，你成了現代社會那間門窗緊閉的鐵屋子中沉睡的人們中的一員。

為什麼不遠離喧囂，找回自己的靈魂，重新塑造自己的企圖心呢？

「我來到森林，是因為我希望目的明確地生活，只需要面對生活的本質事實，看看我能否領悟生活，這樣，當我死去的時候，才不會後悔自己枉度一生。」

梭羅（Henry Thoreau）的這番話源自對生命本身的領悟：沉浸在昨天的懊惱、明天的虛幻、特別是現在的麻木中，都不是真正的自己，都不是你自己真正需要的樣子。這位哲人或者說詩人，選擇了遠離這個文明的社會，獨居在瓦爾登湖，不是為了逃避什麼，而是為了去尋找自己的靈魂，尋找自己需要的那種企圖心。

太多的時候我們是迷失在現代文明和技術的漩渦裡，迷失在現代社會和文明的迷宮裡。你本有積極的熱情心，有自己的夢想和熱情，有自己的原則和風格，但在這些年的茫然奮鬥中，都已經幾乎消失殆盡了。無論是在繁忙嘈雜的辦公室，還是在髒亂不堪的寓所，或是在聲樂和口紅渲染的酒吧，你都找不回安寧，找不回靜謐，更無法尋找到自己的靈魂了。你的

企圖心早已沒有了家。

　　即使你不能讓自己的身體遠離這些，那麼，請讓自己的思維和精力暫時遠離它們吧。正是它們在蠶食你的熱情和理智，蠶食你的靈性和夢想，蠶食你珍貴的時間和生命，它們矇蔽了你的眼睛，攪亂了你的大腦，麻痺了你的神經。正是這些你天天關注、擔心錯過、滿心期望的東西，光明正大地侵占了你心靈的最後一點領地！

　　讓自己的情感遠離這些堂而皇之的喧囂吧，這樣你才能看到自己真正需要的，找回自己的企圖心。

　　深夜點燃蠟燭，慢慢地讀完一本不是為了升遷或者加薪的好書。

　　某個靜謐的傍晚，從塵封的紙箱中翻出當年的日記，看看曾經年少富有熱情的自己；

　　在陽光充足的週末，去那條很多年沒有涉足的巷弄裡，看望一下當年多麼崇拜的老師；

　　或者，就在現在，騎車到郊外，躺在草叢中，梳理一下這些年沒有來得及整理的思緒；

　　遠離麻痺你的生活中的種種喧囂，找回自己的靈魂，和它進行一次徹底的對話，尋回能夠拯救自己的企圖心。

　　活出屬於自己的精采！

　　現實生活中的每一個個體都在以自己的方式尋找著一條屬於自己的道路。心理學家卡爾羅傑斯（Carl Rogers）說過：「人最想達成的目標，以及自覺不自覺地追求的終點，乃是要變成他自己。」當然，這絕對不是一個帶著預先設定的觀念去尋求自我、鑄造自我的過程。因此，生命並不因生理的成熟而成為一個停滯不動的物體，它依然在不斷地成長，這是一個不

斷發現自身潛能並將這些潛能不斷重新排列組合的過程。這個過程就其本質而言，就是一個成為真實自我的過程。每一個最終成為真實自我的人，他一定會感受到生命的價值和生活的樂趣。

個體該學習如何去掌握社會發展的趨勢，認清自己所處的位置，發掘自身的潛能，適時地抓住屬於自己的機會。我們也更看重個體如何以正向開放的心態去體會自己的種種感受，包括痛苦、煩惱、失意和挫敗，而不是害怕和排斥這些負面的情緒；去學習如何接納自己，信任自己，同時接納他人，最終活出一個獨特的自我、精采的自我。

了解自己才能選對方向

每個人在思考一生將何去何從時，都應該這樣告訴自己：我是自然界最偉大的奇蹟。

自從上帝創造了天地萬物以來，沒有一個人和我一樣，我的頭腦、心靈、眼睛、耳朵、雙手、頭髮、嘴唇都是與眾不同的。言談舉止和我完全一樣的人以前沒有，現在沒有。以後也不會有。雖然四海之內皆兄弟，然而人人各異。我是獨一無二的造化。

我們應該在心中時刻保持著這樣的信念：

我是生物之中最具智慧的靈長類，我不會像動物一樣容易滿足，因為我心中燃燒著代代相傳的火焰，它激勵我超越自己。我要使這團火燃得更旺，向世界宣布我的出類拔萃。

但是，我的技藝，我的頭腦，我的心靈，我的身體，若不善加利用，都將隨著時間的流逝而遲鈍，腐朽，甚至死亡。我的潛力無窮無盡，腦

力、體能稍加開發，就能超過以往的任何成就。從今天開始，我就要開發潛力。

我不再因昨日的成績沾沾自喜，不再為微不足道的成績自吹自擂。我能做的比已經完成的更好。我的出生並非最後一樣奇蹟，為什麼自己不能再創奇蹟呢？

我不是隨意來到這個世上的。我生來應為高山，而非草芥。從今往後，我要竭盡全力成為群峰之巔，將我的潛能發揮到最大限度。

我要專心致志對抗眼前的挑戰，隨時準備抓住任何一個機會，登上更高的階梯。

我有雙眼，可以觀察；我有頭腦，可以思考。現在我已洞悉了一個人生中偉大的奧祕。我發現，一切問題，諸如沮喪、悲傷，都是喬裝打扮的機遇之神。我不再被他們的外表所矇騙，我已睜開雙眼，看破了他們的偽裝。

飛禽走獸、花草樹木、風雨山石、河流湖泊，都沒有像我一樣的起源，我孕育在愛中，肩負使命而生。過去我忽略了這個事實，從今往後，它將塑造我的性格，引導我的人生。

我會成功，因為我舉世無雙。

也許這些信念，在第一次湧上心頭時，並不令人完全信服。在過去的歲月中，我們也只是一個個平凡普通的人，過著按部就班的生活。但是過去並不等於未來，過去的狀態也不會永遠延續下去。這本書的意義就是教會如何一步一步地塑造有價值的人生，一切都從一顆企圖心開始。

有一則寓言說，一個喜歡冒險的男孩爬到父親養雞場附近的山上發現了一個鷹巢。他從巢裡拿了一枚鷹蛋，帶回養雞場，把鷹蛋和雞蛋混在一

起，讓一隻母雞來孵。孵出來的小雞群裡有了一隻小鷹，小鷹和小雞一起長大，一起在草叢裡捉蟲，一起在地上挖土，不會飛翔。小鷹過著和雞一樣的生活，牠不知道自己除了是小雞外還會是什麼別的物種。

很多很多的人，他們就像一枚枚被放在雞窩裡的鷹蛋一樣，失去了飛翔的力量和勇氣。

「我的父親就是這個樣子的，做一個小職員，每天工作，賺一點薪水。我的祖父也是這樣子，這個樣子就是理所當然的生活狀態。」問問自己，是不是每天有這樣的聲音，在心裡一點點吞噬著殘餘的理想和抱負。如果是，那麼你的狀態就很危險了！

拿破崙也曾經只是一個普通的士兵；出生在貧民窟的羅納爾多。今天的身價早已不是普通人所能夠想像的鷹，終究是要飛翔的，即使環境沒有給予它雄壯的翅膀。它仍然具有內心的力量！

做一隻鷹，還是繼續做一隻平凡的小鳥？未來都掌握在自己的手上，關鍵就取決於如何認識你自己。

找到最適合自己的位置

愛因斯坦小時候十分貪玩。母親再三告誡他：「不能再這下去了。」愛因斯坦總是以為然地回答說：「妳看看我的朋友們，他們不都和我一樣嗎？」

有一天，父親對愛因斯坦講述了一件有趣的事情。

父親說：「昨天，我和鄰居傑克大叔去清掃南邊工廠的一個大煙囪。那煙囪只有踩著煙囪內的鋼筋梯子才能上去。你傑克大叔在前面，我在後

面。我們抓著扶手，一階一階地終於爬上去了。下來時，你傑克大叔依舊走在前面，我跟在後面。鑽出煙囪，我看見你傑克大叔的模樣，心想我肯定和他一樣，臉髒得像個小丑，於是我就到附近的小河裡去洗了又洗。傑克大叔他看見我鑽出煙囪時乾乾淨淨的，就以為他也和我一樣乾淨呢，於是就只草草洗了洗手就搖搖擺擺上街了。結果，街上的人都笑到肚子痛，還以為傑克大叔是個瘋子呢。」

父親鄭重地對愛因斯坦說：「其實，別人誰也不能做你的鏡子，只有自己才是自己的鏡子。拿別人做鏡子，白痴或許會把自己照成天才呢。」

愛因斯坦聽了，頓時滿臉愧色，從此離開了那群頑皮的朋友們。他時時用自己做鏡子來審視和映照自己，終於映照出了他生命的熠熠光輝。

在一家企業的員工手冊裡，寫著這樣一句「紀律」：「努力工作沒有用，用心做事才可貴」。到這個企業來考察的同行，每每看到這一句話都會困惑不解，「天啊！這家企業居然說努力工作沒有用。」在看到第二句話時，又恍然大悟，「僅僅努力是遠遠不夠的，還必須用心。」於是這句話，就成了考察學習的最大收穫。

的確如此，不論做何種工作，要想成功，用心是最重要的前提。如果你能細心觀察，用心體會，不盲目，不盲從，找到適合自己的工作方式，其實成功離每個人並不遠。正像一位成功大師所講的：「思考，人人都能成功！」

一本電腦週刊的總負責人劉小麗，在業界有「IT界第一名記者」的美譽，而她的成功是從撿起地上的一張請柬開始的。

1984年，劉小麗放棄了長達10年的電腦相關的工作，來到了一間電子報社。剛開始，報社讓她打雜，而且一做就是3個多月。

第五章　帶著企圖心啟程

劉小麗在掃地時，發現了一張已經被踩髒了的請東，這顯然是別的記者丟棄的。她對主管說：「我想去採訪這個會議。」報社主管同意她去試試，結果一發而不可收拾。

有電腦業從業經驗的她，很快成為產業裡的知名記者，在各類世界級的 IT 產業記者招待會上，經常第一個提問的就是她。有了名氣，她就乾脆創辦了電腦周刊。

美國鋼鐵大王安德魯．卡內基（Andrew Carnegie）的成功則是從用心做一件小事開始的。

因為家境貧寒，高中都沒有讀完的卡內基不得不走上社會，他的第一份工作是在匹茲堡負責遞送電報。由於薪資很低，他渴望能成為一名接線生，但是做接線生要求懂電報相關業務，為此他每天晚上自學電報，早上提前跑到公司，在機器上練習。

有一天，公司忽然收到一份從費城發來的電報。電報異常緊急但是當時接線生都還沒有上班，於是卡內基立刻跑去代為接收，並趕緊將它送到了收信人的手中。正是由於這一次的優秀表現，使他得到了注意，被提升成為接線生，薪水也增加了一倍。

接線生的工作相對比較輕鬆，卡內基有了更多的精力用於學習商業知識，這為他後來走上商業道路，並成為鋼鐵大王奠定了良好的基礎。

還有一個故事同樣讓人深思：

日本的一位知名企業家年輕時曾流落街頭。

正當他第三次準備自殺的時候，他撿到了一塊設計研究院的廣告宣傳單。看了設計院的介紹後，他覺得做這個很有前途，於是重新振作起來。

回到東京後，他成立了一個規模很小的設計研究院，專門為企業設計

新穎的產品和促銷方案。由於業務適銷對路，研究院逐漸成為日本一流的設計研究院。後來，他以設計研究院為根據地，不斷拓展業務範圍，成立了綜合的經營企業集團。

這個曾經幾次尋短見的年輕人，終於靠自己的努力成為一個受人尊敬的知名企業的集團總裁。

這樣的故事還有很多，它們詮釋了同一個道理：成功並不是像天邊的晨星一樣遙不可及，它需要我們找到適合自己的路，不斷地接近它。

描繪人生的心靈地圖

哈佛商學院的教授曾經做過這樣的一個試驗。他將同樣的一張圖片分給兩組學生，然後告訴其中一組，畫上是位妙齡少婦；卻告訴另一組，畫上是位老婦。20秒過後將圖片收回，接著再用投影片展示圖片上的圖案給所有學生，讓大家描述這位女子。結果，事先看過少婦像的，幾乎一致認定這就是那位少婦；而事先看到老婦像的，也都認為是位老婦。

經過一番爭論，雙方僵持不下。在一一討論畫中的每個細節後，他們開始接受對方的觀點。但基本上，他們所接受的仍是觀看卡片時所得到的印象。

僅僅20秒就能產生如此強烈的影響，持續終身的制約作用可想而知。人的一生中，來自家庭、學校、工作環境、親友同事、宗教以及流行思潮的影響力，均在不知不覺中制約著我們，左右著我們的思考方式，圈住我們的心靈地圖。我們可以把思維比作地圖。地圖並不代表一個實際地點，只是告訴我們有關地點的一些消息。思維也是如此，它不是實際的事物，

第五章　帶著企圖心啟程

而是對事物的詮釋或理論。

創新之所以能夠成為一種值得稱頌的優秀特質，原因就在於人們都知道習慣性影響的力量有多麼巨大。我們的頭腦中存在著許多固有的觀念，它們影響著我們的言行和人生選擇。有時候，我們把它叫做經驗法則，而有時候，它卻會成為束縛和阻力。

乍到一個陌生的地方，卻發現帶錯了地圖，難免走冤枉路。同樣地，若想改進缺點，但施力點不對，徒然白費功夫，與初衷背道而馳。或許你並不在乎，因為你奉行「只問耕耘不問收穫」的人生哲學。但問題在於方向錯誤，「地圖」不對，努力便等於浪費。唯有方向（地圖）正確，努力才有意義。在這種情況下，「只問耕耘不問收穫」也才有可取之處。因此，關鍵仍在於手上的地圖是否正確。

我們每個人的腦海中都有許多地圖，大致上可分為兩大類：一是關於現實世界的，一是有關個人價值判斷的。我們以這些心靈地圖詮釋所有的經驗，但從不懷疑地圖是否正確，甚至不知道它們的存在。我們理所當然地以為，個人的所見所聞就是感官傳來的訊息，也就是外界的真實情況。我們的態度與行為又從這些假設中衍生而來，所以說，思維決定一個人的思想與行為。

思維決定了一個人的行動，但是一個人的思考方式卻又永遠脫不了第一印象的深刻影響。我們根據以往所知所感做出的評價，未必就是正確的。姑且不論第一印象的取得會受到什麼因素的影響，就是環境的瞬息萬變，也需要我們不斷地適應它。

曾經有一個有趣的實驗。科學家將猴子關在籠子裡，頂部掛著一根香蕉，但是只要有猴子伸手去抓香蕉，就會有高壓的水柱擊打所有的猴子，

漸漸的，籠子裡的猴子都知道了不能抓頂部的香蕉，否則就會有高壓水伺候。

更為有趣的是，當有一隻新來的猴子，想要伸手去抓香蕉的時候，所有的猴子一起撲過去揍了牠一頓，漸漸的，新來的猴子也知道了「規矩」。有人戲稱，規則產生了。

人們嘲笑猴子的愚蠢，卻不反思自己是否也經歷過類似的愚蠢事件。傳統經驗對於我們的影響正像高壓水槍無形的威懾力一樣，讓我們不敢去接觸未知的領域，錯過了成功的機遇。認識自己的心靈地圖是多麼重要，以前。你或許根本沒想到自己一直在主觀地思考著。而忽視了客觀的存在。無論你追求感情的豐富還是事業的進步，你都有必要反觀自己的心靈地圖，仔細思考通向成功的路要怎麼走，只有這樣，才更容易找到適合自己的道路。

相信自己與眾不同的潛力

弱者等待機會，而強者創造機會。

優秀的人不會等待機會來到他面前，而是主動地尋找機會、抓住機會、掌握機會、利用機會、踩在機會的肩膀上，向成功出發。

軟弱的人和猶豫不決的人，總是抱怨沒有機會，他們最常說的就是：如果給我一個機會，我就會怎樣怎樣。然而就在他們抱怨的時候，機會已經從身邊溜走了。其實，每個人的生活中都充滿了機會，那是通向成功之門，我們要做的就是去推開它。

有一句格言說得好：「幸運之神會光顧世界上的每一個人，但如果她

第五章　帶著企圖心啟程

發現這個人並沒有準備好要迎接她時，她就會從大門裡走進來，然後從窗戶飛出去。」

人人都有過在溫熱的浴缸裡放鬆自己的經歷，卻只有阿基米德注意到了，沒入水中的身體體積正好等於溢出的水的體積；被蘋果砸到的人肯定不止一個，卻只有牛頓發現了萬有引力；懸垂的吊燈來回擺動了幾個世紀，卻被伽利略得出了鐘擺定律。

為什麼？為什麼他們成為了偉大的人，名字被永遠銘記在教科書上，而你，還只是一個應用著前人科技成果的普通人？有人說，如果早出生幾個世紀，我也可以發現這些定律，並取得卓著成績的。事實上，卻並非這麼簡單。機會雖然隨處皆有，卻並不會輕而易舉地讓人得到。

自從古人採集林中暴雨後的火種，電閃雷鳴的現象就經常可見，有人從中看到了自然的神祕莫測，盲目地崇拜不存在的雷公電母，卻只有富蘭克林向著天空抬起了頭，向人們揭示了閃電的真正原因。

關於東方大陸和其他航道的傳說，在以前的水手中間流傳甚廣，但是沒有一個人勇於讓自己的船航行到那片未知的領域去，直到哥倫布帶回了新大陸的消息。雖然他的最初目的是想到印度去，而他自己也以為所到的地方正是印度，但是這更加證明了，只要去做，去拉機會的手，成功一定就在不遠處。

這些人被稱作偉人，就是因為他們把世人眼中普通得不能再普通的情形變成了一種機會，心有企圖，有所追求，因此而成就斐然。幾千年前所羅門王曾經說：「你見過工作勤奮的人嗎？他應該與國王平起平坐。」他說的就是這樣的人。每天都會有一個機會，每天都會有一個對某個人有用的機會，每天都會有一個前所未有的也絕不再來的機會。而我們要做的，就是發現它，抓住它。

沒有準備好，是許多沒有勇氣抓住機會的人的唯一藉口。如果你想等到一切準備就緒，時機萬分成熟的時候，再去實施你的創業計畫，那麼你將一生都等不到這個時候。歷史為我們留下了最好的證據，那些偉大的軍事家，從來不會等待戰役開始，而是主動出擊，出其不意，才獲得勝利的。

拿破崙站在阿爾卑斯山的聖伯納山口的時候，他知道穿越這裡的困難嗎？也許知道，也許不知道，但是他沒有理會那些人的弦外之音，堅定地決定從這裡穿過。英國人和奧地利人稱這裡是一個不可能有車輪輾過的地方，他們對拿破崙的異想天開不屑一顧，但是最終拿破崙帶著七萬人的軍隊，拉著笨重的大砲，帶著成噸的砲彈和裝備，成功地翻越了阿爾卑斯山。他沒有被高山嚇到，失敗不屬於他。

那麼，處於各種困境或誘惑中的你，是否也有這種毅力和決心？

挑戰極限，突破自我邊界

一位音樂系的學生走進練習室。鋼琴上擺放著一份全新的樂譜。

「超高難度。」他翻動著，喃喃自語，感覺自己對彈奏鋼琴的信心似乎跌到了谷底，消磨殆盡。

已經三個月了，自從跟了這位新的指導教授之後，他不知道，為什麼教授要以這種方式整人？勉強打起精神，他開始用十隻手指頭奮戰、奮戰、奮戰，琴音蓋住了練習室外教授走來的腳步聲。

指導教授是個極有名的鋼琴大師，他拿了一份樂譜給自己的新學生。「試試看吧！」他說。

第五章　帶著企圖心啟程

　　樂譜難度頗高，學生彈得生澀僵滯，錯誤百出。

　　「還不熟，回去好好練習！」教授在下課時，如此叮囑學生。

　　學生練了一個星期，第二週上課時正準備中，沒想到教授又給了他一份難度更高的樂譜，「試試看吧！」上星期的功課教授提也沒提。

　　學生再次掙扎於更高難度的技巧挑戰。

　　第三週，更難的樂譜又出現了，同樣的情形持續著，學生每次在課堂上都被一份新的樂譜「纏住」，然後把它帶回去練習，接著再回到課堂上，重新面臨難上兩倍的樂譜，卻怎麼樣都追不上進度，一點也沒有因為上週的練習而有駕輕就熟的感覺，學生感到愈來愈不安、沮喪及氣餒。

　　教授走進練習室，學生再也忍不住了，他必須向鋼琴大師提出這三個月來他何以不斷折磨自己的質疑。

　　教授沒開口，他抽出了最早的第一份樂譜，交給學生。「彈吧！」他以堅定的眼神望著學生。

　　不可思議的事發生了，連學生自己都驚訝萬分，他居然可以將這首曲子彈奏得如此美妙，如此精湛！教授又讓學生試了試第二堂課的樂譜，同樣，學生出現高水準的表現。演奏結束，學生愣愣地看著老師，說不出話來。

　　「如果，我任由你表現最擅長的部分，可能你還在練習最早的那份樂譜，不可能有現在這樣的進度。」教授緩緩地說著。

　　人，往往習慣於表現自己所熟悉、所擅長的領域。但如果我們願意回首，細細檢視，將會恍然大悟，看似緊鑼密鼓的工作挑戰、永無歇止難度漸升的各種壓力，不也在不知不覺間被戰勝、被攻破，並由此而鍛鍊成了今日的諸般能力嗎？

人，確實有無限的潛力！有了這層體悟與認知，會讓我們更欣然樂意面對未來勢必更多的難題。

走出封閉世界，迎接更大格局

永遠要跟比你更成功的人在一起。

在你的朋友之中，如果你是最成功的那一個，你就不會更成功了。

別怕與大人物打交道。最成功的人都是那些最容易與別人相處（打交道）的人，當你總是與最頂尖的人在一起時，你就越容易學到更多更好的成功法則和特質。成功者的成功，要麼給予普通的人莫大的動力，要麼給予他們莫大的壓力。成功者都是普通的人，唯一的差別在於，他們比普通的人多做或少做了某些事情，於是他們成功了。

跟冠軍在一起，自然容易成為冠軍；與普通人混在一起，久而久之，你也被「變」普通了。

找到讓自己持續前進的動力

許多小孩都會頭頭是道地告訴你，什麼是人的「不對」之處，如：自私、愚昧、貪心或以自我為中心等等。但要認出別人的善良之處，則需要成熟的眼光。只有能洞察人性優點的人，才會發現這個巨大的寶藏，才知道該如何使人充分地將能力發揮出來。

只有成熟的人才會在每天的生活裡找到溫情。那些閱歷不深、欠缺

第五章　帶著企圖心啟程

成熟的人則牢騷滿腹——抱怨每個政治家都是歹徒，生意人都是鐵石心腸，而自己的老闆則更是個不折不扣的大壞蛋。

想一想我們自己的成長經歷，哪一步能夠離開別人的幫助？無論是課堂上曾經指點過你的那位老師，還是第一個給你工作、賞識你的老闆，自己到達成功巔峰的時候，都應該對他們心存感激之情。

還有許多許多給予了我們莫大幫助，卻沒有在我們的生命中留下姓名的人。當我們面臨困境的時候，也許只是陌生人的一句話，就讓我們重新燃起了鬥志。

這世界的確到處充滿了溫情，到處都有隨時會伸出援助之手的好人。當然，這世間也免不了會有惡棍、流氓、騙子和遊手好閒的人，我們很難終此一生不碰到這一類的人。但是，我們不能一竿子打翻一船人，不能因為偶爾碰到一個爛蘋果，便認為所有的蘋果都吃不得。對人的態度也該如此。

有時，是我們自己的態度和行為，導致了別人產生某些特性或行為，而我們反倒要憤世嫉俗地高喊：「人性實在太惡劣了！」

孔子曾經說過，最重要的，不是別人有沒有愛我們，而是我們值不值得被愛。別人用什麼樣的態度對待我們，在一定程度上，是源於我們事前所種下的前因，才會結出這樣的後果。一個樂善好施的人，自然會更多地獲得他人的尊重和愛戴；而一個刻薄小氣的人，別人也會用同樣的方式來回敬他。我們無法要求別人以德報怨，只能讓自己的為人處事更得體，也更舒心。有一句古話「自求多福」，其實說的也就是這個道理。

溫莎公爵（Duke of Windsor）除了不愛江山愛美人的千古傳奇外，還曾經為我們留下了一個極具智慧的故事。

19世紀末的一天，英國王室為了招待印度當地居民部落的首領，在倫敦舉行晚宴，當時還是「皇太子」的溫莎公爵主持這次宴會。

宴會中，達官貴人們觥籌交錯，相與甚歡，氣氛融洽。可是就在宴會結束時，出了這麼一件事。侍者為每一位客人端來了洗手盤，印度客人們看到那精巧的銀製器皿裡盛著亮晶晶的水，以為是喝的水，就端起來一飲而盡。作陪的英國貴族目瞪口呆，不知如何是好，大家紛紛把目光投向主持人。

溫莎公爵神色自若，一邊與客人談笑風生，一邊也端起自己面前的洗手水，像客人那樣「自然而得體」地一飲而盡。接著，大家也紛紛仿效，本來要造成的難堪與尷尬頃刻釋然，宴會取得了預期的成功，當然也使英國國家的利益得到了進一步的保證。

溫莎公爵簡單的隨機應變，卻避免了不知道多少可能發生的麻煩。要知道，在世界歷史上，有很多衝突甚至戰爭，是根本不應該發生的，只是對於一點點的差異缺乏包容，才使它擴大成了災難。

古代有君主寬恕了對自己妃子不敬的下屬，結果這個人處於感恩之心，在戰爭中奮勇殺敵，最後救了君主的命。

再看看從前那些君主與勇士的傳奇，為了得到一個忠誠的追隨者，有膽識的君主、或者說未來的君主能夠最大限度地包容他們的個性。如果我們能夠用包容的心去對待身邊的人，他們也會在我們需要的時候，用他們的方式幫助我們。

努力讓自己做一個心寬氣和的人，在成功之前，至少先讓自己做一個快樂的人，相信這種感受一定能夠使你的成功之路更加順暢。以下有幾點法則與你共享：

（1）承認問題。讓你的親人和知心朋友了解你，知道你已經意識到自

第五章 帶著企圖心啟程

己的確存在著遇到事情容易發怒的壞脾氣，並且向他們表示你已經打算控制這種不良的情緒，尋求他們的支持和幫助。

（2）克制感情。當與人為敵的想法出現在你腦中的時候，要用理智來克制自己的感情。這時千萬不能發脾氣，理性常常會幫助你克制住自己的怒火，使怒氣漸漸消除、化解。

（3）多想他人。處事千萬不可魯莽，應當設身處地替別人想一想，這樣你才能理解別人的觀點和別人的行為舉止。在大多數場合，你這樣做了，就會發現自己的憤怒此刻已消失得一乾二淨。

（4）增加幽默。幽默能緩解矛盾，使人們融洽和諧。生活中，人和人之間難免會發生一些磨擦或誤解，而一個得體的幽默，往往能使雙方擺脫困窘的境地。幽默，常常使憤怒失去它的爆炸性。

（5）以誠待人。在與人開始交往時應當不抱成見，尋找機會取得別人的信任，奉行以誠待人的原則，如果你處處關心別人，常常用友愛的態度對待大家，你就會消除怒氣，因此也就不會損害你健康的身體。

（6）寬容大度。對人不要斤斤計較，不要打擊報復。這樣你會感到好像從自己的肩上卸下那沉重的憤怒包袱，幫助你忘卻那些不愉快的事。

讓世界因你的存在更加精彩

人們總會按照我們看待自己的眼光來評價自我，我們認為自己有多少價值，就不能期望別人把我們看得更重。一旦我們踏入社會，人們就會從我們的臉上、從我們的眼神中去判斷，他們可以從我們處理問題和對待工作的態度上，清楚地知道我們到底賦予了自己多高的價值。

偉人無一例外的都對自己擁有超乎常人的信心。凱撒有一次在船上遭遇暴風雨，艄公非常擔心，凱撒自信地說：「怕什麼？你是和凱撒在一起！」許多偉大的作家，都直言不諱地大談自己在文學史上的地位。這些都是充滿自信心的表現。

一個擁有強烈信心的人，在團隊之中，更容易成為有號召力的人，也更容易獲得別人的信賴。

因此，即使你是一個剛剛開始規劃人生的青年，也應該從第一天開始，就賦予自己強烈的自信心。告訴自己：世界因你而精采！

羅馬偉大的演說家西塞羅（Cicero），在面對貴族「你不過只是一個平民」的嘲諷時，自信地說：「不錯，我只是一個平民，但我的貴族家世將因我而開始，而你的貴族家世將因你而結束。」

自信會創造出一個人自己都無法想像的奇蹟。我們必須明白，我們擁有一切，並不比別人缺少什麼。如果我們曾經懦弱或者退縮過，就應該把丟失的自信找回來。

有一個很小很小的島，因為覺得自己實在是太小了，於是就自慚形穢地向上帝訴苦說：「上帝啊！你為什麼讓我生得這麼渺小可憐呢？放眼世界，幾乎任何一塊土地都比我來得高，別人總是巍然而立，高高在上，甚至聳入雲端。顯得那麼壯觀偉大，我卻孤零零地臥在海面，退潮時高不了多少，漲潮時還要擔心被淹沒。請您要不然將我提拔成喜馬拉雅山，要不然就將我毀滅吧！因為我實在不願意這樣可憐地活下去了。」

上帝看著這個小島，對它說：「且看看你周圍的海洋，它們佔地球面積的四分之三，也就說，有四分之三的土地在那下面，它們吸不到一點新鮮的空氣，見不到半分和煦的陽光，你有幸能夠成為露出海面的四分之一，還有什麼可抱怨的呢？」

第五章　帶著企圖心啟程

聽了上帝的話，小島豁然開朗地說：「請饒恕我的愚蠢，維持我崇高的卑微吧！感謝上帝，我已經太滿足了！」

我們每一個人生活在這世界上，也像這個小島一樣，曾經為自己的渺小卑微而苦惱過。但是想一想，我們有幸成為一個健康的人，過著正常的生活，可以自由地選擇自己喜歡的職業，不必忍受與愛人分離的痛苦，這一切又是多少人夢寐以求而得不到的。

做一個快樂自信的人，把自己本應該奉獻給世界的那份精采展現出來，這個世界上注定應該有你的聲音。

打破安逸，重新啟動人生

人生就像一碗蔬菜湯，如果沒經過攪動，鮮美好料就會一直沉在碗底；唯有辛勤地「攪動自己」，才能讓內在的才華、能力與魅力呈現。

你看過老鷹嗎？生活在都市的人，大概很少有機會看到老鷹。

根據鳥類生態學家的研究，老鷹是一種奇特的飛禽，因為牠們都把窩巢築在「樹梢」，或是「懸崖陡巖」上，普通的動物很難直接攻擊牠。

可是，老鷹是怎麼「搭築窩巢」的呢？生態學家用望遠鏡仔細觀察後發現，母鷹先用尖嘴銜著一些「荊棘」放置在底層，再叼來一些「尖銳的小石子」鋪放在荊棘上面。乍看之下，總覺得越銳利的小石子當材料來築巢，是很突兀、怪異的，這怎麼能築出一個溫暖、舒適的窩巢呢？不過，母鷹後來又銜一些枯草、羽毛或獸皮覆蓋在小石子上，做成一個能「孵蛋的窩」。

小鷹孵化，出生後，住在窩巢裡，母鷹按時叼回來小蟲或肉，餵入雛

鷹嗷嗷待哺的小嘴中；母鷹天天供應食物，也細心保護，以防敵人入侵。

後來，小鷹慢慢長大，羽毛漸豐，這時，母鷹認為，該是小鷹學習「自我獨立」的時候了！

可是，有什麼辦法能讓小鷹不再眷戀這始終被母鷹呵護、舒適無比的窩巢呢？有的母鷹開始「攪動窩巢」，讓巢上的枯草、羽毛掉落，而暴露出尖銳的「小石子和荊棘」；小鷹被刺痛得哇哇叫，可是母鷹又很無情地加以驅逐、揮趕，小鷹只好忍痛振起雙翅，飛離窩巢。

母鷹殘忍，無情嗎？不，母鷹深愛著牠生養的小鷹！

但是，母鷹更渴望牠疼愛的小鷹能成為四處翱翔的飛鷹，因此，必須無情地逼著小鷹「飛離舒適的窩，勇敢地學習獨立」；即使小鷹在剛開始跌跌撞撞，母鷹仍偷偷地在旁邊照顧看護牠，直到小鷹能「展翅高飛、直上青天」！

其實，有時小鷹不一定都有母鷹餵食，呵護，也不一定會有貌似殘酷無情的母鷹逼牠離巢遠飛，但是「孤苦無依的小鷹」必須懂得──要含淚堅強地站起來，自己飛，不斷地飛，飛往屬於自己的一片晴空與藍天。

就像小鷹一樣，母鷹無情地「攪動窩巢」，才逼得牠必須獨立展翅飛翔；可是，它不會氣餒，更不會放棄甚至墮落沉迷，還是依靠自己「獨立更生」了，終得成為「鳥中之王」！可是人呢？嬌生慣養者隨處可見；坐享其成者大有人在；偷竊他人成果而走「捷徑」者數不勝數；沒有其他可依靠者，便偷搶扒殺，以便享受安逸奢華。如是種種，但似乎很少聽說因為人太勤勞，流汗太多，而被汗水淹沒至死的！

我們必須辛勤地「攪動自己」，讓鮮美的「蔬菜好料」浮現──讓內在的才華、能力與魅力得以充分展現。

第五章　帶著企圖心啟程

優秀只是起點，行動才能成功

為什麼許多有才華的人會失敗？美國哈佛商學院 MBA 生涯發展中心主任詹姆士與提摩西博士，受命協助那些明明被看好卻表現不佳，甚至快要被炒魷魚的主管。歸納出 12 項構成致命缺陷的行為模式：

1. 總覺得自己不夠好。這種人雖然聰明，有歷練，但是一旦被提拔，反而毫無自信，覺得自己不勝任。此外，他沒有往上爬的野心，總覺得自己的職位已經太高，或許低一兩級可能更適合自己。

2. 非黑即白看世界。這種人眼中的世界非黑即白。他們總是覺得自己在捍衛信念，堅持原則。但是，這些原則別人可能完全不以為然。結果，這種人總是孤軍奮戰，常打敗仗。

3. 無止境地追求卓越。這種人要求自己是英雄，也嚴格要求別人達到他的水準。結果，下屬被拖得精疲力竭，紛紛「跳船求生」，留下來的人則更累。結果離職率節節升高，造成企業的負擔。

4. 無條件地迴避衝突。這種人通常會不惜一切代價避免衝突。為了維持和平，他們壓抑感情，結果，他們嚴重缺乏面對衝突、解決衝突的能力。到最後，這種解決衝突的無能，蔓延到婚姻、親子、手足與友誼關係。

5. 蠻橫壓制反對者。這種人容不下半點與自己不同的聲音，總認為自己是最正確的，容不得別人不同意自己，反對自己。對於不「聽話」的手下，他會採取高壓政策，迫使屬下就範。

6. 天生喜歡引人注目。這種人為了某種理想奮鬥不懈，他們總是很快表明立場，覺得妥協就是屈辱，如果沒有人注意他，他們會變本加厲，直到有人注意為止。

7. 過分自信，急於成功。這種人做事很張揚，總是自以為是，總覺得自己無所不能。當然，他們往往有一定的能力，也很勤奮，但他們總想一步到位，快速成功，結果往往由於心急而陷入困境。

8. 被困難「綑綁」。他們是典型的悲觀論者。採取行動之前，他們會想像一切負面的結果，感到焦慮不安。這種人擔任主管，會遇事拖延，按兵不動。他們很在意羞愧感，很怕承擔責任，綁手綁腳，常常擔心下屬會出問題，讓他難堪。

9. 疏於換位思考。這種人完全不了解人性，很難了解恐懼、愛、憤怒、貪婪及憐憫等情緒。他們在通電話時，通常連招呼都不打，直接切入正題，他們想把情緒因素排除在決策過程之外。

10. 不懂裝懂。這類人很愛面子，儘管沒什麼實際能力，但礙於自己的身分、地位，也不願意表現出自己的「無知」，遇到自己不了解或無法掌控的事情，不願意向屬下問清情況，生怕屬下嘲笑自己的「無能」。

11. 管不住嘴巴。這種人總愛嘮嘮叨叨地說個沒完，甚至很擅長說工作以外的事情，也會向屬下透露一些公司高層的機密消息，以顯示自己的領導地位。

12. 我的路到底對不對。這種人總是覺得自己失去了職業生涯的方向。「我走的路到底對不對？」他們總是這樣懷疑。他們覺得自己的角色可有可無，跟不上別人，也沒有歸屬感。

第五章　帶著企圖心啟程

制定你的人生計畫

　　我們學過如何了解自己的欲求信念，學過如何冷靜地分析現實與理想的差距，學過如何尋找填平差距的策略，可以說，你已經擁有一個成為卓越戰士的條件，現在，就要開始尋找你進攻的目標了。

　　我們接下來要接觸的這個技巧叫生涯規劃。首先，這裡有個建議，不要自我設限，不要太快否定自己的夢想。現在讓我們開始吧。

　　步驟1. 先開始編織美夢，包括你想擁有的，你想做的，你想成為的，你想經歷的。我要問你一個問題：「如果你知道不可能失敗，你想要得到什麼；如果你百分之百相信會成功，你會採取什麼行動？」現在，請坐下來，拿一張紙和一支筆，動手寫下你的心願。在你寫的時候，不必管那些目標該用什麼方式去達成，盡量寫就好了。

　　步驟2. 審視你所寫的，預期希望達成的時限。你希望何時達成呢？有達成時限的才可能叫目標，沒時限的只能叫夢想。

　　步驟3. 選出在這一年裡對你最重要的四個目標。從你所列出的目標裡選擇你最願意投入的、最令你躍躍欲試的、最能令你滿足的四件事，並把他們寫下來。現在建議你明確地、扼要地、肯定地寫下你實現它們的真正理由，告訴你自己能實現目標的掌握和它們對你的重要性。如果你做事知道如何找出充分的理由。那你將無所不能，因為追求目標的動機比目標本身更能激勵我們。

　　步驟4. 核對你所列的四個目標，是否與形成結果的五大規則相符。(1)用肯定的語氣來預期你的結果，說出你希望的而不是你不希望的；(2)結果要盡可能具體，還要明確定出完成的期限與項目；(3)事情完成時你

要能知道完成了；(4) 要能抓住主動權，而不要任人左右；(5) 是否對社會有利。

步驟 5. 列出你已經擁有的各種重要的資源。當你進行計劃，就得知道該使用哪些工具。列出一張你所擁有的資源清單，裡面包括自己的個性、朋友、財物、教育背景、時限、能力、以及其他可假借或依靠的資源。這份清單越詳盡越好。

步驟 6. 當你做完這一切，請你回顧過去，有哪些你所列的資源會運用得很純熟。回顧過去找出你認為最成功的兩三次經驗，仔細想想是做了什麼特別的事，才造成事業、健康、財務、人際關係方面的成功，請記下這個特別的原因。

步驟 7. 當你做完前面的步驟後，現在請你寫下要達成目標本身所具有的條件。

步驟 8. 寫下你不能馬上達成目標的原因。首先你得從剖析自己的個性開始，是什麼原因妨礙你的前進？要達成目標。你得採取什麼做法呢？如果你不確定，可以想想有哪位成功者值得你去學習？你得從最終的成就倒推，依你目前的地位一步步列出所需的做法。你就在第七條中找出為你設計未來計畫的參考資料。

步驟 9. 現在請你針對自己那四個重要目標，定出實現它們的每一步驟。別忘了，從你的目標往回訂立步驟，並且自問，我第一步該如何做，才會成功？是什麼妨礙了我，我該如何改變自己呢？一定要記得你的計畫應包含今天你可以做的，千萬不要好高騖遠。

步驟 10. 為自己找一些值得效法的模範。從你周圍或從名人當中找出三五位在你目標領域中有傑出成就的人，簡單地寫下他們成功的特質和事

第五章　帶著企圖心啟程

蹟。在你做完這件事，請你閉上眼睛想一想，彷彿他們每一個人都會為你提供一些能達成目標的建議，記下他們建議的方法，如同他們與你私談一樣，在每句重要的建議下標上他的名字。

回想過去曾有過的重大成功事蹟。將它與你的新目標的影像進行置換。

步驟 11. 使目標多樣化且有整體意義。

步驟 12. 為自己創造一個適當的環境。

步驟 13. 經常反省自己所做的結果。

步驟 14. 列一張表，寫下過去曾是你的目標而目前已實現的一些事。你要從其中看看自己學到了些什麼，這期間有哪些值得感謝的人，你有哪些特別的成就。有許多人常常只看到未來，卻不知珍惜和善用已經擁有的。所以我要告訴你，成功的要素之一就是要存有一顆感恩的心，時時對自己的現狀心存感激。

任何時刻都不算遲

失敗造就人才。如果到目前為止你仍然自認為是一個失敗者，或者在預期的將來你仍然會認為自己是一個失敗者，那麼下面的內容可能會對你有些幫助。

人生成功的祕訣只有那些在奮鬥中尚未成功的人才知道。成功就像是馬拉松式的長跑，只有最後衝刺的瞬間，你才實現了質變！而在此之前，你一直都被定義為失敗者，或者被定義為尚未成功者。但正是這漫長的累積，才鑄就最終的衝刺。在沒有成功以前，你需要保持企圖心的活力，無

任何時刻都不算遲

論什麼時候開始奮鬥,都不晚。

每當我們開始做一件事時,總難免會遇到失敗。你的人生也是這樣的。如果害怕失敗,那你將一事無成。如果你已經有了一個可愛的兒子或者女兒,常常跟同樣有孩子的人在一起,你就會常常聽到這樣的話:「孩子只要能站就能走,能走就能跑。」每個家長都懂得孩子不摔幾次跤是學不會走和跑的,而當他們看到自己的孩子在跌倒中學會走路時,心情是非常激動的。事實上,所有人都是這樣長大的。

生活也是如此,工作也是一樣。只有在失敗中,我們才能真正學到本領。

英國小說家、劇作家克魯德·史密斯曾經這樣說:「對於我們來說,最大的榮幸就是每個人都失敗過。而且每當我們跌倒時都能爬起來。」

日本人把「不倒翁」這一玩具稱為「永遠向上的小法師」。每當人們參加競選的時候,就有用它當成裝飾品的習慣。有的人把「不倒翁」的一隻眼塗黑;還有的人若是當選了,就把「不倒翁」的下半身塗黑,以示慶祝。

「不倒翁」因為重心在下面,所以無論你怎樣推它,只要一鬆手,它就會馬上彈起來,因此是個很讓人喜歡的玩具。

正是因為不斷地經受磨難,人才能變得更加堅強。在日本有「八起會」,這是那些因不走運而倒閉的經營者們的集會。他們的領導者曾以「失敗是開路的手杖」為題,為「八起會」的成員們做了講演,這給了當時的在座者極大的鼓舞。

的確,人們從失敗的教訓中學到的東西,比從成功的經驗中學到的還要多。失敗的原因很多。其中有驕傲自大、過分自滿、誇海口、濫用職權等等。總之,大致上都是因為一些小事而導致巨大的損失。韓非子曾說

第五章　帶著企圖心啟程

過:「不會被一座山壓倒,卻可能被一塊石頭絆倒。」但是,無論什麼樣的失敗,只要你跌倒後又爬起來,跌倒的教訓就會成為有益的經驗,幫助你取得未來的成功。

第六章

先下手為強是謀略

　　如果自己的思考方式和他人一樣,那只能走大家都走的路而沒有機會欣賞別有洞天的風景;如果思考給我們的指向是敢為天下先的創新之路,那我們往往能夠採摘到懸崖上的絕美花朵。

　　行為是船,而思維是燈塔,有正確的指引人生才不會迷失;行為是武將,而思維是軍事,有出人意料的謀略才能克敵致勝取得佳績。

第六章　先下手為強是謀略

人際關係的黃白金法則

黃金法則說「你想人家怎樣待你，你也要怎樣待人」。

白金法則進一步說「別人希望你怎樣對待他們，你就怎樣對待他們。」

《聖經》上說，「無論何事，你們願意人怎樣待你們，你們也要怎樣待人，因為這就是律法和先知的道理。」這條「做人法則」幾乎成了人類普遍遵循的處世原則。人們往往將之簡稱為「你想人家怎樣待你，你也要怎樣待人。」

廣告界傳奇人物──曼寧先生曾對廣告界一群才智不凡的菁英們說：「這是一場真正的競賽。智慧、才氣與精力都只是這場競賽的入場券。沒有這些條件，你根本不具備進入這個產業的資格。」

曼寧又說：「但是，要想贏得競賽，你還需要具備更多的條件。你必須懂得成功的訣竅，並把它貫穿到你整個人生之中。那麼，什麼是成功的訣竅呢？那就是：你希望別人怎樣對你，你就先怎樣對人。」

這是一條永遠不負眾望的金科玉律，就連在「人吃人」的紐約麥迪遜大道上也管用。

這條「箴言」不論從哪個角度、哪個方面去看，都是正確無疑的，而且幾乎適用於一切條件和場合。你會發現，世界各民族文化中都有類似的訓言，並且將其奉為精神生活的一條基本準則。讓我們來瀏覽一番這條「箴言」在各種不同文化中的表現形式：

婆羅門教：人生最大的義務即是不要將痛苦加諸他人。

基督教：你對人家怎麼樣，人家亦會對你怎麼樣。

孔子：己所不欲，勿施於人。

印度教：生活的要義乃在於愛人如己。

伊斯蘭教：信徒，意味著把兄弟的願望當做你自己的願望。

猶太教：凡是對你自己有害的，亦不要施諸於你的同胞。這即是全部的律法，其餘則不過是它的註解。

波斯人諺語：別人怎樣待你，你也應怎樣回報。

道教：見人之得，如己之得；見人之失，如己之失。

不管你是公司總裁、學校教師、超市店員還是任何其他人等，只要遵循這條簡單的、千古不變的真理：「你希望別人怎麼對待你，你就先怎樣對人」，就一定能有更好的表現，有更大的發展，更高的成就，甚至你會更喜歡自己。請不斷地提醒自己：他人也像你一樣，是個會呼吸、會生活的人。他們有自己的喜怒哀樂，有家庭的壓力，有成功的渴望；他們也像你一樣希望得到他人的尊敬與理解。

是的，作為一種個人價值的評判準則，「黃金法則」的公正性是毋庸置疑的，在大眾中獲得了一致的認同。不管你有沒有意識到，每天都有成千上萬的事是在「黃金法則」的指導下完成的。然而，從現代的角度來看，「黃金法則」似乎仍然難以解決紛繁複雜的所有問題，夕陽西下的鐵律緩緩降落在它的頭上。

為什麼會這樣呢？如果仔細體會一下，實際上你會發現，毫無變通地遵照「黃金法則」行事——你喜歡別人怎麼對待你，你就怎麼對待別人——意味著在處理與他人的關係時，你首先是從自身的角度出發的。其言外之意是，我們大家都是毫無差別的，我想要的或希望的，也恰恰是別人想要的和希望的。

而事實是，人與人生而不同，人們並不是一個模子裡刻出來的。人們

第六章　先下手為強是謀略

的需求可能會千差萬別，以對待這些人的方式去對待另外一些人的需求、願望和希望都大相逕庭的人，顯然會遭到拒絕和排斥，甚至導致衝突。

此外，「黃金法則」整體上是從消極的方式著手的，也就是說，它的著眼點在於避免矛盾糾紛，它關心的是人與人交往的底線是否被遵守。而如果我們要進一步開拓我們的人際關係，僅做到這一步還是很不夠的。

看來「黃金法則」也有必要與時俱進。在尊重「黃金法則」的原則下對這一古老的信條進行一點昇華也是無可厚非的。在生意場上常立於不敗之地的關鍵和有助於改善人際關係的訣竅就在於遵循我們所稱之為的「白金法則」。

「白金法則」是美國最有影響的演說人之一和最受歡迎的商業廣播講座撰稿人東尼‧亞歷山德拉（Tony Alessandra）博士與人力資源顧問、訓導專家麥克‧奧康納（Michael O'Connor）博士研究的成果。白金法則的精髓就在於「別人希望你怎樣對待他們，你就怎樣對待他們」，從研究別人的需求出發，然後調整自己行為，運用我們的智慧和才能使別人過得輕鬆、舒暢。

簡言之，就是學會主動地去了解別人——然後以他們自己所真正期望的方式對待他們，而不僅僅是我們所認為合理或喜好的方式。這一點自然意味著要善於花些時間去觀察和分析我們身邊的人，然後調整我們自己的行為，以便讓他們覺得更稱心和自在。這當然就使得他們更容易對你產生認同。

「空中巴士」飛機推銷人才貝爾，從1975年受聘以來，業績非凡。他成功地推銷了兩百多架飛機，價值四百多億法郎。他動用的是一種「情感推銷法」。貝爾來到印度推銷飛機時，接待他的是印度航空公司負責人。

貝爾第一句話便是：「正因為你，使我有機會在我生日這一天又回到了我的出生地。」

這句話直接向對方表明，感謝主人慷慨賜予的機會，使得他能在自己生日的日子裡來到該國，而且最具意義的是該國乃是他的出生地。

同時他又談到他與印度的世交。並掏出了一張貝爾3歲時與印度偉人聖雄甘地（Mahatma Gandhi）的合影。這使負責人大為感動，很快與之簽訂了合約。

正因為洞察到他人的某種情感需求，商家順應地推出了自己的產品。每個很在行的商人都知道，如果你在一個國家，比如說日本做生意，就必須學會了解和尊重當地特定的文化習俗，注意文化差異。可能你得學會如何鞠躬，或如何用筷子吃飯，或如何在與人打交道時表現得更謙恭、馴順、溫和。

在現今價值多元的社會裡，大家的喜好需求也隨著千變萬化，莫衷一是。所以，當我們在待人接物，處理人際關係的時候，再從自己的觀點出發：「我希望別人如何對待我，我就如何對待別人」時，往往只能達到「自己」猜測對方滿意，而未必是「對方」真正的滿意。如果想要達成對方百分之百的滿意，就必須從對方的立場來考量，「別人希望我怎麼對待他們，我就怎麼對待他們」，現今大家耳熟能詳的「以客為尊」、「顧客滿足」，其實就是這個道理。

「己所不欲，勿施於人」，這是人際互動的基本原理，至少不會冒犯別人。

「己之所欲，施之於人」，這只是人際關係的黃金法則，適用於價值需求一致的文化社會。

第六章　先下手為強是謀略

「人之所欲，才施於人」，是人際經營的白金定律，唯有如此，才能使我們在價值多元化的現代社會裡無往不利，真正做到百分之百的「顧客滿足」。

很顯然，「白金法則」並不是游離於「黃金法則」之外獨樹一幟的東西。相反，你可以稱它為後者的一個更新的、更富有人情味的版本。

我們每個人都有不同的行為方式，我們握手的方式，我們發洩情緒的方式，我們辦公室的布置方式，我們做決定的方式，打電話時我們或簡捷俐落或喋喋不休、絮絮叨叨的方式──以及諸如此類種種其他的方式方法，都可以傳達出我們個性風格的訊息。學會「讀」懂這些訊息的「符號」，準確辨識他人的個性風格可算得上是一種本事，其目的是據此調整我們的行為方式，減少和避免衝突及不快的發生。在此基礎上，「白金法則」指導你根據他人的性格特徵、興趣愛好，採取相應的行動，使你的事業獲得極大的成功。

瓦拉赫效應與自己

人生成功的訣竅在於經營自己的個性長處。經營長處能使自己的人生增值，否則，必將使自己的人生貶值。從現在開始，加強自己的強項，別再想自身的弱點！

奧托・瓦拉赫（Otto Wallach），諾貝爾化學獎得主，他的成功歷程極富傳奇色彩。在開始讀中學時，父母為他選擇的是一條文學之路，不料一個學期下來，老師為他寫下了這樣的評語：「瓦拉赫很用功，但過分拘泥，這樣的人即使有著完美的品德，也絕不可能在文學上發揮出來。」此時，

瓦拉赫效應與自己

父母只好尊重兒子的意見,讓他改學油畫。但瓦拉赫既不善於構圖,又不會潤色,對藝術的理解力也不強,成績在班上是倒數第一,學校的評語更是令人難以接受:「你是繪畫藝術方面的不可造就之材。」面對如此「笨拙」的學生,絕大部分老師認為他已成才無望,只有化學老師認為他做事一絲不苟,具備做好化學實驗應有的品格,建議他試學化學。父母接受了化學老師的建議。這下,瓦拉赫智慧的火花一下被點著了。文學藝術的「不可造就之材」一下子變成了公認的化學方面的「前程遠大的高材生」。在同類學生中,他遙遙領先。

這就是人們廣為傳頌的「瓦拉赫效應」。

「瓦拉赫效應」告訴我們:人的智慧發展都是不均衡的,都有智慧的強項和弱點,人一旦找到自己的智慧的最佳點,使智慧潛力得到充分的發揮,便可取得驚人的成績。幸運之神常常垂青於那些忠於自己個性長處的人。松下幸之助曾說,人生成功的訣竅在於經營自己的個性長處,經營長處能使自己的人生增值,否則,必將使自己的人生貶值。他還說,一個賣牛奶賣得非常好的人就是成功,你沒有資格看不起他,除非你能證明你賣得比他更好。

現實中的情況往往是,從學校開始,你可能就在把注意力集中在自己的弱項,而不是發揮自己的強項。而成功的人往往會忽視個人的弱點,發揮自己的特長,讓強項更強。這是因為,他們知道,對於自己的弱項,再努力也許只能達到普通水準,而不能出類拔萃。

缺點和不足是我們與生俱來的,從孩提時代起它們就向自信宣戰,克服不了缺點的人將被擋在成功的門外。這至少是我們在學校或者在工作職位上受到灌輸的遊戲規則。每個人需要尋找不足、分析不足、彌補不足。然而這樣做是錯誤的。因為這會使我們僅僅為了補做一些你以前做不了的

第六章　先下手為強是謀略

事而浪費大量精力。

如果我們在人生的座標系裡站錯了位置——用自己的短處而不是長處來謀生的話，那是非常可怕的，我們可能會在永久的卑微和失意中沉淪。因此，對一技之長，保持興趣是相當重要的。也許我們不怎麼高雅入流，但這也可能是改變自己命運的一大財富。選擇職業時道理也是如此，我們無須考慮這個職業能為自己帶來多少財富，能不能使自己成名，我們選擇的應該是最能使自己全力以赴的職業，最能使自己的品格和長處得到充分發展的職業。

因此蓋洛普民意測驗所的兩位科學家建議，把精力集中到自己的強項上來。讓強項更強，別再想自己的弱點！他們認為，那些盲目彌補缺點的人只會使損失更大。他們所做的一次範圍涵蓋全世界的長期調查證明了這一觀點。他們詢問了 100 萬名職員，其中包括 8 萬名管理人員。結果是，只有 20% 的人能展現他們真實的才能，80% 的人只是中等程度地發揮了自己的才能。

「如果誰首先集中精力於他的強項，那麼他就能夠忽略他的弱項。」策略培訓師沃夫岡・邁維斯也這樣說到，遺憾的是許多人對此知之甚少。許多人還在錯誤地認為，他們必須與他們的弱項對抗，以獲得成功。

「發揮長處而獲得升遷的機率要比只彌補不足高一半」，漢堡心理學家莫妮卡如此堅信。「幾乎沒有你不能發揮的強項」，慕尼黑路德維希——馬克西米利安大學心理學教授說。

每個人有每個人的特點，每個人有每個人的才能。美國哈佛大學「零點計畫」的共同主持人加德納（Howard Gardner）教授透過多年對心理學、生理學、教育學、藝術教育的研究，證明了人類思維和認識世界的方式是

多元化的，在此基礎上他提出了著名的多元智能理論（Theory of multiple intelligences）。

人的智力至少有八種劃分：數學、邏輯、語言、音樂、空間思維、運動，還有兩項是：如何實現理想和對待人生中的恐懼與障礙。實踐證明每一種智慧在人類認識世界和改造世界的過程中都發揮著巨大的作用，而且具有同等的重要性。每個人與生俱來都在某種程度上擁有這幾種以上的智慧，這些智慧的不同優勢的表現及不同的優勢組合決定了人的千差萬別。愛因斯坦雖然在數學和科學方面表現出卓越的天賦，但在語言身體運動和人際關係方面卻遜色得多。我們也是一樣，數學成績不理想，但可能有籌劃的能力，也許還有說服人的能力，經過培訓，能成為一名出色的談判人員。

不幸的是，我們現在還存在一個明顯的錯誤：單純用紙筆的標準化考試來區分人的智力高低，考察學校的教育效果，甚至預言一個人未來的成就和貢獻。這種片面的做法實際上過分強調了語言智慧和數學邏輯智慧，否定了其他同樣為社會所需要的智慧，使人身上許多重要潛能得不到確認和開發，因而造成了人潛質發揮的阻力和障礙。

據說，有一次，愛因斯坦上物理實驗課時，不慎弄傷了右手。教授看到後嘆口氣說：「唉，你為什麼非要學物理呢？為什麼不去學醫學、法律或語言呢？」愛因斯坦回答說：「我覺得自己對物理學有一種特別的愛好和才能。」這句話在當時聽似乎有點自負，但卻真實地說明了愛因斯坦對自己有充分的認知和掌握。

每一個人都是獨特的，要想發現自己的獨特之處唯一方法就是不斷去嘗試，然後就會發現我們在某些地方認同自己，而這就是自己獨特的地方。還有一點就是，人們往往會認為他們做起來容易的事情對他人來說，

第六章　先下手為強是謀略

也一樣很容易，而事實並不盡然，由於自己在某一方面有特別的才能、技藝、天賦，自己對這方面的事物的方法和看法就會與眾不同，甚至比別人更勝一籌，在不經意間我們已將它們當作了自己生命中的一部分。所以，當我們留意到自己在某一方面總能比其他人更容易地達到目標時，那很可能就是自己的天賦在發揮作用，這就是自己的長處所在。當我們發現這一點時，就成功了，這將是無比激動的一刻。

先發制人，打破常規

走自己的路，吃新鮮的飯。不按常規出牌在大家眼裡看來，是離經叛道，但正是這種思維上的超出常規，為猶太人贏得了「最聰明的人」的稱號。

一位身穿筆挺西裝，腳穿高級皮鞋，手戴名貴手錶的猶太商人走進紐約市中心的一家銀行。對貸款部經理說：「我想借一些錢。」經理問：「您要借多少？」猶太商人說：「一美元。」貸款部經理難以置信的神情：「只需要一美元嗎？」猶太商人非常堅決：「只需要一美元就可以了。」貸款部經理非常有禮貌地說：「一美元也需要擔保。」

猶太商人從皮包裡取出一大堆股票、國債及貴重物品放在櫃檯上，說：「總共五十萬美元，你看夠了吧？」貸款部經理被這麼多抵押品嚇呆了，他將一美元遞給這位猶太商人，對他說：「年利息為6%，只要您付出6%的利息，一年後我們就將這些抵押品還給您。」在一邊旁觀的銀行行長覺得這位猶太商人真是奇怪，怎麼用這麼多抵押品來借一美元呢？於是便問猶太商人：「先生，我有事想請教。我實在不明白您為什麼要借一美元？

先發制人，打破常規

看您的穿著打扮，不像是缺少一美元的人。而且，您用那麼貴重的抵押品借一美元，為什麼不在我們允許的範圍之內多借一點呢？」

猶太商人看著真誠的行長，幽默地說：「我在來貴銀行之前，曾經走訪過幾家金庫，他們的租金太昂貴了。所以，我選擇你們銀行，一年只需要六美分。」行長恍然大悟，原來，他是花六美分讓銀行代他保管那些貴重的財產。

這是猶太人的智慧，不按常規出牌在大家眼裡看來，是離經叛道，可正是這種思維上的超出常規，讓猶太人贏得了「最聰明的人」的稱號，其實，不光是他們，任何一個有建樹的成功者，沒有一個是走別人走過的路，吃別人嚼過的飯而獲得成功的，他們都是不局限於傳統的模式，打破常規，勇於並勇於創新才取得成就的。

在沒有硝煙但同樣殘酷的商戰中，能否突破常規思維模式，對企業的生存更是有決定性作用。而打破思想的牢籠，掙脫傳統的束縛，勇於挑戰思想的限制，逐漸成為現代商人所必須具備的思想特質。

上個世紀「二戰」勝利初期，聯合國決定將總部設在紐約市，但二直苦於找不到交通便利的好地段。這時，大銀行家洛克斐勒慷慨解囊，主動提出把曼哈頓島上的一塊土地捐贈給聯合國總部。一時間，洛克斐勒的反常舉動引來不少的議論，一塊好端端的地為什麼要白白送人呢？但是，隨著聯合國總部的建成，在其周圍，富麗堂皇的外交家公寓、第一流的大旅館、酒家、商場一座座圍繞著這個世界組織的中心大廈拔地而起。與此同時，曼哈頓島上洛克斐勒財團的一大片原本廉價的土地也成倍地漲價，變成了紐約最昂貴的街區。這時候，人們才恍然大悟洛克斐勒的「慷慨」，驚嘆他與眾不同的謀財手段和超常的「先見之明」。

第六章　先下手為強是謀略

其實，洛克斐勒並非有什麼未卜先知的能力，他不過是在同行只看到眼前得失的時候，看得更為長遠，用「小失」換「大得」，如果他也被限於傳統的模式，也就不會取得令人羨慕的成功了。

有句古話叫「不破不立」，藝術大師畢卡索（Pablo Picasso）也曾指出：「創造之前必須先破壞」。那麼，我們應該破壞什麼呢？就是傳統觀念和傳統規則。那麼要「立」的又是什麼？就是在面臨問題時，有自己的觀點和見解。

然而，我們在思考問題的時候，往往用最常用的思路、最習慣的思維，孰不知這樣會形成既定的思考模式，就好像做餅乾只用一種模永遠沒有新意一樣，當我們習慣用某種既定的方式考慮問題時，我們解決問題的方法就會逐漸變少，最終進入思維死角而找不到出路。

別人走過的路，往往沒有果子留下來；別人吃過的飯，不但沒有香味更沒有營養。成功需要獨闢蹊徑，走別人沒有走過的路，才可能摘到成功的果實；吃自己做的飯，才能體會創造的樂趣。

思想是孕育成功的河床。如果說思想是春天播下的種子，那麼成功就是秋天結出的果實。西方有句名言：「思想決定行為；行為決定習慣；習慣決定性格；性格決定命運。」如果你想在人生中收穫成功的果實，那麼就不要盲目跟隨，走別人走過的路，吃別人剩下的飯。只有突破定性思維的禁錮，你才能呼吸到新鮮的空氣，享受到成功的快樂。遵從自己的行動規則和做事風格，你就是一片獨特的亮麗風景。

精準選擇，掌握機會成本

磨刀的機會成本就是「少一點時間砍柴」。而磨刀的收益卻是提升了工作效率，帶來更多的柴。

大家是否聽說過機會成本呢？如果我們有 2,000 元，可以買一個全新的行動硬碟；也可以買一個二手電腦；還可以把錢投入股市，那麼我們應該怎麼利用自己的錢呢？當我們選擇買電腦或者投資時，考慮到機會成本了嗎？下面的例子也許會給我們一些啟示。

有一次，法國部隊和德國部隊聯合演習，其中一個任務就是摧毀樹林裡的一個目標。法國人的坦克炮管很長，準確度高；德國人用的是美國坦克，高度自動化，炮管較短。接到指令後，法國兵立刻派一個人爬到樹上，先找到兩個教堂的尖頂作為參照點，然後將測量的數據輸入電腦，根據電腦計算的結果調整角度，進行射擊；隨後，根據第一次射擊的偏差再校正角度，第二次射擊時就把目標擊中，耗時數分鐘。德國人不一樣，他們看準了大致的方向就射擊，然後不斷地前進、射擊、調整偏差，最後幾乎毀掉了整個用於演習的樹林，才把目標擊中。不過一算時間，他們比法國人用得更少。

在這個故事中，體現了「預備、瞄準、射擊」和「預備、射擊、瞄準」兩種截然不同的戰術思路。很顯然，法國人用的思路是「準確，不浪費一粒子彈」，德國人的思路是「速度，不管需要多少子彈」。在真正的戰爭中這兩種方法都各有千秋。但從做企業的角度來看，「預備、射擊、瞄準」即德國人運用的方法成效更好。

因為市場是時刻變化的，我們經常談到成本，但更多人只知道看得見

的經營成本，而往往忽視了一個更為重要的但看不見的「機會成本」。很多情況下，在我們經過深思熟慮得出結果後，所謂的機會早已遠去。如果說暫時的經營成本增加，只不過是減少了暫時的短期利潤；但如果不懂得掌握「機會成本」的真諦，我們在選擇方案時就會徬徨迷茫。在失去了機會成本的時候，再談那些看得見的成本已毫無意義。

機會成本又稱擇一成本，是指在經濟決策過程中，面對多種方案供選擇的方案，因為選取某一方案而需要放棄其他方案，而作出這種選擇將會喪失作出其他選擇可能獲得的潛在利益，這個潛在利益就是機會成本。企業中的某種資源常常有多種用途，即有多種使用的「機會」，但無論那種資源，只能用在某一方面，不能同時用在另一方面使用。因此，在決策分析過程中，必須把已放棄方案可能獲得的潛在收益，和已經選上的方案能獲得的利益相比較，當已經選中的方案可能獲得的利益大於放棄的方案的利益時，才能夠認為中選的方案有較高的經濟效益，做出正確的選擇。

某企業準備將其所屬的餐廳改為對外的招待所，這個餐廳除了能改為招待所外，還可以租借出去。改為招待所預計未來一年內可獲得利潤 60,000 元；而租借出去每年獲得租金，也就是利潤收益預計為 50,000 元；而餐廳本身一年的盈利可以達到 40,000 元。在這種情況下，如何判斷是否改為招待所呢？我們可以看到當餐廳承包時獲得利潤比自己經營要多 10,000 元，改為招待所比出租又要多 10,000 的收益，那麼改為招待所的機會成本就是這 50,000 元。因為這個餐廳如果不改為招待所時，它能獲得的最大收益就是租出去獲得 50,000 的租金。

我們在做出選擇時，其實就是在考慮我們的機會成本，當可能的收益小於選擇產生的機會成本時，我們必須考慮其他的辦法，只有這樣才能獲得最大的收益。故事中的法國部隊，當他們將測量的數據輸入電腦，根據

精準選擇，掌握機會成本

電腦計算的結果調整角度來進行射擊後，再根據第一次射擊的偏差來校準第二次的射擊角度，第二次射擊的準確度肯定會高於第一次，這樣一次次的校正角度，最終會準確地擊中目標。可是在他們把數據輸入電腦進行調整角度時，他們的對手德國部隊可能已經把目標擊毀了。要準確的瞄準就要放棄快速的擊毀，這時快速擊毀就是瞄準的機會成本。德國部隊沒有特地瞄準，而是直接用大量的砲彈轟炸，快速擊毀的機會成本就是浪費砲彈。那麼兩種方法哪個更可取呢？我們比較一下結果就可以知道。法國人浪費時間但節約了砲彈，德國人節約了時間但浪費了砲彈，而在真正的戰爭中，戰機是決定勝負的關鍵因素。

由此可見，機會成本在決策中不容忽視，最佳選擇方案的預計收益必須大於機會成本，否則所選中的方案就不是最佳方案。如果有可供選擇的方案而沒有去選擇，那麼所做的一切就有可能是沒有效率或者是低效率的，就有可能被別人譏笑為「笨」或者「弱智」。

下面故事中的那個只賣力不磨刀的兒子就是個「榜樣」：

有個人有兩個兒子。一天，他給了兩個兒子每人一把生鏽了的柴刀，讓他們去山上砍柴。一個兒子到了了山上就開始砍柴，十分賣力。另一個兒子卻跑到鄰居家借來了磨刀石，開始磨刀。等到刀磨好了，他才上山。等到太陽下山的時候，兩個人都回來了，先砍柴的扛回了一小擔柴，先磨刀的則扛回了一大擔柴。父親就問打柴多的兒子，你沒有先上山，怎麼砍的柴比先砍的多呢？他回答說，工欲善其事必先利其器啊，刀沒磨利，怎麼能很快地砍柴呢？

在這個故事裡，先磨刀的兒子放棄了在磨刀的時間可以砍的柴，先去把自己的工具做好，由於刀的鋒利反而使他砍柴的效率提升，即使他出發的晚，但是高效率能把落後的時間補上。所以先磨刀後砍柴就是更為優秀

267

第六章　先下手為強是謀略

的方案。因為磨刀的機會成本就是「少一點時間砍柴」，而磨刀的收益卻是提升了工作效率帶來更多的柴。他所得到的收益比他的機會成本來得高，所以後人才會有「磨刀不誤砍柴功」的經驗。這個故事啟示我們，只要是機會成本不大，放棄一點時間準備工具，做事情就可以事半功倍。

設定明確目標，確保行動方向

成功的最佳目標不是最有價值的那個，而是最可能實現的那個。

有個農民的妻子和孩子同時被洪水沖走，農民從洪水中救起了妻子，不幸孩子被淹死了。對此，人們議論紛紛，莫衷一是。有的說農民先救妻子做得對，因為妻子不能死而復生，孩子卻可以再生一個；有的卻說農民做得不對，應該先救孩子，因為孩子死了無法復活，妻子卻可以再娶一個。

一位記者聽了這個故事，也感到疑惑不解，便去問那個農民，希望能找到一個滿意的答案。想不到農民告訴他：「我當時什麼也沒有想到，洪水襲來時妻子就在身邊，便先抓起妻子往邊上游，等返回再救孩子時，想不到孩子已被洪水沖走了。」

農民的目標是救人，能把妻子和孩子都救上來是最好的結果，但如果現實不給你考慮的時間，該怎麼辦呢？他的選擇很正確：救身邊的人。如果等到他考慮清楚妻子和孩子哪個更重要之後再去救人，可能一個也救不上來。

所以說，成功的最佳目標不是最有價值的那個，而是最可能實現的那個。目標越大，得失越大，挫折感也就越大。放棄那些遙遠而美麗的目標，把眼光放在伸手可及的地方。

設定明確目標，確保行動方向

人的一生，要想走向成功，必須有一個明確的目標，如果沒有目標，便猶如大海上沒有方向的航船，得不到燈塔的指引，在暴風雨裡茫然不知所措，以致迷失方向。即使奮力航行，終究無法到達彼岸，甚至船破舟沉。我們生活中也有很多這樣的人，一生忙碌，但一事無成，原因就是沒有明確的人生目標，導致人生的航船迷失了方向。

塞內卡（Seneca）曾經說：「如果一個人活著不知道他要駛向哪個碼頭，那麼任何風都不會是順風。有人活著沒有任何目標，他們在世間行走，就像河中的浮萍，它們不是行走，而是隨波逐流。」

在生命的海洋中，要想做一個成功的舵手，順利到達成功的彼岸，首先必須確立明確的人生目標。人生沒有明確的目標，不可能發生任何事情，也不可能採取任何步驟。如果個人沒有目標，就只能在人生的旅途上徘徊，永遠到不了任何地方。

正如空氣對於生命一樣，目標對於成功也有絕對的必要。如果沒有空氣，沒有人能夠生存；如果沒有目標，沒有任何人能成功。所以對你想去的地方先要有個清楚的範圍才好。否則生活就會盲目漂移，做事就沒有方向感，從而敷衍了事，臨時湊合，也就失去責任感。沒有目標，英雄便無用武之地。

前美國財務顧問協會的總裁曾接受一位記者採訪，問題是有關穩健投資計劃基礎。他們聊了一會後，記者問道：「到底是什麼因素使人無法成功？」他回答：「模糊不清的目標。」記者請他進一步解釋，他說：「我在幾分鐘前就問你，你的目標是什麼？你說希望有一天可以擁有一棟山上的小屋，這就是一個模糊不清的目標。問題就在『有一天』不夠明確，因為不夠明確，成功的機會也就不大。」

第六章　先下手為強是謀略

「如果你真的希望在山上買一間小屋，你必須先找出那座山，找出你想要的小屋現值，然後考慮通貨膨脹，算出 5 年後這棟房子值多少錢；接著你必須決定，為了達到這個目標每個月要存多少錢。如果你真的這麼做，你可能在不久的將來就會擁有一棟山上的小屋，但如果你只是說說，夢想就可能不會實現。夢想是愉快的，但沒有配合實際行動計畫的模糊夢想，則只是妄想而已。」

當然，人生要制定正確的目標，要符合個人實際狀況，不能脫離現實，否則將會陷入破滅後的惆悵與悲涼之中。比如一個天生五音不全的人，連五線譜都不曾見過，卻想成為聲樂家，那他的目標恐怕難以實現。正確的目標是人生追求的基礎，離開正確的人生目標的追求只能是無目的盲動，即使偶有所得也不會長久，也很難有大的發展，在更多時候只能是品嚐失敗的痛苦。

跳脫習慣思維，尋找新機遇

對待自身的習慣陷阱，首先要能夠認知，然後要學會超脫，才能領略到人生的無限風光。

有一個退伍軍人，一直找不到女朋友，別人為他介紹的女孩子也不少，可每每在約會時總會被他搞砸。

一天，他的一個朋友說，我這次介紹給你的女孩子可是萬裡挑一的，你一定要好好把握，你記住三件事就能成功：在吃飯時要為她拉開凳子；在她說話時要盯著她的眼睛看；在她渴時去幫她買飲料。於是他就去約會了。

可是晚上回來時他非常的沮喪，對他的朋友說：「這次又搞砸了。」朋友問他是不是沒有按照他教的去做，他說：「我做了，在吃飯時我主動替她把凳子拉開；在她說話時我目不轉睛地看著她的臉；在她說到口渴的時候，我就去幫她買飲料，可是在我拉易開罐的拉環時，我把易開罐的拉環朝她丟了過去。」

這也許僅僅是個笑話，然而藉由這個誇張的笑話，我們可以發現，在生活的各個角落，我們的習慣對我們產生著的巨大影響。這種影響是無形而又強大的。好習慣可以讓人終身受益，而壞習慣則像惡魔纏身，處處影響我們的生活。我們每一個人身上多多少少都會有一些不良的習慣和嗜好，這種壞習慣可能微不足道，但若一旦成為我們生活的一部分，就會像毀壞長堤的蟻穴一樣，在潛移默化中逐步啃噬我們生命之堤。所以，當意識到壞習慣的存在以及它所帶來不良後果時，我們應該冷靜地稍作反思。這種在我們前進路上挖掘陷阱的壞習慣是怎麼養成的，應該如何補救？

一般說來，習慣是由生活經驗累積而形成的，在我們憑經驗解決問題的時候，不經意中形成某種既定思維，就是使我們盲從的習慣。在這種習慣的支配下，人們會陷入盲目的思維和行動的錯誤，失去對事物的判斷能力而陷入不必要的複雜、曲折之中。

而所謂的「習慣的陷阱」，便是這種習慣性思維，它建立在我們已有的知識經驗和觀念的基礎上，而束縛我們的思路，限制我們的思考，進而一步步蠶食我們想像力和創造性。當我們最終被自身的某些壞習慣所左右，就會不假思索地按照自己的習慣去做事情，在這種情況下，我們不但沒有自己新的思想，更不會有改變生活的能力。

第六章　先下手為強是謀略

曾經有這樣一個實驗：

有一根繩子，請用左右手分別抓住繩子的兩端，然後把它打一個結，要求雙手不能離開繩子，也不能把手捆在繩子裡。

這個問題曾難倒了好多人，當他們伸出自己的左右手抓住繩子後，無論怎樣轉動，總是因為少了一次轉動而做不到，後來有一個左撇子，他在將繩子打結的時候，兩手是交叉放在胸前的，正好彌補了少的那一次轉動。於是就把結打上了。

我們的思考習慣中存在著很多框架和限制，我們已經習慣了墨守成規，習慣了在這些常規的框架裡思考問題，所以常常掉到「習慣的陷阱」裡。就像在做這個實驗一樣，平時我們都是把手放在前面來打結的，我們的思路也就停留在兩手平行的慣性中，而那個習慣用左手的人則能毫不費力的完成。如果換做是需要用腳參與的話，也許會是一個右手不方便的殘疾人最先做到呢！這個實驗與人的智商和聰明無關，而是在讓我們意識到：每個人身上都有著「習慣的陷阱」。

人們一旦養成了自己的習慣，那麼，無論這種習慣是好是壞，自己都會順著它活動，就像物體順著自己的慣性運動，天體沿著自己的軌道運行一樣。人在習慣中生活會感覺到輕鬆，而且這種感覺可以引起生理上的舒服，就像抽菸和吸毒一樣，很容易上癮。

然而危害最大的還不是自己的壞習慣，而是自己養成了某種壞習慣自己進入某種惡習卻還茫然不覺，於是就任這種習慣慢慢地把自己蛀空。就像溫水中的青蛙一樣，等到被燙死的時候，才知道是舒服的表象害了自己。我們也經常有類似的壞習慣，學習中只會背誦答案而不會獨立思考，最終失去了創造力和想像力；工作中，只會盲目服從而不能提出自己的意

跳脫習慣思維，尋找新機遇

見，進而錯失了很多發展的機會；生活中，把時間浪費在上網聊天看電視的舒適享受上，而不肯多留一些時間專心致志完成重要事情。這樣平庸而來又平庸而去的人生是不會留下任何痕跡的。

從前有一頭驢子，自小就在磨房裡拉石磨，日復一日繞著石磨轉圈，十幾年如一日。當牠老得再也拉不動石磨時，主人發善心把牠放養到曠野之中，給牠自由生活的空間。但這頭驢子從來就沒有享受過藍天白雲下的自在生活，牠已經習慣了在狹小的磨房裡轉圈的生活，因此，在廣闊的自由空間中，這頭驢子唯一做的事情就是在吃飽以後，繞著一棵樹不斷地轉圈，直到最後死在這棵樹下。人類比驢子的高明之處就在於我們有自覺性，有自知之明。當我們發現自己在原地繞圈時，我們會抬起頭看遠方的地平線，並堅定地朝那裡的風景出發；當我們發現自己的壞習慣成為生活的阻礙後，我們會不遺餘力地清除它們。

心理學家們曾經做過有關習慣對人生的影響的調查，讓被調查者寫出影響自己成功或失敗的習慣，結果發現，影響成功的習慣大都是好的習慣，諸如守時、果斷、認真等等；而影響失敗的無疑都是那些壞習慣，像拖延、猶疑、魯莽等等。由此可見，習慣對我們生活的影響是多麼深遠，幾乎觸及到每個角落。

當我們發現，好習慣是成功的原因，而壞習慣也正是失敗的原因之後，我們還會對自己的小毛病不以為然嗎？還會認為這些小的壞習慣對我們的人生成功沒有多大影響嗎？如果那個士兵手裡拿著的是救命的藥，當別人對著他喊「立正」時，他條件反射似地將兩手垂直貼在褲縫，那他所損失的將不僅僅是一個女朋友；如果我們像那頭習慣於在狹小空間拉磨的驢子一樣，處在習慣的陷阱裡不能自知，那我們即使身處廣袤的大地，也無法發現美麗的風景。

第六章　先下手為強是謀略

只有意識到自己習慣的陷阱，並能從其中超脫，才能領略到人生的無限風光。

了解自身能力才能發揮優勢

有時候老實和守本分會耽擱我們的機遇，當我們也能將電腦劃分為微型、虛擬等分類時，就運用了起跑是蹲下的有利姿勢。這個姿勢就是說話的技巧。

有兩個人去參加某公司的面試，他們兩個是從小玩到大的好朋友，而且一直在同一所學校裡讀書。不過一個人比較老實，而另一個善於變通。

考官提出的問題是：你對電腦了解多少？

一個人說：我懂一點點。小的時候我戴過電子錶；還玩過遊戲機裡頂蘑菇的遊戲；我的房間裡有臺電視機，我每天都準時看新聞節目；在大學我還看過同學重灌電腦系統。

另一個說：這得看是哪種類型的電腦。小學的時候。我就擁有微型掌上單晶片時間脈衝輸出裝置（電子錶），而且經常使用它的編譯解碼作業流程（鬧鐘功能）；至於多功能虛擬實境模擬器（遊戲機），我測試過它的靜態資料儲存能力（玩頂蘑菇遊戲過關）；對於較複雜的多頻道超高頻多媒體接收器（電視），我曾長期追蹤它特定頻道的資料（收看新聞節目）；而傳統電腦知道得較為詳細，我的一位夥伴（同學）曾在我的指導下獨立完成了機器的組裝（組了一臺電腦）。

考官面帶欣喜地對第二個人說，明天你就來上班吧，這是公司車的鑰匙。

了解自身能力才能發揮優勢

　　為什麼有著同樣經歷的兩個人，能力在伯仲之間，所得到的結果有如此大的差異呢？為什麼描述同一件事物，用不同的語言就有著天壤之別的結局呢？我們不得不深思，是否講究說話的技巧，真的會影響我們的成功。

　　在與人交談的過程中，實話實說固然是誠實品格的展現，但不懂得變通，一味的實事求是，用死板的語言是枯燥而乏味的。後面那個人，難道他說的不是實情嗎？只不過他是用比較專業的術語來說明簡單的事情，而這樣的表述，恰恰向考官展現了自己出色的應變能力。

　　因為語言不光是一個人口才的表現，也流露出發言人的思想、個性以及智慧。我們要想讓陌生人注意到自己，在沒有深入了解的時候，最能吸引他們注意力的，就是得體而機智的語言。尤其是類似面試這樣的場合，一個人的語言表達能力將是決定能否被錄用的重要因素。

　　懂得講話技巧的人，能在短時間內設想好最能應對眼前事件的語言，最大限度地顯露自己的才華和個性。畢竟現實的競爭是激烈而殘酷的，即使你和別人擁有相同的資本，也不一定能取得相同的結果。所以，當和別人站在同一個跑點上時，要選擇一個更有利的姿勢，以便能先人一步，而這個可以增加我們衝力的姿勢，就是說話的技巧。

　　生活中有許多人覺得自己說話不流利，甚至不能用語言恰當地表達自己的意圖，更別說講究技巧了。他們不懂得用語言來包裝自己，更不會想到用令人耳目一新的話語描述平淡無奇的事情。於是，不但是這些人自己認為自己是老實人，別人也會這樣認為，在這種情況下，即使有某些機遇，他們自己沒有信心，別人也不會考慮他們。甚至有了「老實是無用的另一種說法」這種觀點。

第六章　先下手為強是謀略

而我們身邊那些所謂伶牙俐齒，舌燦蓮花的人，未必就不是老實人。只因為他們懂得說話的技巧，能用語言把自己的能力淋漓盡致地表現出來，讓更多的人了解他們，自然也就有了更多的機遇。想想我們所知道的成功人士，哪一個不是有著非凡的口才？

當下的社會生活中，人與人之間及人與社會之間的關係是非常緊密的，社交往來也更是頻繁，隨著人們相互合作機會的增加，說話的技巧和語言表達能力，顯得更為重要了。每天在各種場合我們都會遇到不同的情況，需要我們說幾句適當的話。而正是這幾句合適的話，常常能幫我們溝通關係，甚至幫我們擺脫尷尬的境地。

有兩家旅行社的導遊，分別帶團去同一個風景區旅遊。在經過一段有許多坑洞的路段時，一位導遊小姐說：「真對不起大家，這條路就像長滿雀斑的臉一樣坎坷不平，請大家小心，走過去就是平坦的路了。」而另一位導遊小姐說：「各位遊客，我們現在通過的是迷人酒窩大道，請大家一定要記住我們今天的旅程，因為我們走過的是一路酒窩。」

又是對同樣境遇的不同描繪，當遊客聽到第一位導遊員的解說時，很可能會因為道路的不平而破壞了旅行的美好心情；而第二位導遊的解說，則讓遊客在詼諧的幽默中忽視了道路的顛簸，甚至因為這個美麗的比喻，而記住這次旅行的特殊。如果我們是遊客，在下次旅行時，是不是還想遇到第二位導遊呢？

我們所說的話語，會讓別人留下什麼印象？當別人回想起你的語言，他會是什麼感受呢？有人進行了這方面的調查，他們把話語對聽者引起的反應分為八種：雋永之味、甜蜜之味、辛辣之味、爽脆之味、新奇之味、苦澀之味、寒酸之味、平淡無味。

口才已成為影響我們生活及事業優劣成敗的重要因素，我們可以透過一句話來判定說話者的綜合能力，會不自覺地信任器重那些懂得說話技巧的人。

學會說「不」，拒絕不必要的干擾

有時候吃虧是福，但不是所有的虧都是可以吃的，尤其是這種虧不帶來福而帶來禍時，更要勇敢地拒絕。

日常生活中一般人很難拒絕別人的請求，尤其是看似合乎「人情」的。因為向我提出要求的可能是我們的親人，也可能是朋友，礙於面子，我們往往難以拒絕。而且，他們所提出的請求一般不會對自己帶來嚴重損害，即使自己拒絕，最嚴重的後果也局限在日常生活的有限範圍之內。

而在職場中，情況就完全不一樣，我們經常會遇到這樣的尷尬：上司未自己安排額外工作，而這些工作又大多不屬於自己分內的事，接受的話不但會打亂原有的計畫，而且不能保證做得夠好；不接受又怕傷了上司的面子，讓上司留下不好的印象；當工作出錯時，有的上司為了推卸責任，會讓自己一個人背黑鍋，而他卻不用承擔由此帶來的後果；甚至有的上司，會把自己日夜辛苦工作得來的勞動成果據為己有，讓自己有口難辯，只能吃悶虧。

面對這些職場中的不能承受之重，一般情況下，員工會勉強接受讓自己受委屈，然而到頭來卻並沒有得到好結果。上司可能會因為我們的怯懦進一步地提出更多的無理要求，這就需要我們勇於向上司說「不」，以維護自己的權益，杜絕不良後果的發生。

第六章　先下手為強是謀略

　　在涉及到自己的切身利益時，不要過分謙讓，更不應該逆來順受，而是應大膽地向上司要求自己應該得到的；在面對上司提出的額外工作要求時，應該量力而為，能做到才答應，如果不能保證完成又不敢拒絕，反而會使自己陷入到困境中。

　　在公司和企業中，員工有拒絕上司的權利，員工雖然在工作關係上從屬於上司，接受上司的領導與管理，但這並不就表明人身依附於上司。員工有自己獨立的人格，所以有拒絕上司的權利。

　　如果上司對員工提出的要求過分或者損害了員工的利益，員工可以用正當的理由拒絕上司。對上司的要求百依百順，不但會消磨掉自己的個性，而且會讓上司覺得自己在事業上不會有太大的發展前途。因為在職場中，個性是一個人的招牌，一旦失去了個性，那麼在群體裡就很難引起別人的注意。而習慣了唯唯諾諾，工作都是自己做，又不敢捍衛自己的權益，能有什麼魄力來發展事業呢？

　　要知道，對上司百依百順，未必就會獲得上司的賞識，也不一定比別人更能獲得加薪和晉升的機會。因為什麼事都順著上司，就會讓人留下過於依賴上司的印象，工作能力就會受到質疑。而保持獨立人格的員工，就顯得更有主動性，也更具魅力，更容易引起上司的關注。

　　在我們的周圍，經常有這樣的例子：有的員工對上司安排的額外工作來者不拒，認為這樣能讓上司留下工作能力強的印象，結果讓上司養出了「習慣」，無論什麼事都找他，他也因此忙得焦頭爛額，而且並沒有像自己想得那樣，反而因為工作經常出差錯而使得上司留下不好的印象。而有的員工，勇於「拒絕」上司額外分配的工作，能夠義正嚴詞拒絕上司提出的各種分外要求，在上司碰過釘子之後，就不再會去糾纏了，而他們因為專

注於做一件事，反而更容易出成果，往往更能贏得晉升的機會。

職場中最忌諱的就是明明做不到，還勉強答應，結果不但對公司造成損失，也會為自己的前途帶來後患。

約翰是一家資訊公司的技術研發人員，有天上司找他談話，讓他擔任公司青年服務隊的領隊。原來，近期即將召開高新技術產品講座，舉行座談的政府單位邀請參加會議的公司派六名青年到場服務。公司考慮到約翰在大學時是班級幹部，所以讓他帶隊。

約翰說：「您知道的，我現在正開發一個新專案，時間很緊，正處於關鍵時刻，我沒有精力做別的。」

上司說：「時間只有五天，不會花你太多的精力。你每天把人帶到講座，不需要整天待在那裡。」約翰猶豫了一下就同意了。

在這五天裡，約翰就真的只在第一天把人帶了過去，在講座上露一次面，叮囑他們自行到服務處報到，自己就回家鑽研專案去了。那幾個人見領隊不來，也都偷懶開溜了。服務處找不到人，直接向公司老闆反映。在這件事上，約翰讓老闆很沒面子。

年底，公司職務調整，因為約翰開發的專案大獲成功，有人推薦他當技術部主管。老闆淡淡地說：「連五個人都管不好，能主管什麼？」一句話就讓他失去了晉升的機會。

所以，千萬不要答應上司自己做不到的事情，有的員工雖然手頭很忙，但是迫於上司的權力，勉強接受了額外的工作，可是又無法很好地完成，最後勞而無功，還得承擔責任，對自己造成影響。可見，不能因為怕得罪上司就勉強接受，要學會拒絕，否則，最後吃虧的還是自己。

但上司畢竟是自己職場中的上級，對他們還是應該有尊敬的態度，也

要顧及他們的面子,尤其不能在跟他說「不」的時候,把關係弄僵。這就要求我們懂得拒絕的技巧。

要委婉的拒絕。說話的口氣要溫和而誠懇,不能太直白,讓上司接受不了或者下不了臺。我們可以用欲抑先揚的語言來表達自己的態度。比如:「您看我手頭上的工作,還有精力再接別的任務嗎?」「謝謝您的好意,可是我真的對這個職務不感興趣,而且我現在也忙到分不出心力。」這比直言不諱地說:「我現在的工作還做不完呢,哪有時間再做其他。」「我對那個職位沒興趣,你找別人吧。」效果要好得多。

要果斷的拒絕。因為無論多麼委婉的表達,如果語氣不堅決,會讓上司覺得還有餘地,而你也有推脫的嫌疑。所以拒絕時的口氣一定要果斷,如果猶豫不決,上司可能會繼續做工作,甚至認為這種曖昧的態度已經表示接受了。但是,如果在一開始我們就明確地表示了拒絕,就會徹底打消上司的幻想。

克萊斯勒公司前總裁盧茲(Bob Lutz)認為:膽小的經理會對上級唯唯諾諾,只有那些為了自己的信念和利益而據理力爭的人,才有成為企業家的勇氣。

一位CEO也坦率地表示:我需要的經理是真正有膽魄的人。他能夠在面對上級的錯誤決定和過分要求時,勇敢地說「不」。這樣的人才是真正有價值的。

有時候吃虧是福,但不是所有的虧都是可以吃的,尤其是這種虧不帶來福而帶來禍時,更要勇敢地拒絕。勇於向老闆說「不」,非但不是無能的表現,反而正表現了自己的判斷力和堅定個性。

勤奮不只是態度，更是一種行動力

不要坐等上帝的救助，先在自己的田裡撒下種子，才能有收穫的希望。

從前有一個地主十分貪財，卻又十分懶惰。他每天都不斷地祈禱，請求上帝讓他所有的田地裡長滿莊稼。上帝被他的誠意所打動了，有一天終於對他說：「好吧，我答應你的請求。」可是過了一段時間，這人就又向上帝抱怨了：「尊敬的主啊，難道我還不夠虔誠嗎？你說讓我收穫好多莊稼，但為什麼現在田裡什麼也沒有呢？」上帝看著這個人，嘆了口氣，無可奈何地說道：「你總得先播種啊！」

這對於那些只想尋求外界幫助，卻從不自己動手的人，無疑是一個絕妙的諷刺。成功永遠不會光臨到這種人身上，無論他是怎麼的虔誠，不付出辛勤的勞動，是收穫不到一粒糧食的。

有句話叫做天道酬勤，也就是說勤勞的人總會得到回報的。農民們在早春時節就下地辛勤耕耘，而夏天，更是「汗滴禾下土」的在烈日下勞作，因為他們的汗水與心血的付出，最終大自然給了他們豐厚的回報，秋日時他們才能收穫纍纍碩果。

在農業上播種與收穫是這種關係，在實際生活中又何嘗不是如此呢？在生意上，我們做出的努力越多就會賺到越多的錢；反過來說，如果自己得到了很多財富而沒有付出很多勞動是不可能的事情。命運很公平，上天就會想盡辦法讓我們付出很多東西之後，才能讓我們有所收穫。

俗話說「種瓜得瓜，種豆得豆」，看到身邊人取得的成果，我們在投以羨慕眼光的同時，更應該想想，自己和他沒有太大的差別，誰也不比誰

第六章　先下手為強是謀略

聰明，為什麼自己不能得到這些呢？絕大部分原因是因為自己根本就沒有付出。別人努力付出時，自己也許在睡覺；別人為自己補充知識技能時，自己也許在娛樂；這種幕後的差別，造成了站在獎臺上的人是別人而不是自己。

天上掉餡餅的事古今中外都沒有發生過，自己怎麼就那麼幸運能夠擁有這個奇蹟？

所以，還是低下頭，先把種子播種到田裡，再去祈求豐收。

有人說：推動世界前進的人並不是那些嚴格意義上的天才，而是那些智力平平而又非常勤奮、埋頭苦幹的人；不是那些天資卓越、才華四射的天才，而是那些不論在哪一個產業都勤勤懇懇、勞動不息的人們。

而那些所謂有天賦的成功人士，很多人都是智力平平甚至有些先天不足，但是他們憑藉著堅強的意志和辛勤的付出，最終名留青史。沒有白吃的飯，妄想著坐享成功的人只是在做白日夢，只有付出相應的勞動和汗水，才能獲得人生中美好的東西。

古希臘著名演說家狄摩西尼（Demosthenes）生來就口吃，咬字發音不清，雖然有滿腹的見解，卻無法表達自己的想法，為此，他沒少受別人的奚落和嘲諷。為了克服這個生理缺陷，狄摩西常把石頭含在嘴裡，跑到海邊，面對大海練習演講，天天如此，石子把他的嘴磨得血肉模糊，但他憑著堅定的毅力，承受著肉體的痛苦，最終不但改掉了口吃的毛病，還成為希臘最著名的演說家。

這樣的例子在名人成功屢見不顯，他們的經歷，無不體現了一個古訓：登高必自卑，行遠必自邇。他們的歷程就像是爬山，必須低著頭，認真耐心的攀登，在付出艱辛的付出之後，最終站在山頂，俯視芸芸眾生，

成為眾人仰慕的對象。

我們在羨慕他們耀眼光環的同時，也必須像他們一樣，非得經過堅持不懈的辛苦付出，才能登上頂峰一覽眾山。

成功的果實是靠勤奮的汗水澆灌出來的，勤奮是我們邁向成功的階梯。然而無論是過去農業經濟時代，還是現在的知識經濟時代，人們總是盲目地羨慕那些知識淵博的人，羨慕那些有發明創造的人，卻往往忽略了成功者們的金玉良言。大發明家愛迪生為我們留下最珍貴的財富，是他關於成功的告誡：天才就是百分之一的靈感加百分之九十九的努力。天才是站在辛苦付出的肩膀之上，才看得比常人高，走得比常人遠。

俗話說勤能補拙，所謂勤能補拙，就是那些缺乏天賦和悟性的人，那些缺乏成功條件的人，經過勤學苦練，就能彌補自身的各類缺陷與不足而實現自己的夢想。

俗話也說天道酬勤，努力付出的人不一定能馬上取得成就，但那些成功的人無一不是經過了勤勞的付出。只要我們付出了辛勤的汗水，才能在金秋收穫果實。

不要坐等上帝的救助，先在自己的田裡撒下種子，才能有收穫的希望。

在心中種下樂觀的種子

在我們的心底埋下樂觀的種子，那麼當我們身處困境時，它可能會長成一條堅實的藤蔓，足以幫我們從困境中攀登出來。

1930年的美國正值經濟恐慌，可能是美國歷史上經濟最惡劣的時代。到處可見工廠倒閉、商店破產、成千上萬的人失業、各行各業都一再減

第六章　先下手為強是謀略

薪、免費餐廳和發放麵包的地方排起人龍。其中不少人過去原是富人，30歲以上的人根本找不到工作。

皮爾在沒落的第五大街見到弗雷德的時候，他穿著深藍色的訂製西裝，老式西裝磨出了一層油光，誰都能一眼看出那套西裝穿了有多久了，可是弗雷德說話的口吻一點也沒有改變：「沒有問題，我過得很好，請不用擔心。失業很久當然是事實，只不過每天早上都到城裡各處找工作。這麼大一個城市一定有適合我的工作，只要耐心尋找，一定會找到的。」

「你總是這樣笑嘻嘻的嗎？」皮爾問他。他回答說：「這不是很合理嗎？我記得在哪裡讀過，板起臉時要用60條肌肉，但笑的時候只要用14條肌肉。我不想板起臉過度使用肌肉。」他談起自己的人生觀，他相信獲得工作的樂觀態度和強烈願望必定能讓他達到目的。

古往今來，每一條成功的路上都灑滿了汗水與淚滴，而無論是哪種成就的取得，無不與奮鬥者不怕輸的信念，無堅不摧的意志力，果斷的行動力和樂觀的心態相關。大自然沒有永遠的春天，人生中也沒有永遠的困境，真正意義上的絕境是不存在的，有的只是我們看不到春天的眼睛和走不出困境的心態。

無論遭受多少艱辛，無論經歷多少苦難，只要心中還懷著一粒信念的種子，能夠用樂觀的心態來面對人生的冬天，那麼總有一天，信念會支撐著我們走出困境，而生命也將重新開花結果。

然而，我們常常處於一種壓抑的環境之中，臉上的笑容越來越少，心中的煩惱卻越積越多，於是加倍的苦悶。其實仔細想想，我們生活中所有的不快樂無非有兩種來源：一部分來源於外在社會環境，周圍環境對我們心情的影響，工作壓力的沉重，人際關係的緊張，甚至是自然界的天氣變化，都會影響到我們的情感；另一部分來源於個人內心，每個人的心理特

質不同，有的人比較達觀，對事情想得比較開，因而能夠保持著積極樂觀的心態，然而很多人的內心卻是敏感而善感的，也是脆弱而易傷的，太過於注重生活中的細節，因而讓自己變得不快樂，或者在面對突如其來的困難和挫折時，不能擁有一顆樂觀的心靈去承受。

在這個世界上，有很多的東西注定是我們無法改變的，比如我們的出生，我們生長的環境，還有我們所處的時代，面對這些我們無力改變的因素，與其讓自己在它們面前悲觀抱怨，倒不如換一種心情來對待，用樂觀的心態面對，我們將在苦難中經受磨練，在貧困中學會堅強。因為我們還是可以改變某些東西的，比如我們的心情，我們對待挫折的心態。在困難面前，我們可以選擇樂觀，也可以選擇悲觀。就像故事中的弗雷德，即使身處經濟谷底的惡劣環境，他還是想到如果保持微笑，只用 14 條肌肉就夠了，而板起臉則需要 60 條，在自己失業的情況下，節約 46 條牽引面部肌肉的能量，就是為自己的生活節約了資源。

可是在很多的時候，我們的心情和我們所處的環境緊密相關，當我們所處的環境比較順利，我們能夠心想事成的時候，我們可能會感到很快樂，很幸福，並且願意長期生活在這樣的環境中；而當我們處在困難之中，甚至是幾經周折也走不出的人生困境時，大多數人所持的都是悲觀和消極的心態，在這種情況下，與其說是環境改變心態，不如說是環境促使我們選擇了悲觀的心態。畢竟，環境是客觀存在的，它不是改變我們心態的主要因素，真正讓我們處在悲觀中的，是我們自己。

人類社會在進入現代文明的階段之後，競爭變得越來越激烈，而紛擾卻愈來愈多，處在種種矛盾和問題的堆積中，我們如果不選擇正向的心態去樂觀地面對，那麼只能被煩惱和問題埋沒。而面對同樣的問題，若是我們豁達樂觀地去對待，就會從怨天尤人中走出來，說不定還能加快走出困

第六章　先下手為強是謀略

境的步伐，找到解決問題的方法。我們的人生只有充滿樂觀的精神，無所畏懼的氣魄，和求知進取的精神，才能夠從容不迫地邁開腳步，沉著堅定地去應對生活給予我們的種種磨難。

所以我們要擁有樂觀的心態，把目光放在事情正向的那一面上，我們應該把目光停留在酒杯裡剩下的酒上，而不是哀悼已經喝完的部分；從窗戶望出去，我們應該看到滿天星斗，而不是嘆息窗下的落花。在我們的心底埋下樂觀的種子，那麼當我們身處困境時，它可能會長成一條堅實的藤蔓，足以幫我們從困境中攀登出來。

在每天醒來時，首先對自己說：無論是快樂還是悲傷，我都要度過這一天，那麼，就讓樂觀成為我的維他命吧，因為微笑只需要14條肌肉就能完成。

勇敢邁出關鍵的第一步

溝檻在我們心中，只要有抬腿的勇氣，我們就能夠跳過去；只要實踐了抬腿的勇氣，我們就能收穫對岸桃李芬芳的不一樣的風景。

一個週日梅拉和朋友去郊外爬山。那天他們玩得很盡興，等到想起踏上回程時，太陽已經偏西，而他們還在山頂。如果原路返回的話還需要兩三個小時，那麼他們將趕不上最後一趟車。

這時候有人提議說知道另外一條捷徑，不到一個小時就可以下山，但是要跨過一條小溝。望著越來越低的太陽，他們一致同意走近路。

那條小溝大概有幾公尺深，溝裡有潺潺的流水，發出響亮而空洞的聲音，讓人想到不慎失足掉下去的恐怖後果，前進還是後退？他們在溝前猶

豫了很久。這時一個年輕的女孩站了出來,她拿了一根樹枝在溝之間比劃了一下。然後放在地上,對大家說,「這就是溝的寬度,我們能跳過這個距離就能跳過這條溝。」大家很輕鬆地就在平地上跳過了那個和溝寬差不多的距離,但是面對溪水嘩嘩的小溝,還是有人猶豫。女孩第一個跳了過去,在對岸鼓勵著大家,於是大家也都依序跳了過去,包括最膽小的梅拉。

那個傍晚,他們很快就下了山,趕上了末班車。而且在下山的路上,他們還發現了一大片粉紅嫩白的桃花。大家都笑著說:「其實那條小溝並沒有我們想像中的那麼可怕,只是我們心理跳不過去罷了,只要我們一抬腿,就過來了。」

每一個人在自己的成長過程中,也會遇到和故事中類似的事情,都會遇到各種困難、挫折。自然界尚且沒有一馬平川的道路,更何況是人生旅途?既然困難和挫折是不可避免的,那麼怎樣對待這些困難和挫折對我們來說是至關重要的,面對這些困難,我們應該用什麼樣的眼光看待它,又該用怎樣的行動去克服它、戰勝它呢?

面對困難一般人們會採取兩種措施:一是用自己堅強的毅力、不屈的精神,勇敢面對,並最終戰勝它;而另一種就是被困難嚇倒,面對困難望而卻步。

而成功的人士都非常清楚,只要有勇氣面對困難,勇於打拚一番,就會發現,困難不過如此!就像跨過一條溝渠那麼簡單。在我們的生活中,難免要遇到各式各樣的曲折坎坷,當我們無法做出進退的選擇時,當我們心中充滿恐懼和疑慮時,不妨把困難想像成一條攔路的小河溝,只要一抬腿就可以跳過去。

然而很多時候,我們不是跳不過去,而是缺少跳過去的勇氣。那些有

第六章　先下手為強是謀略

勇氣的人不怕風險，不怕失敗，正是他們有了這種無所畏懼的心態，反而能得到意外的收穫，得到更好的回報。

有一個人低價購得了一處農場，農場上有許多石頭。有一天，他的妻子建議把上面的石頭搬走，這個人說：「如果可以搬走的話，原本的主人就不會這麼便宜賣給我們了，它們是一座座小山頭，與大山連著，根本搬不走。」

可是妻子不這麼認為，當這個人去城裡買馬的時候，妻子就帶他們的兒女在農場裡勞動，建議大家把這些礙事的石頭搬走。於是他們開始挖那一塊塊石頭。沒有花多久時間，就把它們弄走了，因為它們並不是想像中和大山相連的山頭，只不過是一塊塊孤伶伶的石塊，只要往下挖一英呎，就可以讓它們晃動。

這就是在告訴我們，很多困難是我們自己心中想像的，在腦中認為它是無法做到的，於是在行為上就放棄了。其實，只要我們有一點點嘗試的勇氣，就會發現石頭很容易就能被移走。只是太多人不肯付出一點嘗試成功和接受失敗的勇氣，因而也就在別人一抬腿跳過去之後，懊悔和羨慕了。

其實，我們每多一次選擇就多了一次新的機會，甚至可以發現一個新的世界，如果沒有勇氣跨進這一步，那就永遠不能主宰自己的命運。當然，跨出新的一步並不是意味著對原來狀態的否定，而是對自我和人生的求變創新。

勇氣是我們日常生活中的必需品，早上起床需要勇氣，因為我們要對抗被窩溫暖的誘惑，要勇於接受外面寒冷的氣溫；工作完成需要勇氣，因為我們要克制自己享受安逸的欲望，要承受付出的艱辛。其實我們需要的只是每天一點點微不足道的勇氣，這樣，在需要勇氣面對大的挑戰時，我們已經累積了足夠的勇氣。

然而很多時候，我們最缺少的是持之以恆的勇氣，因為在現實和理想之間，總是存在著一定的距離，要想消除這段距離，我們必須堅持到底，如果半途而廢，那麼將永遠無法到達理想，也就只能任我們人生的農場上布滿石頭，即使這些石頭很容易就能被挖動。

我們還需要有在困難面前主動出擊的勇氣，即使我們知道了那條溝的距離，無論是在行動上還是在心理上，自己都能跳過去，但就是不肯跳，那還是等於什麼也沒有做。想起一位哲人說過的話：「小狗也要大聲叫」。小狗的大聲叫並不是音量上的分貝高，而是精神上的勇氣，即使自己個子小聲音低，但有大聲叫的勇氣，這才是值得佩服之處。困難是彈簧，你弱它就強，只有我們用自己的勇氣把困難的彈簧壓到最低，我們才能獲得最大的彈力，而如果不敢或者不嘗試去面對困難，那只能被困難壓倒。上帝在給我們以困難考驗的時候，也是給了我們上升的彈力，就看我們有沒有勇氣去壓這根彈簧。

很多時候，溝檻在我們心中，只要有抬腿的勇氣，我們就能夠跳過去；只要實踐了抬腿的勇氣，我們就能收穫對岸桃李芬芳的別樣風景。

成功來自行動，而非藉口

每一個藉口的背後，都隱藏著豐富的潛臺詞，只是我們不願意面對，或者是我們根本就在逃避，成功沒有藉口，只有行動。

在美國西點軍校，如果有人問你：「你為什麼不把鞋擦亮？」你如果說：「哦，鞋髒了，我沒時間擦。」這樣的回答得到的只是一頓訓斥。因為軍官要的只是結果，而不是喋喋不休、長篇大論的辯解。

第六章　先下手為強是謀略

在西點軍校，遇到學長或軍官問話，只能有四種回答：「『報告長官，是』；『報告長官，不是』；『報告長官，沒有任何藉口』；『報告長官，我不知道』」。

西點讓人明白這樣的道理：如果你不得不帶隊出征，那就別找什麼藉口，並在當晚寫信給士兵的母親。如果你不得不解僱公司的數千員工，那也沒什麼藉口，因為你本應該預見到要發生的事，並提前尋找對策。

「沒有任何藉口」是西點軍校奉行的最重要的行為準則，它強化的是每一位學員想盡辦法去完成任何一項任務，而不是為沒有完成任務去尋找任何藉口，哪怕看似合理的藉口。其目的是為了學員學會適應壓力，培養他們不達目的不罷休的毅力。它讓每一個學員懂得：工作中是沒有任何藉口的，失敗是沒有任何藉口的，人生也沒有任何藉口。

然而不幸的是，無論是在生活中還是在工作中，我們經常會聽到各種藉口，為我們不能做某事或做不好某事而辯解，它們聽起來好像是合情合理、冠冕堂皇而又無懈可擊。上班遲到了，「路上塞車」、「手錶停了」、「今天家裡事太多」等藉口在恭候；業務拓展不開、工作無業績，「制度不行」、「政策不好」或「我已經盡力了」等藉口是直接原因；事情做搞砸有藉口，任務沒完成有藉口。只要有心去找，藉口無處不在。做不好一件事情，完不成一項任務，有無數藉口可以為此負責，抱怨、推委、遷怒、憤世嫉俗成了最好的解脫。藉口就是一張敷衍別人、原諒自己的「擋箭牌」，就是一副掩飾弱點、推卸責任的「萬能器」，當我們把寶貴的時間和精力放在尋找一個合適的藉口為自己辯解的時候，當我們依靠藉口生活，而忘記了自己的職責和責任的生活，我們離成功已經越來越遠！

每一個藉口的背後，都隱藏著豐富的潛臺詞，只是我們不願意面對，或者是我們根本就在逃避。藉口讓我們暫時遠離了困難和責任，獲得了些

許的心理慰藉。但是，藉口的代價卻是無比高昂的，它對我們帶來的危害一點也不比任何惡習少。如果我們能充分意識到藉口的危害，我們能清楚地知道成功是用行動換來的，我們還會為自己找藉口嗎？

有一個年輕人有很多抱負和想法。當他還很小的時候，他就說：「當我成為一名大學生的時候，我就要一鳴驚人，闖出一番事業，我可以做這個，我可以做那個，那時候我就幸福了。」而當他成為大學生的時候，他什麼也沒有做。

不過，他說：「等到我大學畢業後，我一定會闖出一番事業，我可以做這個，我可以做那個，那時候我就幸福了。」但是當他大學畢業後：他什麼也沒有做。在他找到的第一份工作後，在他結婚後，在他的孩子們都長大後，他也沒有做出什麼大事業，也沒有得到幸福。

最後他退休了，他才說：「現在我已經沒有機會再拚事業了！」

如果我們一直在為自己找藉口，那麼，我們每個人都會像這個青年一樣，把自己的一生都浪費在找藉口上，而不會有任何成就。懶惰和拖延是阻礙成功的絆腳石，也是一種致命的壞習慣。我們必須清楚意識到我們所擁有的唯一時間是「現在」。要把今天當作沒有明天的今天來使用，當明天來臨的時候，就會有更多的時間去做別的事情。

藉口，會扼殺了我們的創造力，使我們在思想上形成惰性，所引發的直接後果就是阻礙我們走向成功的坦途。生活中最可悲的、最無用的話語莫過於：「它本來可以這樣的」、「我本來應該」、「我本來能夠」、「如果當時我該多好啊」。生命沒有回程票，也從來沒有虛擬語氣的說法。我們替自己找藉口是對自己人生的不負責任。

「千里之行，始於足下」，不要替自己找任何藉口，行動才是我們要做

的。否則當你還在起跑點上猶豫時,別人已經在享受衝破終點線的幸福了。

成功者總在做事,失敗者總在許願。個人的行動是我們唯一可以有能力支配的東西,在我們有機會取得成功時,付諸行動。別真的等到白了少年頭,空悲切。

選擇與誰同行,決定你的未來

如果想展翅高飛,就應該和雄鷹為伍;成天和麻雀混在一起,就不會有搏擊長空的願望。

在一個主題為「創造財富」論壇的座談會上,一個發言人在演說過程中向聽眾提出了一個問題。他說:「請大家拿出一張紙,然後在紙上寫下和你相處時間最多的6個人,也可以說是與你關係最親密的6個朋友,記下他們每個人的月收入。然後,算出他們這6個人月收入的總和,然後算出他們月收入的平均數。而這個平均值和你自己的個人月收入相差無幾。」

這個遊戲的本質意義並不單純反映自己和朋友的月收入多少,更深刻的反映的是朋友之間相互影響的力量,即結交什麼樣的朋友對自己的重要性。

中國有句老話,「近朱者赤,近墨者黑。」美國也有句諺語,「和傻瓜生活,整天吃吃喝喝;和智者生活,時時勤於思考。」這兩句話所講的道理是一樣的,都是告訴我們擇友的重要性。朋友的影響力非常大,可以潛移默化地影響一個人的一生。人的一生如果交上好的朋友,不僅可以得到情感的慰藉,而且朋友之間可以互相砥礪,相互激發,奠定事業成功的基

石。朋友之間，無論志趣上，還是品德上、事業上，總是互相影響的。

　　物以類聚，人以群分，我們若想了解一個人，透過他所結交的朋友就可以看出他的性格品行。一個人一生中，無論是道德還是事業，都不可避免地受到身邊人的影響。從這個意義上可以說，選擇朋友就是選擇命運。沒有朋友的人是世界上最為可憐的孤獨者。交好朋友一定要交心，要結交那些能和自己同甘共苦的人做朋友。只有交好朋友，在人生路上才不會孤獨，才有所憑依。

　　如果自己最親密的朋友是公司的高級主管，那麼在一起時所談論的主要內容一定是關於如何管理和經營的；如果自己最親密的朋友是公司的職員，那麼在一起時談論的主要話題一定是關於如何工作的；如果自己最親密的朋友是房地產商，那麼談論的話題一定會是關於房地產的……

　　由此可見，選擇朋友在相當程度上會影響到我們的生活目標和態度，那麼，應該選擇什麼樣的人作為自己的朋友呢？

　　要選擇志同道合的人作為自己的朋友。

　　同窗為朋，同志為友，有一個共同的目標，便可以在相互扶持中共同進步，志同道合的培養，會無私地為對方提供最大限度的幫助，會為對方的每一個進步由衷感到高興；而以利相合者，如酒肉朋友，雖然可以得到一時的把酒言歡，而在笑容的背後，是勾心鬥角的利害關係，是口蜜腹劍的利益爭奪，人走茶涼之後，可能會留下無窮的禍患，甚至最後要拚個你死我活。志同道合者則不然，表面上也許是淡如水的來往，而這種韻味是持久而穩定的。

　　要選擇能交心的人作為自己的朋友。

　　作為朋友，就要坦誠直言，有什麼說什麼，而不是欲言又止，躲躲藏

藏,那些當面盡說好話的,轉過身就任意議論的人大有人在。而那些對自己的缺點和過失當面指出的人,在背後反而會維護自己的榮譽。很多時候,虛假的朋友比公開反對自己的人還要危險。有一個能夠交心的朋友,在我們有煩惱時會為我們排解,在我們茫然時為我們點亮一盞心燈;有一個能夠交心的朋友,會為我們分擔生命的重負,會提供我們心靈停靠的港灣。

要選擇能共患難的人作為自己的朋友。

英國詩人莎士比亞(William Shakespeare)說:「朋友間必須是患難相濟,那才能說得上是真正的友誼。」有的人則是有福可以同享,有難時卻不能同當。在現實生活中不乏這樣的人:當昔日的朋友失意落難時,不是近之、幫之,而是躲之、遠之,這樣的人是不能作為真正的朋友的。選擇一個在自己危難時能夠伸出援助之手的人成為自己的朋友,人生路會因此而變得平坦並充滿溫情。無論是誰,難免有失意或危難時,若在自己最需要的時候伸出幫助之手,有時甚至不顧自己的利益得失也盡朋友之責,那麼,這樣的朋友是值得信賴的,交就要交這樣的朋友。

真正的朋友不是在口頭上的,要在行動上互相幫助。俄國文學家車爾尼雪雪夫斯基(Nikolay Chernyshevsky)說:「交朋友做什麼?為的是到緊要關頭有可以依靠的後盾。」

馬克思和恩格斯(Friedrich Engels)之間偉大的友誼之所以為後世所傳頌和敬仰,就是因為他們之間的友情,超越了世俗的利益關係,是真正的為朋友付出自己的所有,馬克思一生窮困而又沒有穩定的工作和收入,若不是恩格斯的時時接濟,他甚至連生計都不能解決,又怎麼有精力去寫作?恩格斯不但在經濟上幫助馬克思,在精神上給予他的支持更是巨大,《資本論》(Das Kapital)的後兩卷是恩格斯從他遺稿中整理出來的,因為馬克思龍飛鳳舞的字跡只有恩格斯能夠認出來。恩格斯把朋友的事業當成

自己的事情去完成，即使不能名垂青史，他也心甘情願替朋友完成未竟的心願。

朋友做到這種境界，應該是無可比擬了。我們雖然是地位平凡，但友誼是沒有國界和高下的。

哪一個人活在世上不會碰到困難？不會遇到挫折、失敗？不會發生危難？我們在危難之時朋友的幫助要銘記於心，在朋友有危難時更要伸出無私的援助之手。只有這樣，我們才能在前進的路上承受住各種打擊和考驗。

總之，當一個人對友誼採取認真、投入、熱誠、參與的態度後，就會擁有真正的友誼。誠如俄國詩人普希金（Alexander Pushkin）所說的：「不論是多情的詩句，漂亮的文章，不論是閒暇的歡樂，什麼都不能代替無比親密的友情。」因此說，多交一個好朋友就多一筆財富，不僅僅是物質上的，更多的時候是精神上的財富。在下一次和朋友一起聊天時，請記下談論的主要話題，到時就會明白這句話的重要意義。

如果想展翅高飛，就應該和雄鷹為伍，並成為其中的一員；如果成天和麻雀混在一起，就不會有搏擊長空的願望。

誰先開口不重要，掌握溝通藝術

當愛情降臨時，我們應該想想：是一時的面子值得死守呢？還是「抱得美人歸」更為有價值？

西方一個著名的詩人說過：哪個少年不善鍾情？哪個少女不曾懷春？愛情是人類共有的情感，是生來就鑲嵌在我們心靈中的美妙音符。一旦時

第六章　先下手為強是謀略

機來到，這種人性的本能，就會衝破層層牽絆，不斷生長。而人又具有社會性，在我們成長的過程中，會接受多種教育，受到來自各方面的影響，並且學會了如何克制自己的情感。於是，在愛情的本能來臨時，我們內心的某些觀念常常會壓制這種情感。很多人錯過愛情，僅僅是因為沒有開口說愛，或者是沒有先開口說出來。

那麼，當我們遭遇愛情時，應該誰先開口說愛呢？

一個女孩得到了她非常愛的男孩。女孩一直暗戀著男孩，但一直沒有機會，因為男孩有女朋友。後來他失戀後，她才有機會接近他，給他女性的安慰，陪他走過了這段痛苦的日子。沒有表達愛情的鮮花，也沒有轟轟烈烈的浪漫，女孩對男孩說：我愛你，男孩沒有拒絕，他們就這樣走到了一起。但兩個人經常會吵架，只是女孩太愛男孩了，每次都是她先說對不起。後來畢業了，女孩為了能和男孩在一起，離開了家鄉的家人、放棄了合適的工作，陪男孩去了遠方。可是男孩還是沒有向女孩說過愛，也沒有說過對不起。女孩感到很受傷，但依然深深地愛著男孩。

感情中好像遵循這樣的定律：誰先心動誰就處於被動地位。尤其是女孩子，更容易受愛情的傷。畢竟，女孩子的性格更為內斂，不輕易表達自己的情感，即使對某個男生傾心，也很少直接向對方示愛。而且，無論男孩還是女孩自己，都認為，先把愛說出口的，應該是男孩。但愛情的力量是那樣的熱烈，它甚至可以讓女孩放棄自己的驕傲和尊嚴，向男孩俯首說愛。因為她的勇敢，可能會得到想要的愛情，擁有所愛的男孩，但在兩個人的心底，都埋下了這樣的種子：誰先說愛，誰就是愛情中處於弱勢的一方。

當兩人之間出現衝突時，女孩會覺得無限委屈，自己對他那麼好，為他放棄了那麼多，他也不知道珍惜，僅僅是因為自己先開口說的愛，他得

到的太容易，所以才不重視自己。如果是他費盡心思才追到手的，肯定不會這樣不在乎。而男孩會覺得，是她先開口說愛的，所以她要對我忍讓和包容，這是理所當然的事情。如果真的發生了爭吵，一句話就可以結束「誰叫你當初先追我的」，而這句話，將是一生的把柄，也是一生的傷害。

因為先開口，就是誰先放下了面子和矜持，也會把自己放在被動地位，所以很多人在愛情來臨時都緘口不言，以至於錯失。

一個女孩遇見了一個男孩，他們同樣優秀，也被對方的魅力深深吸引。

可是女孩想：我這麼優秀，怎麼能先向他表明心意呢？別人會怎麼看待我的「倒追」？萬一我說了，但他對我沒意思怎麼辦？而這時男孩也在想：我從來沒有先向誰低頭，怎麼能對她卑躬屈膝呢？我有這麼好的條件，還擔心找不到愛我的人嗎？況且，她那麼驕傲，萬一不接受，我多沒有面子啊！於是他們雖然對彼此有意，但因為誰也不肯放下自己的驕傲和面子，誰也沒有開口。後來，女孩嫁給了一個對自己說愛但並不優秀的男孩。而男孩在傷痛之後，對另外一個愛自己的女孩說，我們結婚吧。

愛情就是這樣，如果你不肯放下自己所謂的驕傲，又擔心被拒絕後的失敗，不能勇敢地表達自己的感情，那麼只能眼睜睜看著愛情被別人擁在懷裡。愛情也不會給予你後悔的機會，當你明白自己的幼稚，肯放下自尊去向所愛的人表達時，她已經是別人的妻子。

在這個世界上，一見鍾情的愛情並不常見，大多數人還是在追尋中遇見自己的真愛；心有靈犀同時開口說愛的戀人也不常見，相愛的情侶很多人是向對方開口說愛後才牽手同行。

先開口向對方說愛，並不是一件沒有面子的事，更不會損害到自尊和驕傲。自尊是對自我的肯定，遇到心儀之人勇於將愛說出口，正是對自我

第六章　先下手為強是謀略

情感的尊重；驕傲是對自己能力的自信，遇到愛情時能夠主動出擊，即使碰壁我們也曾努力過，自己在回首時不會懊悔錯過這次美麗的情感，也會贏得別人的欽佩。

羞於向愛情開口，可能不會遭受拒絕的失敗，但肯定也沒有機會與所愛之人相愛相守，獲得自己一生的幸福。當愛情降臨時，我們應該想想：是一時的面子值得死守呢？還是「抱得美人歸」更為有價值？

在愛情中，誰先追誰並不重要，重要的是，兩人在牽手之後，能相濡以沫，走過人生；誰先開口說愛也不重要，重要的是，兩人在相愛之後，能風雨同舟，相守到老。

適度保持神祕感，提升吸引力

在愛情中，必須保持一定的距離和神祕感。只有這樣，才會有強烈而持久的吸引力，才能將愛情進行到底。

很多人在戀愛過程中，會覺得越來越枯燥，激情消失之後，平淡的生活就像一杯白開水，沒有顏色更沒有味道。男女之間所謂異性相吸的引力，也漸漸減弱，甚至會出現「拉著愛人的手，就像左手拉右手」這種尷尬的現象。第一次拉手，第一次接吻所帶來的臉紅心跳和暈頭轉向的感覺，現在固然感受不到，但也不至於生活就像一潭死水啊！於是很多人疑惑，彼此之間沒有吸引力了，是不是愛情出現了危機？

其實，失去吸引力並不是愛情的危機，在發覺彼此不能互相吸引之後不反思改變這種狀態，才會導致愛情出現裂縫。

在戀愛過程中，使雙方對彼此失去吸引力的原因有很多。可能是一個

適度保持神祕感，提升吸引力

人的原因，如一方對另一方的開始嫌棄，從而逐漸冷淡對方；也可能是兩個人的原因，如彼此的價值觀審美觀不同，性格上不和諧，思想上無法溝通等；還可能是現實條件的原因，如兩個人異地生活，時間空間上的距離會造成兩顆心之間的隔閡，使感情因為缺乏交流而失去；還有一種是心理上的原因，長時間的相處，使兩人間的神祕感消失了。

因為主觀方面造成的疏遠，是無法進行修補的，因為愛情不同於其他，愛情是強求不來的。如果兩個人對彼此沒有感情了，再怎麼改變自己，對方也不會覺得對她有吸引力。而如果是因為外界的原因，我們可以找到改善的辦法，來增強兩人之間的吸引力。

戀愛需要保持神祕感。所謂的神祕感，是指男女間由於性別差異（包括生理和心理）而引起的新鮮感及對未知的好奇。在戀愛過程，甚至是婚後的夫妻生活中，神祕感都具有著促進和平衡心理的作用。雖然戀愛是一個相互了解的過程，正是透過這個過程，我們彼此認識並了解，但如果讓對方把自己看得一覽無遺，沒有一絲保留，反而對愛情沒有好處。無論男女，都應該有個人的世界，應該有自己一片神祕的而不為任何人所知的天地。因此，戀人之間要想相互保持吸引力，首先要保持一種神祕感。給自己心靈一個獨立的空間，也不去探究對方的心靈祕密。

而這種神祕感不是一成不變的，因為戀愛中的人有超強的好奇心，他會想方設法地探知你內心的想法。神祕感會因為對方不斷的探究發現，而成為不神祕的東西，所以，就需要我們不斷地替神祕感充實替換新的內容。而這種神祕感內容的更新，需要更多的學識和智慧，所以，要想時刻保持自己的神祕感，就要不斷加強自身的各方面修養。要讓對方覺得你是一座挖掘不盡的寶藏，而且永遠不知道下一步會發現什麼。

那麼到底怎樣增強自己的神祕感，以保持戀人間長久的吸引力呢？

第六章　先下手為強是謀略

　　可以主動地為生活創造一些情趣，改變每天重複的單一的生活。比如，改變自己的裝束，變化髮型，或者改變房間的布置等，這些細節的變化，都為心情帶來一份新鮮和愉悅。在表面風平浪靜時，可以讓河床進行高低起伏的變化，但要注意，生活可以是止水，像深潭一般在底部有細流，但絕不能是死水，那樣的話會自我腐爛。

　　還可以偶爾進行一次短暫分離。「兩情若是久長時，又豈在朝朝暮暮」，古人的話不是沒有道理，長時間的相處，會讓人產生審美疲勞，偶爾的分別不會讓愛情產生距離感，反而會讓人覺得更加親密，所謂「小別勝新婚」。尤其是兩個人都處在情緒低落期的時候，短暫的分離，會給彼此一個獨立的整理空間，因為很多時候，人是需要獨處的。在分別的這段時間裡，兩個人都會冷靜地思考一些問題，這對感情來說是必不可少的，而且，別後重逢的那種期盼，會增進兩個人的感情。但是要掌握分別的次數和時間，過於頻繁的分別會失去新鮮感，過長時間的分別會埋下隱患。

　　另外，戀愛中的男女對待彼此要保持禮貌，互相尊重。雖然經過了熱戀期，已經到了不分彼此的境地，還是需要像初戀時那樣保持禮節，不要想著反正已經這麼熟悉了，對她不用那麼禮貌，說幾句粗魯的話無關緊要；也不要想，已經得到了，就不必再保持自己的淑女風範，而失去原先的溫柔和體貼。這樣做雖然不會馬上引起對方什麼反應，但時間久了，就會損害到對彼此的吸引力。

　　山水畫講究朦朧美，中國古代描寫美女也是「猶抱琵琶半遮面」，就是在告訴我們，在愛情中，必須保持一定的距離和神祕感。只有這樣，才會具有強烈而持久的吸引力，才會將愛情進行到底。

以包容與關懷建立穩固人脈

真正的毒藥在我們心裡，就是怨恨和猜疑；而解藥也在我們的心裡，就是關愛和包容。

從前有個媳婦，對婆婆非常不滿，總覺得婆婆不喜歡她，而且教唆丈夫不喜歡她。於是，她找到一個名醫，想從他那裡拿些毒藥，毒死婆婆。醫生問明情況後，就給她包了一包藥，對她說，每次在妳婆婆的飯裡放一點點。但是這些藥必須用有魚肉的飯菜做藥引，才能生效，而且，妳要親自服伺婆婆吃下去，在妳婆婆吃藥期間，妳要對她和顏悅色，以免引起她的懷疑。妳只要堅持兩個月就夠了。如果中途斷藥的話，那麼妳婆婆就會越來越健康。

於是這個媳婦就帶著藥回家了。在此後的兩個月裡，她每頓飯都不一樣，還端到婆婆跟前。每當她要和婆婆起衝突時，就想起了醫生的話，然後她就努力克制自己的脾氣，告訴自己說，忍過這兩個月，我就徹底獲得自由了。

就這樣，在這段時間裡，她與婆婆和睦相處，沒有發生過一次爭執。兩個月的期限馬上就要到了，這個媳婦哭著跑到醫生那裡，對醫生說，能不能給我解藥啊。我現在不想讓我婆婆死了。因為在這兩個月裡我發現其實她沒有那麼壞。而且對我也開始變好了。

醫生說，我給妳的本來就不是毒藥，而是延年益壽的補藥。真正的毒藥在妳心裡，就是妳對婆婆的怨恨；而解藥也在妳的心裡，就是妳對婆婆的關愛。

我們生活中也常常有這樣的現象，很多婆婆和媳婦，她們本身人品是不錯的，待人接物也通情達理，她們的身邊人也都覺得她們很好相處。

第六章　先下手為強是謀略

但是一進入婆婆或媳婦的角色,她們就變得尖刻挑剔了。

這是由於兩方面的原因造成的:

一方面是因為普遍存在的一種固有思想,做婆婆的,總覺得媳婦不是女兒,隔了一段距離,不會和自己一條心;做媳婦的,總覺得婆婆終究不是母親,不會真心對待自己。所以,婆媳關係因為猜疑和不信任,變得劍拔弩張,常常會爆發家庭戰爭。

也許是因為人類集體的心理潛意識,母親是兒子第一個親近並愛的女性,她在兒子身上寄託著自己很大一部分情感,而當兒子長大成人,開始愛上別的女人,母親就會覺得兒子的愛轉移了,和她爭奪兒子的女人就是她的媳婦。於是,在家庭裡,婆婆想得到兒子更多的愛,太太想獨占丈夫的愛,她們都愛這個男人,不可避免的就會出現矛盾。

其實,婆媳之間的關係,並不就是水火不容,無法改善的,畢竟這個世界上沒有天生的死對頭,況且,兩個人處在同一個家庭,在很多利益方面還是形同的,最主要的是,引發她們之間矛盾的是愛。就像故事中的媳婦,一開始對婆婆充滿了怨恨之情,甚至想要把婆婆害死,但當她改變了對婆婆的態度之後,她就發現婆婆原來對自己並不是想像中的那麼壞。每個媳婦心裡,都有對婆婆的不滿,可是在要求婆婆對自己好之前,是否應該先反思自己的所作所為。以德報怨的人還是占了大多數,如果我們懷著一顆愛人之心,真誠地對待別人,也會受到別人的關愛。

生活就像一面鏡子,你對它笑,它也會對你笑;我們要是想別人的好多一些,不但自己會快樂,也會得到別人同樣的回報。

身為媳婦,要懷著感恩的心理和婆婆相處。要知道,自己深愛著的丈夫,是婆婆為妳撫養長大的,就憑這一點,我們也要感謝婆婆,是她給了

我們這樣一位出色的丈夫。如果真的愛自己的丈夫，就愛自己的婆婆，這不是「愛屋及烏」，如果婆媳之間有衝突，最受難的是夾在中間的男人，一邊是自己的母親，一邊是自己的妻子，他不能有所偏向，但又不能把這種矛盾置之不理。所以，要是愛自己的丈夫，就別讓他陷入這種兩難的境地。

媳婦還應該懷著關愛的心與婆婆相處，在你把婆婆當成母親一樣關心愛戴的時候，你就會得到女兒的待遇。對婆婆是真心實意的好，而不是為了丈夫的面子，也不是為了自己在親戚鄰里面前臉上有光，更不是為了得到某些好處，那麼，再怎麼刁鑽的婆婆也會在真情面前感動。

很多時候，毒藥是藏在我們心裡的，當我們想要用它來傷害別人的時候，最先受傷的是我們自己；解藥也是藏在我們心裡的，而且就在毒藥的反面，當我們把怨恨、懷疑、敵視等毒藥清除出去，剩下的就是寬容、互愛、接納的解藥。至於如何選擇，那就看是想要兩個人都痛苦，還是兩個人都幸福了。

有些事要早些去做

有很多事情是我們必須早些去做的。失去了這個客戶，我們還可再找新的，而父親走了之後，我們將再沒有機會孝敬他。

俗話說「樹欲靜而風不止，子欲養而親不待」，這句話給予我們很大的警示，許多時候，外界的變化不會因為我們沒有準備好而不會發生。尤其是後一句話，更是對我們的心靈帶來震撼。

我們總覺得時間還長，我們不必現在就孝敬父母，自己當前最重要的是趕緊奮鬥，為工作為房子打拚，為生計奔波。常常對自己說：等到忙完

第六章 先下手為強是謀略

手頭的事情，就回家去看看父母；等自己穩定下來，就把父母接出來過好日子；父母現在身體很健康，我還是先把自己的問題解決了再去照顧他們吧。於是我們一次次拖延回家的時間，一次次為自己找藉口，不是不想侍奉老人，而是現在太忙，抽不出時間。

我們常常忽略了生命原本是很脆弱的，一次偶然的風雨就會使生命之樹凋零。

等到我們發現父母在一夜之間突然蒼老，不給我們承歡膝下的機會時，我們才會明白，生命中最終要的親情並不會給我們太多的時間。在我們有孝敬父母的機會時，沒有去做；等到父母離我們遠去，這份孝心如何讓他們知曉？

我們常常認為，對父母的情感是不需要表達的。我們可對愛人說出千萬句甜言蜜語，但卻很少對父母訴說自己對他們的思念；我們可以和朋友們高談闊論，但我們寧願沉默也不願和父母交流自己的看法。父母也從來沒有要求我們這樣做，在他們眼裡，孩子都有自己的事業要忙，況且，子女們在物質上的給予已經讓很多人都羨慕了。其實，在他們的內心，還是渴望來自兒女的溫情，他們寧願子女什麼都不替他們買，只要週末能回家看看就知足了。

我們常常會接到父母的電話：「最近忙嗎？你媽做了你最喜歡吃的紅燒魚，回來吃吧。」可是我們會說，中午約了客戶吃飯、和女朋友在一起、有個重要應酬要去，總之是有比回家吃飯更重要的事情去做。於是父母黯然地結束通話，我們卻不曾想到，這個電話裡的潛臺詞，那是父母對兒女感情上的深切渴望！

可是我們總把回家探望父母安排在下一次，總覺得父母陪在身邊的時

間還長，我們可以在日後慢慢地陪伴他們，總覺得用物質就可以彌補對父母的愧疚，懷著這樣的想法，我們心安理得地忙著眼前自己認為至關重要的事情。等到命運突然把父母從我們的世界裡帶走，才後悔莫及。責怪自己當初為什麼不陪父親下一盤棋，不帶母親去一次公園，但這樣的懊悔無濟於事，我們已經永遠地失去了機會。

要是我們能早些明白「子欲養而親不待」的道理，把和朋友的約會推到明天，回家去吃母親做的紅燒魚；取消週末陪客戶的遊樂、打保齡球的計畫，陪父母去郊區踏青，那麼就不會留下永遠的遺憾。

父母只有一個，而客戶可以隨時找到。有些機會我們隨時都可以掌握，而有些機會，一旦錯過，就是永遠的失去。

如果我們有「養親」的願望，那麼就不要給予自己任何藉口，馬上去做。不然，等到「親不待」時，縱然我們追求到了更多的財富，也無法彌補這個人生的缺憾。

平日累積人脈，關鍵時刻更有優勢

我們在平時就要為自己創造有利於日後發展的人緣基礎，平時燒香了，那麼在危難之際，不用抱佛腳，佛也會幫我們。

那些善男信女們，在有事求到菩薩才虔誠祈禱時，僧侶們常用「平時不燒香，臨時抱佛腳」來諷刺他們。後來這句話就成為諷刺平時不聯絡，臨事才找人這種人際交往的經典語言。類似的話還有很多，像什麼「有事有人，無事無人」、「人走茶涼」之類的。當然也有說平時就注重感情溝通的句子，如「平時多燒香，急時有人幫」等等，看似庸俗的俚語中卻蘊含

第六章　先下手為強是謀略

著人生的大智慧。

人際關係中，我們要注意日常關係的培養，不要等到需要人幫忙的時候才動手去編織自己的人脈網。懂得求人技巧的人，都有長遠的策略眼光，懂得未雨綢繆，晴天時修補漏洞，在雨季就能安然無恙。

可是很多人都有「釣到的魚不用再餵食」的心態，認為已經是朋友了就不用再維繫關係，等到需要幫忙時，直接找他們就可以了。這是人際關係中的禁忌，懷著急功近利的心態，不但不能持續以前的關係，還會失去朋友。試想：如果你連一點魚食也捨不得，怎麼會釣到魚呢？不餵食你釣到的小魚，牠怎麼能長成一條大魚呢？

有個剛到海外的人寄信給國內的朋友說，在異國他鄉，自己沒有什麼社交生活，也難得去看看朋友，可能是因為初到異境，認識朋友不多的緣故。可是後來大家熟悉了，也不經常和朋友見面，因為彼此都很忙。即使想利用假期去探望朋友，也很難遇到，因為一到假期，都有自己的事情要做，不希望別人來打擾。

但他常常和朋友通電話，這是在國外唯一可以算是聯絡感情、應酬朋友的方式。即使沒有什麼事，也要經常打電話，哪怕只是寒暄幾句，談論一些像是天氣或者是晚飯吃什麼之類無關緊要的話題。可是一但有事情，他們就會立刻聚在一起。

比如上星期自己家的水龍頭壞了，屋子裡都是水，把家具什麼的都淹了，他急忙打電話給住得比較近的朋友，十分鐘後大家就趕過來幫他轉移東西，一個二十英哩外的朋友得知後，甚至帶了一個維修工人過來。

在信的末尾，他對朋友說，因為他懂得在無事之時打電話找朋友聊天，所以在有事時，朋友馬上就來幫忙。然後他詼諧地寫到：可是國際長途太貴，我只能寫信跟你聊聊生活的瑣事了。

平日累積人脈，關鍵時刻更有優勢

我們是不是也應該想想自己，有事的時候，我們找朋友幫忙；而沒有事的時候，我們打過無關痛癢的電話給朋友、傳送過祝福的訊息嗎？

我們也一定有過這樣的經驗：當我們面臨一種困難時，認為某個人可以幫我們解決，本想馬上就找他幫忙，但是靜下心一想，在平時一帆風順的時候，我們應該和他聯絡、去拜訪他的，可是你都沒有去，現在遇到棘手的問題，有求於人了才去找他，是不是太唐突了？自己也覺得不好意思。在這種情形之下，肯定會後悔「平時不燒香」。

那麼平時燒香該怎麼燒呢？這中間也有一定的技巧。款待或者送禮物給那些對我們有直接利害關係的人，是人際交往中最直接的手段，但是怎樣款待、送什麼禮物？什麼時候宴請人家、什麼時候把禮物送過去？則需要我們有睿智的眼光。

在別人幫過我們忙之後，送禮物給對方，他一定覺得接受你的禮物是理所當然的。但如果從沒有請人家幫過忙，但在節假日或是他的生日等這種特殊的日子送些東西給他，聯絡一下感情，那麼，當你遇到困難時，可能不用開口求他相助，他也會主動伸出援助之手。送禮物給剛上任的總經理，和送禮物給即將調離的總經理，所取得的效果也不盡相同。錦上添花顯不出你的真誠，雪中送炭才是你培養感情的最佳時機。

某公司的總經理，每年年底總能收到各式各樣的禮物，賀卡就像雪片一樣飛到他的辦公室。平時他的住家門口可謂是車水馬龍，求他辦事的、來拉關係的人絡繹不絕，他甚至不能過一個平靜的週末。可是當他退職離休之後，情況馬上就發生了變化，過年時只收到一兩件禮物，以往訪客往來不絕，而現在卻是門可羅雀，正在他感嘆世事無常的時候，他以前並不看重的一個下屬帶著禮物來拜訪他。讓他感慨良深，思緒萬千。

第六章　先下手為強是謀略

　　過了二三年後，這位總經理被原公司聘為顧問，他很自然地就重用並提拔了這位在他失意時去看望他的職員。

　　因為只有這個下屬，在沒有利益需求的情況下，來登門拜訪他，在這位經理心中，自然覺得這個人值得信賴和重用。對他有著非常好的印象，同時又使他產生了「日後有機會，我一定要還他這個人情」的想法。

　　人是有感情的萬物之靈，即使是在充滿著利益衝突、崇尚金錢的商界，人們也都懂得珍惜人情。在人際關係中，對周圍的朋友同事付出一些感情投資，將會得到意想不到的收穫。還是用釣魚的例子吧，在我們釣不到大魚的時候，就對身邊的小魚「全面撒網，加以培養」，因為其中的很多條魚都有長成大魚的可能。我們在平時就要為自己創造有利於日後發展的人緣基礎，平時多燒香了，那麼在危難之際，不用抱佛腳，佛也會幫我們。否則，抱著「釣到的魚不用餵食」的淺見短識，最終的下場將是眾叛親離，大魚釣不到，小魚也餓死了。

管理者的三個「不能」

　　非不能也，是不為也，是一種藏巧於拙，大智若愚的管理技巧；是一種以無所為致有所為的管理境界。

　　管理者在工作中扮演的是個很微妙的角色，他們有面對問題時的決斷和英明；也具有專業的素養和業務水準；更懂得複雜的公司內部網路是如何運作的。俗話說「治大國若烹小鮮」，身處高位的管理者也常常會有如履薄冰的感覺，因為自己管理的不是沒有思維的機器，而是眾多性格、能力甚至品行都不相同的一群人。

這就要求管理者擁有幾種過人的能力，即是幾個「不能」。當然，這並不是說管理者自身的素養不足，而是一種藏巧於拙，大智若愚的管理技巧，是一種以無所為致有所為的管理境界。

耳聰但不能聽清

常常有這樣的情況：

有的老闆常常把下屬叫到自己的辦公室，詢問一些不相關的事情，到最後才拐彎抹角地問及他對自己直屬上司的看法。這是最讓員工們頭痛的事情，無論怎麼說都不合適，照直說自己直屬上司的某些過失，肯定影響上司在老闆心中的印象；如果只說好的，會讓老闆覺得自己在拍馬屁。總之是進退維谷。而且會讓員工覺得，老闆連自己的直接下屬都不信任怎麼會信任自己，於是產生消極怠工的心理。

有的老闆則對公司內部的小道消息過分關注，誰和誰今晚去吃飯，哪兩個部門經理關係很親密，諸如此類，很多老闆樂於透過這種辦公室的「八卦」來了解自己的下屬，久而久之，反而阻塞了正常的消息傳遞管道。

因此，身為一名優秀的管理者，要學會讓自己的耳朵在某些時候「失聰」。首先應該說明的是「用人不疑，疑人不用」，既然任命了下屬，就應該給予他充分的信任，而不是一邊把任務交給他，一邊又暗中打探他目前的狀況。在這個時候，就應該讓自己的耳朵聽不清。否則，不但會打擊下屬的積極性，讓他產生叛逆抵抗的想法，對整個公司的影響也不好，誰願意生活在一個自己做事處於被「監視」狀態的公司裡？

另外要適時制止辦公室中的小道消息，流言蜚語的力量足以毀掉一個人甚至是一間公司，當管理者習慣於透過小道來了解下屬們的情況時，就

第六章　先下手為強是謀略

意味著員工只見到信任和默契被打破。正常的消息管道被堵塞之後，管理者和下屬之間的隔閡也將產生。甚至像武則天時採用的告密制度一樣，使整個公司籠罩在一片壓抑的氛圍中。

此外，在下班時間裡，管理者最好不要接見下屬，尤其不要談工作上的事情。如果同意一個經理來彙報工作，別的經理會怎麼想呢？也許大家都會在下班後來匯報工作，這樣本末倒置的做法會產生不良後果。如果大家在白天上班時想的是晚上如何匯報工作，那白天的工作怎麼做？

所以，管理者要學會讓自己的耳朵適時地聽不清楚，在員工來抱怨自己的上司時，在小道消息傳到自己這裡時，在下班後依然有下屬來談工作時，不妨讓自己的耳朵聽不清楚。

當然，心底的耳朵是要聽得見針掉到地上的聲音的。

目明但不能看見

從前有個皇帝，他外出巡視的時候，看見有人因為爭奪田地在打架，就繞道而過；聽見有人在抱怨地方官強徵皇糧，也避開另擇道路；可是當他看到人們在廟裡跪拜求雨時，他卻走進去虔誠地磕頭。隨從感到困惑，就問他。皇帝說，打架的事情自然由當地的官員解決；抱怨的那個人說不定是個不交稅金的刁鑽地主；如果我插手的話，反而讓下面的官員不好做，於是我就繞道而行。而百姓是因為天久旱不雨才去求雨，這關係到天下黎民的性命，所以我和他們一起求雨。優秀的管理者也應該像這個皇帝一樣，在完善了管理體系之後，要給下屬真正自由的空間，讓下屬能把自己的才智發揮到最大限度，而不是把權力下放給下屬，又時刻觀察著風吹草動。對於企業內部的事情，管理者心裡清楚就行，對下屬的言行，要假

裝看不見，讓他們自己去處理事情。

對待員工的偶爾出錯，管理者更應該裝作看不見。當員工造成錯誤後，他內心的自責會讓他加倍小心，不再發生同樣的錯，而如果這時管理者站出來指責，就會讓員工覺得自己沒有被信任，反而不利於挽回錯誤或者下一次改進。

因此。管理者要學會適當地讓自己的眼睛不明亮，忽視手下的某些過失；但在必要的時候，是應該能明察秋毫的。

手巧但不能做到

管理者需要做的是運籌帷幄而不是事必躬親，不要總覺得屬下沒有自己做得好，常常事無鉅細地親自動手，長此以往，將形成管理者動手做事情，而員工作壁上觀的情況。不但員工會對管理者形成依賴習慣，管理者自身也很難從繁雜的具體工作中抽出身來。

管理者要讓自己在某些方面做不到，這樣才能讓下面的人多運用自己的智慧，尋求解決的辦法；才會培養下面的人動手做事情的能力。甚至有的時候，即使管理者想到解決問題的策略，也要說不知道，而是要讓下面的人拿出解決方案來。

管理者之所以成為管理者，不是因為他能做大家都能做到的事情，而是因為他能做大家做不到的事情。

管理者有比替下屬做他們分內的工作更重要的事情，所以，在必要時，很多事情是應該做不到的，當然，這種不做，非不能也，是不為也。

管理者的年薪一般比較高，是普通員工的數倍甚至數十倍，因此，公司應該合理利用這種昂貴的資源。管理者只有從瑣碎的小事中超脫出來，

第六章　先下手為強是謀略

才能站在高處，對公司有全面性的客觀掌握，只有擺脫了具體事務的纏繞，才能專注地做出關係到公司發展前途的決策。

真正的管理者不能聽清，不能看見，不能做到，而是懂得在耳聰目明中聽不清看不見，這才是管理者的大智慧和大境界。

以積極態度迎接每一項挑戰

若想登上成功的最高階梯，就必須永遠保持積極主動的精神。

一個在公司做了五年職員但沒有得到提升的人去找經理，問：「我已經做了五年的辦公室文員，為什麼別人都一步步地往上走，而我一直是原地不動？」

經理問他：「你平時是怎樣做自己的工作的？」

職員說：「我一直按照您的吩咐去做，從來沒有出過半點差錯啊！」

經理笑著說：「我讓你掃地，你就只管掃地而不去把垃圾倒掉，我讓你去倉庫登記產品情況，你就對倉庫的雜亂無章視而不見，你說，我該怎麼提拔你？」

這位職員面紅耳赤地回去了，從此他開始以積極主動的心態去工作，不管是分內還是分外。沒過多久就被提拔為部門主任了。

在職場中，積極主動的精神是非常重要的。一般情況下，老闆是不會明確要求員工去做哪些工作的，更不會要求他們主動去做分外的工作。但是我們應該明白，企業對我們的「終極期望」，老闆僱用我們來工作，不僅僅是要我們為之付出和報酬相等的工作量，更重要的是為企業的最大利益而工作，所以在工作中，我們應該隨時隨地進行思考，運用自己的判斷

力來適當地做一些分外的工作。

然而在看待積極主動工作這個問題上，很多職員都存在著各種誤解。

很多人認為，我只付出和所得薪資價值相等的勞動，老闆給的錢的多少決定著工作量的大小，沒必要費心地去完成額外的任務，那是傻子才做的事情。因此，在工作時間內還和朋友傳訊息聊天，不管工作多忙都要和同事談談明星的逸事，反正不耽誤工作就可以了；下了班就急著趕去看電影或者和朋友聚會，一旦因為工作上加班影響了這些願望的實現，就覺得自己像吃了多大的虧；而面對臨時指派要自己完成某些額外的任務時，常常會心理不平衡，認為自己應該得到額外的報酬。

這種想法其實是得過且過不思進取的表現，隨著社會競爭的激烈，工作已經沒有嚴格意義上的「分內分外」之分。工作是建立在合作基礎上的，這就要求我們能夠主動地了解和自己各種工作的合作者和聯絡人，不能僅僅滿足於職位要求。如果我們把工作當成任務來完成，那就是被動地去做和自己薪水相等的事情，而這樣做的結果就是，我們永遠只能得到目前這麼多的報酬，還有一種可能就是被後來的主動者競爭出局。如果我們不把報酬視為是工作的唯一目的，而是在完成自己應該做的事情之後，能夠主動去做一些別的事情，那麼在拓展自己的事業的同時，將會得到公司對自己這種敬業精神的回報，也許不是直接的物質利益，但肯定會有益於自己長遠的發展。

還有人可能會有這樣的困惑：我雖然想積極主動的工作，但是我對一些事情了解不多，怕惹出班門弄斧的笑話。

世界上沒有全知全能的人，每個人都是在帶著恐懼前行，然而我們正是在這種擔心自己做不好而又不肯放棄的心態中，不斷地摸索著前進。當我們參與一項工作時，不要為自己沒有豐富的經驗而心虛，應該安慰自己

第六章　先下手為強是謀略

說正好有機會接觸我所不知道的領域。如果我們一直害怕自己無法完成，就永遠無法成功，而且我們的態度也會影響別人對我們的信任和支持。沒有人願意和一個自卑而保守的人交流合作。

在工作中，我們應該調整自己這種害怕出醜的心態，暗示自己有能力完成這項新的任務。只有把影響自己積極進取的保守心態打破，才能獲得機遇。而不是用這種想法來安慰自己：我技不如人，能拿到這些薪水也知足了。這些負面的思想會埋沒了自己的潛力，會讓我們失去前進的動力和信心，更會讓我們錯失很多寶貴的機會。

如果我們是老闆，兩個具有相同背景的下屬，一個熱情主動而且積極進取，對自己的工作總是精益求精，懂得為公司的利益著想；而另一個總是被動，不替他安排任務他就不知道該做什麼，而且斤斤計較自己薪水和工作量之間的平衡與否。我們會提拔誰？

所以，凡事還是應該主動爭取，那樣我們才能有所收穫。繼續工作的機會，不斷接受培訓提升能力的機會，被委以重任成就事業的機會不會青睞那些消極被動的等待者。積極主動的工作態度還可以不斷彌補自己的不足，擁有不斷進取的心態，即使沒有高學歷，沒有好背景，一樣可以非常優秀。

在現代的社會競爭中，有兩種人注定碌碌無為：一種是如果沒有要求他把瓶子扶起來，他就會任油瓶裡的油流光的人；另外一種人則是，要求他把瓶子扶起來，他還是讓油流光的人。前一種人是工作態度問題，後一種人是工作能力問題。生活中後一種人並不多，大凡平庸之輩都是第一種人。

企業老闆固然看重員工聽命行事的能力，但主動積極的進取精神更是

企業所需要的。現在有很多企業意識到了員工的積極主動對企業發展的影響，已經著手培養自己的員工的主動工作態度。因為那些只會按老闆吩咐做事情的下屬，需要老闆逼迫才做分外事情的下屬，是不可能為企業創造價值的。

而那些不需要別人催促，不但做好本職工作，還主動去做分外事的人，往往能夠在事業上有所成就。因為這些人懂得要求自己多努力一點多付出一點，才會得到比別人多的人生財富。不管是誰，若想登上成功的最高階梯，就必須永遠保持積極主動的精神。

工作的標準應該是自己制定，而不是別人要求。若是自己對自己的期望值比老闆對自己的期望值更高，那麼就不會有失去工作的擔心。如果能達成自己設定的工作標準，那麼得到老闆器重的日子也將為時不遠了。

所以，要想使自己得到升遷提拔的機會，首先問問自己，是否擁有積極主動的工作態度。

聚焦於重要的事物，減少干擾

成就的取得，並不是完全取決於專業知識，而是因為持續的專注精神。

一座古城門因為經歷風雨，年久失修，上面牌匾的題字中的「一」字，已經脫落多時。管理人召集各地書法名家，希望恢復這個牌匾的本來面貌。各地名士聞訊，紛紛前來揮毫，但是沒有一人的字能夠和牌匾上剩餘的幾個字看起來渾然天成，總是少了一些和諧的原味。於是管理人又說，只要能夠雀屏中選的，無論身分地位如何，都能夠獲重賞。經過書法家的嚴格篩選，最後中選的一幅字，竟是城門旁一家旅店的服務生寫的。

第六章　先下手為強是謀略

在題字那一天,來了滿滿的圍觀人潮,大家都想看看這個不通筆墨的服務生寫的字到底怎樣。然而服務生面對著準備好的名貴狼豪大筆,卻拿起一塊抹布,在硯臺裡沾上墨,乾淨俐落地寫下一個「一」字,這個字可謂得盡原味,和其他幾個字字相映成輝。旁觀者莫不驚嘆欽佩。有人好奇地問這個服務生為何能夠寫出這麼厲害的書法,他想了好久才勉強回答說,也沒有什麼祕訣,我在這裡做了三十幾年的服務生,每次擦桌子時,我就照著牌匾上「一」字的形狀來擦。

這位沒讀什麼書的服務生,卻能寫出爐火純青的書法珍品,並不是他有什麼寫字的天賦,而是因為他的工作地點正好面對城門上的牌匾,每當他彎下腰,拿起抹布擦掉桌上的油汙之際,剛好對準牌匾上的「一」字。因此,他不由自主地天天看,天天擦,數十年如一日,久而久之,就熟能生巧,巧而精通,這就是他能夠把這個「一」字,能夠臨摹到爐火純青,唯妙唯肖的原因。

這個有趣的故事,道出了一個工作中顛撲不破的真理:練習造就完美,熟練才能精通。我們可以發現各行各業中出類拔萃的頂尖人士,他們的優勢和專長可能並不相同,甚至還有很多的缺點,而他們之所以能在不同領域開花結果,是因為他們都身體力行這個職場中的真理:用熱忱的態度面對工作,用專注的精神執行工作。因為熱忱,所以在工作時能夠擁有強大的動力與能量;因為專注,才能心無旁騖地在工作中勇往直前;因為熱忱與專注的態度和付出,就達到了專業與精通的境界。

有個關於畢業科系與職業能力的調查,結果顯示,15%的人所從事的職業和自己在學校裡所學的科系不吻合,然而這15%的人卻在新的領域取得了很大的成就。由此可見,能力不是完全取決於在學校學過的專業知識,而是取決於持續的專注工作狀態。就像那個服務生,雖然沒讀過太多

書，但長期的觀察臨摹，一樣也能寫出令人欽佩讚嘆的書法。

我們初到一個環境中，最初的工作可能陌生而不知如何進行，甚至會覺得不是自己的專長，懷疑自己沒有能力去做好，進而產生畏懼。其實，只要我們懷著正確的心態去面對，自己也能成為專家的。

要懷著熱忱的態度去工作，既然選擇了這個職位，就要喜歡它，在工作的過程中，要投入自己的熱情，就像那個服務生，十幾年如一日地擦桌子工作在他看來並不是枯燥的重複勞動，當他把自己的工作換成是對字的描摹，便擁有了樂觀的心態，他是在想如何讓自己的工作充滿樂趣。我們在工作中也要學會用持續的熱忱來對待這個平淡累積的過程，才能擁有前進的動力，累積前進的能量。

「繩鋸木斷，水滴石穿」。只要專注於一個目標，即使是纖細的繩子也能鋸斷粗大的木材，看起來沒有能量的水滴因為對目標的專注，也能把堅硬的石頭滴穿。工作中也是如此，無論多麼困難多麼繁複，在我們專注的精神面前，也是可以跨越的障礙。這種專注的工作態度，可以讓我們在工作中排除雜念，心無旁騖的投入，因而能夠熟練。

當我們能夠用熱忱的態度貫徹整個過程，我們就有了工作的積極性；而當我們專注的為工作付出自己的勞動後，自然就能達到精通的境界，在專業領域，達到登峰造極的地步。

曾有一個小故事可以說明專注的精神對於實現專業精通的作用。

一個老頭用竹竿黏捕知了就好像從地板上撿東西一樣輕鬆，百發百中，幾乎不曾失手。於是有人向他請教黏知了的技巧，老頭說，黏知了的方法其實很簡單，你就練習在竹竿頂上放小球，什麼時候能讓小球保持不掉下來，就能黏住知了。但這中間最重要的技巧是：在黏知了的時候，眼

第六章　先下手為強是謀略

裡看見的，心中想到的只能是知了的翅膀，如果因為周圍事物的變化而分散精力，即使能讓小球不掉下來，也不能捕到知了。

其實，事物之間的道理是一樣的，就像黏知了，我們做事也同樣有三個層次：第一個層次就是僅僅會做，就像我們能夠黏到一個知了，但需要很多次才行；第二個層次就是能夠做到熟練，就像能在竹竿頂上放小球而掉不下來，達到這個層次，我們做事就有了七分掌握；第三個層次也是做事的最高境界，就是能夠專注自己的精力，看的想的只有「知了的翅膀」。只有心靈不被外界的干擾所影響，才能達到精通的地步。

很多的成功並不是完全取決於專業知識，而是因為持續的專注精神。當我們在工作中擁有了這種精神，那麼，每個人都能夠成為書法家，即使不識字；每個人也能如探囊取物般輕鬆地黏到自己人生的知了。

別輕易回頭，適時調整策略

人都是愛面子的，吃回頭草意味著低頭承認自己當初的放棄是錯誤的，是對自己能力的一種否認。然而機會常常只有一次，如果我們幸運地擁有了補救的契機，一定要抓住，如果連回頭草也錯過，就真正地失去了。

很多人都有因循守舊的習慣，認為古人的所謂的至理名言是智慧的總結，尤其對流傳至今的一些話總是很推崇。但其中有許多格言常常誤導我們，像「好馬不吃回頭草」就屬於這一類。

其實這句話的典故是這樣的：馬離開馬廄去尋找青草時，往往會先選擇一條路線，然後就沿著這條選定的線路吃下去。在吃草的過程中，良驥會很仔細吃掉眼前的草，絕不會回頭去補吃被自己遺漏掉的嫩草；而普通

的馬只是沿著這條線路不加選擇地吃,等吃到頭時才發現自己錯過了好多嫩草,於是,回頭再去吃。所以,就有了「好馬不吃回頭草」這句話。

其實,並不是身後所有的草都不好,也並不是所有眼前的草都是好草,只是因為良驥在吃草的過程中經過了篩選,於牠而言,就沒有「回頭草」的說法了。

不知什麼時候,「好馬不吃回頭草」這句話成了婚姻失敗後不能復合的理由,成為大多數人不能重提舊愛的藉口。無論是出於什麼原因,由哪方的過錯造成,一旦選擇了分手,就不能再回頭,因為「好馬不吃回頭草」。你先回頭了,就證明你是做錯的一方;你先低頭了,在破鏡重圓後,你必須是妥協的一方。而且,你的回頭在一定程度上意味著你對自己選擇的否定,會被別人認為沒有骨氣,甚至遭到別人的嘲諷。迫於種種原因,即使是心裡想要回頭,也沒有衝破世俗看法的勇氣,久而久之,就成了一種從眾心態:好馬不會吃回頭草,吃回頭草的馬肯定不是好馬。而不去考慮,是馬的問題還是草的問題。

其實,無論是用什麼理論來解釋婚姻,都表明婚姻不過是男女之間一種不穩定的契約。當男人或者女人覺得活動範圍小了,或者感覺東西舊了,就想要換一個環境再買一個新的,但當重新尋找到自己認為的幸福時,卻突然發現還是家裡的環境安全愜意,還是舊的東西用起來順手。然而這時已選擇了放棄,即使心裡想回去,但害怕外人的譏諷,又擔心舊愛不能原諒,於是,索性灑脫地用一句「好馬不吃回頭草」來解脫。既免除了被拒絕的尷尬,又能保全自己的面子,擁有一個「好馬」的名聲。

然而在現實生活中「好馬不吃回頭草」並不僅僅是愛情的專用藉口,我們不肯重拾一段友情時,不肯回到曾經放棄的那個適合自己的職位時,甚至是不肯實踐自己宣布錯誤的正確判斷時,我們也常常用這句話做擋箭

牌。因為人都是愛面子的，吃回頭草就意味著間接低頭承認自己當初的放棄是錯誤的，是對自己能力的一種否認。我們沒有吃回頭草所需要的龐大勇氣，所以，即使心裡後悔得要死，臉上也要帶著微笑，瀟灑地說一句：好馬不吃回頭草！

然而這樣做就真的能成為一匹好馬了嗎？

如果回頭草比現在吃的草要肥要嫩，為什麼不回頭去吃？沒有一匹馬寧願吃不合口味的老草而放棄鮮美多汁的嫩草，這是一個放之四海而皆準的道理。就像我們去商場買東西，貨比三家之後，還是覺得第一家出售的物品物美價廉，更適合自己。這時，我們如果被「好馬不吃回頭草」的觀念束縛住，那麼吃虧的只能是自己。這不過是生活中最為常見的例子，這種情況下我們放棄吃個回頭草，所損失的不過是物質上的利益；但如果在婚姻、工作等人生重大抉擇上，還執著地不吃回頭草，死要面子的話，失去的將是整個人生的快樂。

其實吃不吃回頭草，問題的癥結只有一點，那就是面子問題。現實中不缺這樣的人，他們以好馬自居，錯過了就不肯承認失去的美好，失去了就不再給予自己挽回的機會。表面上滿不在乎，內心深處卻後悔不已，處在世俗中的他們，不是不想吃，而是不敢吃。知道了是面子重要還是實惠重要，吃回頭草時就會有一份坦然的心情。要知道，機會常常只有一次，當你幸運地擁有了補救的契機，一定要抓住，如果連回頭草都錯過了，那麼就是真正地錯過和失去了。

一群馬在前進的路上，走到一片肥沃的草地中，草地碧波萬頃，但草地的盡頭是黃海千里。馬群忘乎所以地吃著鮮嫩的青草，一路歡歌，慶幸自己的好運。就這樣邊走邊吃，到了草地的盡頭，望著無邊無際的浩瀚沙

漠,幾乎所有的馬都惋惜自己再也沒有如此嫩綠的草了,因為牠們的家訓就是「好馬不吃回頭草」。於是有的馬繼續前行,但最終被黃沙吞噬了;有的馬立在原地,誓死不回頭,最終也飢餓而死;還有一些馬,牠們也想成為家族中的好馬,但在做死的好馬還是活的壞馬之間,牠們選擇了生存。於是這些不想成為「好馬」的馬掉頭往回走,坦然地吃著回頭草,活了下來。

因為牠們知道,沒有了生命,所有的榮耀都沒有意義。

總有一些事情經歷過才知道對錯,總有一些東西失去了才想到珍惜,當我們明白了對人生而言什麼是重要什麼是虛幻之後,為什麼不肯回頭,為什麼還有那麼多的牽絆?明智的回頭吃草,無關乎人生尊嚴。因為在這個世界好馬很多,而回頭草很少,你不去吃,別的馬會把你的草也吃掉。

我們都是「好馬」,在必要的時候,要吃那些適合自己的「回頭草」,這樣我們才不會陷入困境。

東坡只種雪松,專注自身價值

能夠以退為進的人生就像是一首動聽的音樂,在經過舒緩的低音之後,才是跌宕起伏,令人蕩氣迴腸的優美樂章。

一對個性強是、互不妥協的夫妻因為不能互相忍讓,出現了感情危機,面臨著即將破裂的家庭,他們商定,做最後一次旅行,然後就分手。於是,這對夫妻來到了一條南北走向的著名山谷,作為結束他們婚姻的傷心地。就在這個時候,下起了大雪。望著漫天的大雪,他們突然發現,由於風向的原因,東坡的雪比西坡的雪下得大、下得密,沒過多久,東坡上

第六章　先下手為強是謀略

的雪松就覆蓋了一層厚厚的雪。讓人詫異的是，每當雪積到一定程度，雪松那富有彈性的枝椏就會向下彎曲，覆蓋在枝葉上的雪就會滑落。就這樣，雪一次次覆蓋雪松，雪松一次次地彎曲枝椏，雪就一次次地落下。他們轉頭觀看西坡，雖然那裡的雪沒有東坡的大，可是他們還是聽到了樹木被壓折的清脆的斷裂聲。那些被大雪壓斷了枝幹的樹木沒有一棵是雪松。

妻子略有感悟地說：「你有沒有發現，東坡只有雪松，我想那裡肯定也長過別的樹木，只是那些樹不會彎曲，最後都被大雪摧毀啦。」丈夫也是若有所思，他想到了他們自己，常常為了生活中的一些小事互不相讓，誰也不肯退後一步。如果他們也能像雪松一樣，能夠彎曲自己的枝幹抖掉上面的積雪，他們的婚姻也不會走到要說分手的地步。於是，他握住妻子的手說：「妳說得很對，我們這次旅行真的收穫不小，我為以前自己的固執己見向妳道歉，希望妳能原諒。」妻子也動情地說：「我的脾氣也不好，不只是你一個人的問題，我們回去吧。」接下來的結果可想而知，他們在意識到問題的癥結之後，當然言歸於好。

這件事也讓我們明白，當我們無法承受外界壓力的生活，學會彎曲一下，就像那雪松那樣，「妥協」一步，就不會被壓垮。畢竟下雪的日子是少數。做人做事也一樣，暫時彎曲一下又何妨？風雪過後，依舊傲然挺立。

愛情需要兩個人互相忍讓，在出現矛盾時，有一方先低頭，那麼肯定不會引發家庭戰爭，而太多時候，我們認為低頭就是屈服，會失去了自己的驕傲，於是兩個人針尖對麥芒，誰也不讓誰，到頭來兩敗俱傷，等到婚姻出現危機時才意識到不妥協為自己帶來的傷痛。如果能像上文中的夫妻那樣，意識到各自的缺點，反思問題的癥結，並且能夠身體力行去改正的話，婚姻還能夠持續。但如果就是不肯暫時低一下頭，堅持自己的個性，這種人不但無法擁有美滿的愛情，在工作中上也不會有太大成就。

東坡只種雪松，專注自身價值

人的一生，不可避免要遇到各種可預見的或者是不可測的事件，當我們沒有足夠的力量去解決時，彎曲未嘗不是一種好的策略。當然，這種彎曲絕不是趴下不起，更不是自我毀滅；我們選擇彎曲是為了重新挺立起來。因為暫時的彎曲是戰勝持久困難的良方。

彎曲的哲學在管理工作中也經常使用：管理者如果能遇到事情不衝動，懂得如何避開問題的鋒芒，則往往在解決棘手問題的同時，也不會傷及自己「元氣」。然而，在現實生活中，有些管理者為了展現手中的權利，或者是個性原因，解決問題時強硬而粗暴，所謂的「剛性有餘柔韌不足」，用這樣的方式，不但使問題更加複雜，而且會弄得兩敗俱傷。由此可見，無論是面對生活中的愛情，還是處理工作上的難題，「以退為進」是一個很高明的方式。

大家都知道，牙齒可謂是我們身體中最堅硬的部分，可在堅硬的牙齒掉光之後，柔軟的舌頭還在。在戰場上，面臨敵人襲來的槍彈，最好的躲避姿勢是彎下身體或者是臥倒。生活中有很多這樣的例子，在面對困難時，「低」比「高」更適宜生存。當你處在彎曲的姿態時，更能將自己的處境看得真切，才可能找到突破的出口。

做人處事，能夠謙恭禮讓；成功立業，懂得以退為進。引擎正是利用了後退的力量，才引發更大的動能；空氣越是壓縮，才具有爆破的威力。能退能進，才是人生完美的生存狀態，不懂得進退結合的人，他的世界只有一半。

能夠以退為進的人生就像是一首動聽的音樂，在經過舒緩的低音之後，才是跌宕起伏，令人蕩氣迴腸的優美樂章。

第六章　先下手為強是謀略

最大化時間利用，提升效率

不懂得安排時間的人雖然一直在忙碌，但也注定了將走過碌碌的一生；而善於為時間排序並合理利用的人，則在神定氣閒中收穫頗豐。

一個人，打算 7 點開始看書，但是晚飯吃得太多，想要出去散步消遣；他本來只想在附近晃晃，誰知道遇見了一個朋友，兩人從世界局勢一直聊到目前正在進行的世界盃節目，等到和朋友道別，已經是 8 點了；他剛想坐下來看書，忽然又想起應該打個電話跟女朋友聊聊今天的生活，於是又花了 40 分鐘；這時又接了一個電話花了 20 分鐘；在他走向書桌的半路上，又有人拉他去打籃球，他一時手癢，又打了一個小時；打完後全身是汗，就又去沖了個澡；等洗澡出來，覺得有點疲倦又有點餓，於是開始吃宵夜。

這個準備用功的晚上很快就過去了，最後在午夜一點鐘才打開書本時，已經睏得睡眼朦朧了，只好投降選擇上床睡覺。第二天早上他對朋友說：「真累啊，我昨天晚上看書到半夜兩點呢！」

這就是「過度準備」的典型表現，很多人在開始一件事情之前，總要等到所有的條件都具備了，才肯開始下手，但如果等到所有的條件都成熟了才行動，就意味著沒有盡頭，也就永遠無法達到終點。就像一個學生，準備開始寫作業，發現鉛筆有點短，就去找削筆器，找不到削筆器就開始把所有的文具都拿出來翻，等到翻著了，又發現桌子被自己弄得一塌糊塗，便又開始收拾桌子，等收拾完了，卻想不起來自己剛剛想要做什麼，這時時間已經過去了，而他肯定是沒有完成作業。

其實，我們沒有必要把所有的條件都準備好了才下手，很多看起來和自己要做的事情關係緊密的事，並不是非做不可，更不是必要條件。而我

們往往在這些看似重要的事情上花費大量的時間，而這些事情的完成，實際上浪費了我們的時間，阻礙了我們的行動。

我們在工作時不要把時間都放在對開始工作的準備上，很多問題其實都稱不上問題，不去管他也不會影響我們的進度，而有些問題在工作的過程中會自行解決。有的人覺得自己的狀態不好，不適合馬上進入工作，因而先去調整自己的心情，而在調整的過程中又發現了新的應該滿足的前提，於是又去完成這個前提，在這種無休止的滿足一件事情的前提條件中，往往離最初的意願越來越遠，而如果我們直接開始，認為自己的狀態並不是工作必須滿足的條件，那麼自己的心情就可能在工作的過程中自動調整。

如果非得堅持萬事俱備了才肯接受東風，那麼我們將永遠等不到東風。當我們開始為與自己的目標無關的事情忙碌時，要立刻命令自己停止，並告訴自己：現在就是最佳時機，馬上可以動手，再拖下去就完蛋了。我應該把所有的時間和精力用在正事上。

當我們不為自己的行動做過多準備時，就意味著已經踏上了正確的道路。要解決「過度準備」的問題，最好的方法就是合理地利用時間。

很多經驗表明，成功與失敗的界限在於怎樣分配時間，怎樣安排時間。人們往往認為，這裡幾分鐘，那邊幾小時沒什麼用，這是完全錯誤的。這樣東一榔頭西一棒地利用時間，不但浪費了寶貴的時間，而且會一事無成。而因為時間上微小的先後差異，甚至會對一個人造成重大的損失。貝爾的故事就是這種情況的典型代表：

貝爾（Alexander Graham Bell）在研發電話機時，另一個叫格雷（Elisha Gray）的也在進行同樣的試驗。兩個人幾乎同時獲得了突破，但是貝

第六章　先下手為強是謀略

　　爾到達專利局的時間比格雷早了兩小時，電話的發明者就是貝爾。當然，他們兩個人在此之前是互相不知道對方的，但貝爾就因這兩個小時的提早而取得了成功。格雷卻因為兩個小時的落後而使得自己的研究成果變得沒有價值。

　　每個人一生中最寶貴的財產是自己手中的時間，如果懂得經營時間，就會使這種財富增值，得到人生中更多的收穫。而每個人又都在與時間競賽，如果在落子時猶豫不決，將被淘汰出局。

　　故事中那個青年，他的交際需求、運動需求都是合理而且應該滿足的，可是如果把這種滿足當成學習的前提，則是大錯特錯。他之所以不能實現自己學習的目的，就是因為不懂得如何合理地安排和利用時間。

　　要善於在某一段時間之內集中去做某一件事情，把別的工作暫時放到一邊。打定主意要在這一段時間看書，那麼就不要把散步消遣當作首先滿足的前提，直接坐到書桌前看書就可以了。至於運動時間，和朋友溝通感情的時間，應該在為這些事情安排的時間之內去做。切忌什麼都想做，做事沒有主次之分。

　　聰明的人懂得把自己有限的時間集中在處理最重要的事情上，而不是每樣工作都鉅細靡遺地做，他們有勇氣並能夠機智地拒絕不必要的事和次要的事。在自己正做或將要做的事情被另一件事情所干擾時，首先要考慮這件事情值不值得放下手頭的事情先去完成。絕不能遇到事情就去做，更不能無論自己做的什麼事，反正沒有偷懶，就心安理得不去反思自己做事的價值。

　　要善於在不同的兩類時間之間周旋，每個人的時間都可以分為兩種，一種是屬於自己控制的時間，可以稱為「自由時間」，比如我們每天都擁有

屬於個人的時間段，在這期間，我們可以自主地安排自己做什麼事情，是讀書還是娛樂，是應酬朋友還是在家休息。而另一種是屬於我們必須參與他人他事的時間，不在自己支配的範圍之內，可以稱作「固定時間」，比如我們每天的工作時間，必須參加的一些會議聚會的時間等，這些時間我們不能自由選擇自己做什麼，而是必須做規定範圍之內的事情。

這兩類時間都客觀存在，而且都是必要的。如果沒有「自由時間」，將完全處於被動和應付狀態，不能有所選擇，往往會弄得身心俱疲但沒有成果；而完全生活在「自由時間」之內，也是無法實現的，因為我們身處的社會是一個相互關聯的整體，自己的「自由時間」可能和他人的「固定時間」相矛盾。這就要求我們能夠掌握這兩類時間的度，能夠做到兩全其美，在兩類時間之間遊刃有餘的生活。

還要善於利用零散時間，古代文人最擅長利用零散的時間了，他們提出的「三上」利用時間方法，對我們後人很有啟發。「三上」既是馬上、廁上、枕上，這些生活中的零散時間，如果能夠正確的利用，所能取得的效果甚至比集中精力做一件事情時還要好。

我們也可以合理地利用自己生活中的這些時間片段，比如在每天上班搭乘公車時，可以考慮一下今天都有哪些事情需要處理，替它們排列一下先後順序，等到做事時就可以直接進入工作狀態；還可以在做一件事情的同時做另外一件事情，比如一邊做運動一邊和朋友進行交流，既鍛鍊身體又拉近感情，更重要的是節省了寶貴的時間。

有人說，時間像海綿，只要用力擠就會有水滴出來，這是傳統對待時間的觀念，這樣利用時間的人，就像故事中那個過度準備的青年一樣，看起來一直在做事，其實做得都是和主題無關的事情。時間更應該像魔術方

第六章　先下手為強是謀略

塊,如果用正確的方法操縱,就會得到意外的驚喜。

每個人擁有的時間都是相同的,不懂得安排的人雖然一直在忙碌,但也注定了將走過碌碌的一生;而善於替時間排序,合理利用時間的人,則在神定氣閒中收穫豐碩。

最大化時間利用，提升效率

主動者法則，搶占先機的成功關鍵：

快速反應 × 精準出擊 × 搶占先機，在瞬息萬變的競爭中，唯有先出手才能主宰市場與未來

主　　編：李元秀，張偉航
發 行 人：黃振庭
出 版 者：樂律文化事業有限公司
發 行 者：崧博出版事業有限公司
E - m a i l：sonbookservice@gmail.com

粉　絲　頁：https://www.facebook.com/sonbookss/

網　　址：https://sonbook.net/

地　　址：台北市中正區重慶南路一段61號8樓
8F., No.61, Sec. 1, Chongqing S. Rd., Zhongzheng Dist., Taipei City 100, Taiwan

電　　話：(02)2370-3310
傳　　真：(02)2388-1990
印　　刷：京峯數位服務有限公司
律師顧問：廣華律師事務所 張珮琦律師

-版權聲明-
本作品中文繁體字版由五月星光傳媒文化有限公司授權樂律文化事業有限公司出版發行。
未經書面許可，不得複製、發行。

定　　價：450元
發行日期：2025年04月第一版
◎本書以POD印製

國家圖書館出版品預行編目資料

主動者法則，搶占先機的成功關鍵：快速反應 × 精準出擊 × 搶占先機，在瞬息萬變的競爭中，唯有先出手才能主宰市場與未來 / 李元秀，張偉航 主編. -- 第一版. -- 臺北市：樂律文化事業有限公司, 2025.04
面；　公分
POD版
ISBN 978-626-7699-01-0(平裝)
1.CST: 職場成功法
494.35　　　　　　114003310

電子書購買

爽讀APP　　　臉書